工业和信息化"十三五"人才培养规划教材　　黑马程序员◎编著

C# 程序设计

基础入门教程

第 2 版

人民邮电出版社

北　京

图书在版编目（ＣＩＰ）数据

C#程序设计基础入门教程 / 黑马程序员编著. -- 2
版. -- 北京 : 人民邮电出版社，2020.12
工业和信息化"十三五"人才培养规划教材
ISBN 978-7-115-54350-9

Ⅰ. ①C… Ⅱ. ①黑… Ⅲ. ①C语言－程序设计－高等
学校－教材 Ⅳ. ①TP312.8

中国版本图书馆CIP数据核字(2020)第114688号

内 容 提 要

《C#程序设计基础入门教程（第 2 版）》是面向零基础读者的一本 C#语言入门书籍，以通俗易懂的语言、丰富多彩的实例，详细讲解 C#程序开发的各项技术。本书共 11 章，第 1～5 章主要讲解 C#的基础知识、面向对象和集合的相关知识，第 6～7 章主要讲解 WinForm 窗体的基础知识及常用控件，第 8～9 章主要讲解 C#常用类与文件操作的内容，第 10～11 章主要讲解使用 ADO.NET 操作数据库和综合项目（图书管理系统）的开发过程。

本书附有配套视频、源代码、习题、教学课件等教学资源。同时为了帮助初学者更好地学习本书，本书作者还提供在线答疑，希望能够帮助更多的读者。

本书既可作为高等院校本、专科计算机相关专业的教材，又可以作为培训用书。

◆ 编　　著　　黑马程序员
　　责任编辑　　范博涛
　　责任印制　　马振武

◆ 人民邮电出版社出版发行　　北京市丰台区成寿寺路 11 号
　　邮编　100164　　电子邮件　315@ptpress.com.cn
　　网址　https://www.ptpress.com.cn
　　山东华立印务有限公司印刷

◆ 开本：787×1092　1/16
　　印张：18.5　　　　　　　2020 年 12 月第 2 版
　　字数：456 千字　　　　　2024 年 12 月山东第 11 次印刷

定价：59.80 元

读者服务热线：(010)81055256　印装质量热线：(010)81055316
反盗版热线：(010)81055315
广告经营许可证：京东市监广登字 20170147 号

FOREWORD

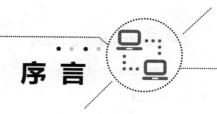

本书的创作公司——江苏传智播客教育科技股份有限公司（简称"传智教育"）作为我国第一个实现 A 股 IPO 上市的教育企业，是一家培养高精尖数字化专业人才的公司，主要培养人工智能、大数据、智能制造、软件开发、区块链、数据分析、网络营销、新媒体等领域的人才。传智教育自成立以来贯彻国家科技发展战略，讲授的内容涵盖了各种前沿技术，已向我国高科技企业输送数十万名技术人员，为企业数字化转型、升级提供了强有力的人才支撑。

传智教育的教师团队由一批来自互联网企业或研究机构，且拥有 10 年以上开发经验的 IT 从业人员组成，他们负责研究、开发教学模式和课程内容。传智教育具有完善的课程研发体系，一直走在整个行业的前列，在行业内树立了良好的口碑。传智教育在教育领域有 2 个子品牌：黑马程序员和院校邦。

一、黑马程序员——高端 IT 教育品牌

黑马程序员的学员多为大学毕业后想从事 IT 行业，但各方面的条件还达不到岗位要求的年轻人。黑马程序员的学员筛选制度非常严格，包括了严格的技术测试、自学能力测试、性格测试、压力测试、品德测试等。严格的筛选制度确保了学员质量，可在一定程度上降低企业的用人风险。

自黑马程序员成立以来，教学研发团队一直致力于打造精品课程资源，不断在产、学、研 3 个层面创新自己的执教理念与教学方针，并集中黑马程序员的优势力量，有针对性地出版了计算机系列教材百余种，制作教学视频数百套，发表各类技术文章数千篇。

二、院校邦——院校服务品牌

院校邦以"协万千院校育人、助天下英才圆梦"为核心理念，立足于中国职业教育改革，为高校提供健全的校企合作解决方案，通过原创教材、高校教辅平台、师资培训、院校公开课、实习实训、协同育人、专业共建、"传智杯"大赛等，形成了系统的高校合作模式。院校邦旨在帮助高校深化教学改革，实现高校人才培养与企业发展的合作共赢。

（一）为学生提供的配套服务

1. 请同学们登录"传智高校学习平台"，免费获取海量学习资源。该平台可以帮助同学们解决各类学习问题。

2. 针对学习过程中存在的压力过大等问题，院校邦为同学们量身打造了 IT 学习小助手——邦小苑，可为同学们提供教材配套学习资源。同学们快来关注"邦小苑"微信公众号。

（二）为教师提供的配套服务

1. 院校邦为其所有教材精心设计了"教案+授课资源+考试系统+题库+教学辅助案例"的系列教学资源。教师可登录"传智高校教辅平台"免费使用。

2. 针对教学过程中存在的授课压力过大等问题，教师可添加"码大牛"QQ（2770814393），或者添加"码大牛"微信（18910502673），获取最新的教学辅助资源。

前 言   FOREWORD

本书在编写的过程中，结合党的二十大精神进教材、进课堂、进头脑的要求，将知识教育与思想政治教育相结合，通过案例加深学生对知识的认识与理解，注重培养学生的创新精神、实践能力和社会责任感。案例设计从现实需求出发，激发学生的学习兴趣和动手思考的能力，充分发挥学生的主动性和积极性，增强学习信心和学习欲望。在知识和案例中融入了素质教育的相关内容，引导学生树立正确的世界观、人生观和价值观，进一步提升学生的职业素养，落实德才兼备的高素质卓越工程师和高技能人才的培养要求。此外，编者依据书中的内容提供了线上学习资源，体现现代信息技术与教育教学的深度融合，进一步推动教育数字化发展。

C#是微软公司发布的一种面向对象的、运行在.NET Framework 上的高级程序设计语言。C#看起来与 Java 十分相似，例如单一继承、接口、与 Java 几乎同样的语法和编译过程，但是又与 Java 有着明显的不同，它借鉴了 Delphi 的一个特点——与 COM（组件对象模型）直接集成，而且它是微软公司.NET Windows 网络框架的主角。

本书在《C#程序设计基础入门教程》第 1 版的基础上修订而成，内容上主要做了以下改进。

- 全新的 Visual Studio 开发工具，与真实开发环境保持一致。
- 新增了 RichTextBox 控件、ListView 列表控件、DataGridView 控件、MenuStrip 控件、ToolStrip 控件、StatusStrip 控件和 MDI 窗体等内容的讲解。
- 新增了 ADO.NET 操作数据库的内容，有利于读者掌握如何在 C#程序中对数据库进行操作。
- 新增了一个综合项目，更有利于读者对全书知识的综合运用。

◆ 如何使用本书

本书面向零基础读者，全面讲解 C#的相关知识。本书采用"理论+案例"的方式进行编写，不仅对知识点进行深入分析，而且针对每个知识点精心设计了相关案例，有助于读者学以致用。本书共分为 11 章，下面分别对每章进行简单介绍。

第 1 章主要介绍.NET Framework、C#语言、开发环境搭建，并且带领初学者开发一个 C#程序，亲身体验 C#语言的开发和运行过程。通过学习本章的内容，初学者能够对C#语言有一个整体的认识，并且可以熟练使用 Visual Studio 2019 开发简单的程序。

第 2 章主要介绍 C#编程基础的相关知识，包括 C#的基本语法、变量、运算符、选择结构语句、循环结构语句、方法、数组和程序调试。只有熟练掌握本章的内容，才能学好后续章节。

第 3~4 章主要介绍面向对象的相关内容，包括面向对象的概念、类与对象、访问修饰符、构造方法、关键字、垃圾回收、嵌套类、匿名类、对象初始化器、继承、多态、抽象类、接口、异常、命名空间与程序集等。

第 5 章主要介绍集合，包括 ArrayList 集合、Hashtable 集合、泛型集合等。与数组相比，使用集合存储数据更加灵活，并且可以包含更高级的功能。

第 6~7 章主要介绍 WinForm 窗体的相关知识，包括 WinForm 窗体的程序结构、属性、事件，以及 WinForm 控件的相关知识。由于这 2 章所讲解的内容侧重于实践操作，因此，建议初学者通过动手操作来加深对这部分内容的理解。

第8~9章主要介绍 C#的常用类与文件操作，包括 string 类、StringBuilder 类、DateTime 类、Random 类、文件流、File 类、FileInfo 类、Path 类、对象的序列化与反序列化等。熟练掌握这些常用类与文件操作的相关知识，初学者可以更好地完成数据交互，进而更好地开发 C#程序。

第10章主要介绍如何使用 ADO.NET 操作数据库，包括安装并创建 SQL Server 数据库、使用 Connection 对象、Command 对象、DataReader 对象、DataAdapter 对象和 DataSet 对象来操作数据库。一般 C#程序中经常会涉及操作数据库，因此初学者必须熟练掌握本章知识。

第11章主要介绍综合项目——图书管理系统的开发过程，包括项目分析、项目简介、效果展示、数据库设计，以及登录、注册、主菜单、读者类别、读者管理、图书管理、借书还书等功能的实现，本项目可以巩固前面章节中的内容。

在学习本书时，读者首先要做到对知识点的理解，其次要动手练习书中所提供的案例，因为在学习软件编程的过程中动手实践是非常重要的。对于一些较难理解的知识点也可以通过案例的练习来学习，如果无法理解书中所讲解的知识，建议读者不要纠结，可以先往后学习。通常来讲，看了后面的内容再回来学习之前不懂的知识点也就能理解了。

◆ 致谢

本书的编写和整理工作由江苏传智播客教育科技有限公司完成，主要参与人员有高美云、柴永菲、闫文华等，研发小组全体成员在近一年的编写过程中付出了很多辛勤的汗水，在此一并表示衷心的感谢。

◆ 意见反馈

尽管我们尽了最大的努力，但书中难免会有不妥之处，欢迎读者来信给予宝贵意见，我们将不胜感激。电子邮箱 itcast_book@vip.sina.com。

黑马程序员
2023 年 5 月于北京

目 录
CONTENTS

第 1 章　C#开发入门　　　1

1.1　.NET 基础知识　　　1

  1.1.1　.NET Framework　　　1

  1.1.2　C#语言　　　2

1.2　开发环境搭建　　　2

  1.2.1　认识 Visual Studio　　　2

  1.2.2　安装 Visual Studio　　　3

1.3　编写 C#程序　　　6

1.4　运行原理　　　8

1.5　本章小结　　　9

1.6　习题　　　9

第 2 章　C#编程基础　　　11

2.1　C#的基本语法　　　11

  2.1.1　C#代码的基本格式　　　11

  2.1.2　C#中的注释　　　12

  2.1.3　C#中的标识符　　　13

  2.1.4　C#中的关键字　　　13

  2.1.5　C#中的常量　　　14

2.2　C#中的变量　　　17

  2.2.1　变量的定义　　　17

  2.2.2　变量的数据类型　　　17

  2.2.3　变量的类型转换　　　19

  2.2.4　变量的作用域　　　21

2.3　C#中的运算符　　　23

  2.3.1　算术运算符　　　23

  2.3.2　赋值运算符　　　24

2.3.3　比较运算符　　　24

2.3.4　逻辑运算符　　　24

2.3.5　位运算符　　　26

2.3.6　运算符的优先级　　　28

2.4　选择结构语句　　　29

  2.4.1　if 条件语句　　　29

  2.4.2　switch 条件语句　　　33

2.5　循环结构语句　　　35

  2.5.1　while 循环语句　　　35

  2.5.2　do…while 循环语句　　　36

  2.5.3　for 循环语句　　　37

  2.5.4　跳转语句（break、goto、continue）　　　38

  2.5.5　循环嵌套　　　40

2.6　方法　　　41

  2.6.1　什么是方法　　　41

  2.6.2　方法的重载　　　43

2.7　数组　　　46

  2.7.1　数组的定义　　　46

  2.7.2　数组的常见操作　　　49

  2.7.3　多维数组　　　53

2.8　程序调试　　　54

  2.8.1　设置断点　　　54

  2.8.2　单步调试　　　55

  2.8.3　观察变量　　　56

  2.8.4　条件断点　　　57

2.9　本章小结　　　58

2.10　习题　58

第3章　面向对象基础　62

3.1　面向对象的概念　62
3.2　类与对象　63
　3.2.1　类的定义　63
　3.2.2　对象的创建与使用　64
　3.2.3　类的设计　67
　3.2.4　属性　67
3.3　访问修饰符　69
3.4　构造方法　69
　3.4.1　构造方法的定义　70
　3.4.2　构造方法的重载　71
3.5　关键字 this　73
3.6　垃圾回收　75
3.7　关键字 static　76
　3.7.1　静态字段　76
　3.7.2　静态属性　77
　3.7.3　静态方法　78
　3.7.4　静态类　79
　3.7.5　静态构造方法　79
　3.7.6　单例模式　80
3.8　嵌套类　81
3.9　匿名类　82
3.10　对象初始化器　83
3.11　本章小结　84
3.12　习题　84

第4章　面向对象高级　87

4.1　类的继承　87
　4.1.1　继承的概念　87
　4.1.2　构造方法的执行过程　89
　4.1.3　隐藏基类方法　90
　4.1.4　装箱与拆箱　91

4.2　关键字 sealed　91
　4.2.1　关键字 sealed 修饰类　92
　4.2.2　关键字 sealed 修饰方法　92
4.3　多态　93
　4.3.1　重写父类方法　93
　4.3.2　多态的实现　94
　4.3.3　关键字 base　95
　4.3.4　里氏转换原则　97
　4.3.5　Object 类　100
4.4　抽象类和接口　101
　4.4.1　抽象类　101
　4.4.2　接口　102
4.5　异常　104
　4.5.1　什么是异常　104
　4.5.2　try…catch 和 finally　106
　4.5.3　关键字 throw　107
4.6　命名空间与程序集　108
　4.6.1　命名空间　108
　4.6.2　程序集　109
4.7　本章小结　111
4.8　习题　111

第5章　集合　116

5.1　集合概述　116
5.2　非泛型集合　117
　5.2.1　ArrayList 集合　117
　5.2.2　Hashtable 集合　122
5.3　泛型集合　124
　5.3.1　List<T>泛型集合　124
　5.3.2　Dictionary<TKey, TValue>
　　　　泛型集合　125
　5.3.3　自定义泛型　126
5.4　本章小结　127
5.5　习题　127

第 6 章　WinForm 窗体　130

6.1　创建 WinForm 窗体　130

6.2　Windows 窗体应用程序结构　132

6.3　WinForm 窗体属性　135

6.4　WinForm 窗体的事件　137

6.5　MDI 窗体　139

6.5.1　MDI 窗体的概念　139

6.5.2　如何设置 MDI 窗体　139

6.5.3　MDI 子窗体的排列　140

6.6　本章小结　143

6.7　习题　143

第 7 章　WinForm 控件　144

7.1　WinForm 简单控件　144

7.1.1　控件的常用属性与事件　144

7.1.2　Button 控件、TextBox 控件、
　　　　Label 控件　145

7.1.3　RichTextBox 控件　148

7.1.4　CheckBox 控件、RadioButton
　　　　控件　150

7.1.5　GroupBox 容器　152

7.1.6　TreeView 控件　154

7.1.7　Timer 控件　156

7.1.8　ProgressBar 控件　158

7.2　WinForm 列表和数据控件　160

7.2.1　ListBox 控件　160

7.2.2　ComboBox 控件　162

7.2.3　ListView 控件　163

7.2.4　DataGridView 控件　169

7.3　菜单、工具栏与状态栏　171

7.3.1　MenuStrip 控件　171

7.3.2　实例：可拉伸菜单　173

7.3.3　ToolStrip 控件　175

7.3.4　实例：具有提示功能的工具栏　176

7.3.5　StatusStrip 控件　177

7.3.6　实例：在状态栏中显示当前
　　　　系统时间　177

7.4　本章小结　179

7.5　习题　179

第 8 章　C#常用类　181

8.1　string 类　181

8.1.1　string 类的初始化　181

8.1.2　字符串的不可变性　182

8.1.3　字符串与字符数组　183

8.1.4　string 类的静态方法　184

8.1.5　string 类的实例方法　187

8.2　高效的 StringBuilder　192

8.2.1　StringBuilder 类　192

8.2.2　StringBuilder 性能分析　193

8.3　DateTime 类　195

8.3.1　DateTime 类　195

8.3.2　DateTime 类的常用属性　196

8.3.3　DateTime 类的常用方法　197

8.4　Random 类　198

8.5　本章小结　201

8.6　习题　201

第 9 章　文件操作　203

9.1　流和文件流　203

9.2　System.IO 命名空间　204

9.3　File 类和 FileInfo 类　204

9.3.1　File 类　205

9.3.2　FileInfo 类　206

9.4　Directory 类和
　　　DirectoryInfo 类　207

9.4.1　Directory 类　207

9.4.2　DirectoryInfo 类　208

9.5　FileStream 类　209

9.5.1　FileStream 类简介　209

9.5.2　FileStream 类读取文件　210

9.5.3　FileStream 类写入文件　211

9.5.4　实例：复制文件　212

9.6　StreamReader 类和 StreamWriter 类　213

9.6.1　StreamWriter 类　213

9.6.2　StreamReader 类　214

9.6.3　实例：读写文件　215

9.7　Path 类　216

9.8　BufferedStream 类　218

9.9　序列化和反序列化　219

9.10　本章小结　220

9.11　习题　221

第 10 章　使用 ADO.NET 操作数据库　224

10.1　认识数据库　224

10.2　ADO.NET 常用类　225

10.3　下载并安装 SQL Server 数据库　226

10.4　创建 SQL Server 数据库　226

10.5　创建 SQL Server 数据库表　229

10.6　使用 ADO.NET 访问数据库　233

10.6.1　使用 Connection 对象连接 SQL Server 数据库　233

10.6.2　使用 Command 对象操作数据库　235

10.6.3　使用 DataReader 对象查询数据库　238

10.6.4　使用 DataAdapter 与 DataSet

对象操作数据库　240

10.7　本章小结　242

10.8　习题　242

第 11 章　综合项目——图书管理系统　244

11.1　项目分析　244

11.1.1　需求分析　244

11.1.2　可行性分析　245

11.2　项目简介　245

11.2.1　项目概述　245

11.2.2　开发环境　245

11.2.3　项目功能结构　245

11.3　效果展示　246

11.3.1　登录窗体　246

11.3.2　注册窗体　246

11.3.3　主菜单窗体　247

11.3.4　读者类别窗体　247

11.3.5　读者管理窗体　248

11.3.6　图书管理窗体　248

11.3.7　借书还书窗体　249

11.4　图书管理系统数据库　249

11.4.1　数据库设计　249

11.4.2　创建数据库　251

11.5　登录功能业务实现　252

11.5.1　登录窗体设计　252

11.5.2　实现登录功能　253

11.6　注册功能业务实现　255

11.6.1　注册窗体设计　255

11.6.2　实现注册功能　256

11.7　主菜单功能业务实现　258

11.7.1　主菜单窗体设计　258

11.7.2　实现主菜单功能　259

11.8　读者类别功能业务实现　　260

　11.8.1　读者类别窗体设计　　260

　11.8.2　实现读者类别管理功能　　261

11.9　读者管理功能业务实现　　266

　11.9.1　读者管理窗体设计　　266

　11.9.2　实现读者管理功能　　267

11.10　图书管理功能业务实现　　271

　11.10.1　图书管理窗体设计　　272

　11.10.2　实现图书管理功能　　273

11.11　借书还书功能业务实现　　277

　11.11.1　借书还书窗体设计　　277

　11.11.2　实现借书还书功能　　278

11.12　本章小结　　283

第1章

C#开发入门

★ 认识.NET Framework 与 C#语言
★ 掌握 C#开发环境的搭建
★ 掌握 C#程序的编写方法
★ 了解程序的运行原理

拓展阅读

对于编程初学者而言，学习任何一门语言都需要先认识它的运行平台。本书中所讲解的 C#语言以及其编译和运行都依赖于.NET Framework 平台。本章将对.NET Framework 平台、C#语言、开发环境搭建、编写 C#程序以及程序的运行原理进行详细的讲解。

1.1 .NET 基础知识

1.1.1 .NET Framework

.NET Framework 是微软公司为开发应用程序而创建的一个全新的、集成的、面向对象的开发平台。使用.NET Framework 可以创建桌面应用程序、Web 应用程序、Web 服务和其他各种类型的应用程序。为了大家更好地认识.NET Framework，通过一张图描述.NET Framework 的体系结构，如图 1-1 所示。

从图 1-1 可以看出，.NET Framework 位于操作系统与应用程序之间，负责管理在.NET Framework 上运行的各种应用程序。也就是说.NET 应用程序不依赖于操作系统，只依赖于.NET Framework。关于.NET Framework 核心部分的介绍具体如下。

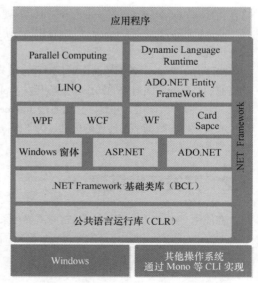

图1-1 .NET Framework的体系结构

（1）公共语言运行库（Common Language Runtime，CLR）：它位于.NET Framework 的最底层，主要负责管理.NET 应用程序的编译、运行以及一些基础的服务，它为.NET 应用程序提供了一个虚拟的运行环境。同时 CLR 还负责为应用程序提供内存分配、线程管理以及垃圾回收等服务，并且负责对代码进行安全检查，以保证代码的正常运行。

（2）.NET Framework 的基础类库（Base Class Library，BCL）：它是微软公司提出的一组标准库，如集合类，可以提供给.NET Framework 所有语言使用。当安装.NET Framework 时，所有的基础类库被部署到全局程序集缓存（Global Assembly Cache，GAC），所以不需要在工程中手动引用任何的基础类库，它们会被自动引用。

除此之外，.NET Framework 还包括 Windows 窗体、ASP.NET、ADO.NET 等模块，这些模块用于开发各种各样的应用程序，如桌面应用程序、网络应用程序、企业级的应用程序等。

1.1.2　C#语言

C#是微软公司在 2000 年 6 月发布的一种全新的、简单的、安全的、面向对象的程序设计语言，它专门用于开发.NET 应用，从根本上保证了 C#与.NET Framework 的完美结合。C#不仅吸收了 C++、Visual Basic、Delphi、Java 等语言的优点，体现了当今最新的程序设计技术的功能和精华，而且继承了 C 语言的语法风格、C++的面向对象特性。C#的主要特点如下。

1. 面向对象

C#是由 C 和 C++衍生出来的面向对象的编程语言，因此它具有面向对象的一切特性（封装、继承和多态）。C#在继承 C 语言和 C++强大功能的同时去掉了一些它们的复杂特性（例如没有宏和模板，不允许多重继承）。正是由于 C#面向对象的卓越设计，使它成为构建各类组件的理想之选。

2. 语言简洁

在默认的情况下，C#的代码在.NET Framework 提供的"可操纵"环境下运行，使得程序不能直接访问内存地址空间，因此不再提供对指针类型的支持，从而使 C#程序更加健壮。另外，C#不再使用 C++中的操作符（例如"::""->""."），它只支持一个操作符"."，对于程序员来说，现在需要理解的仅是名字的嵌套而已。

3. 与 Web 的紧密结合

.NET 中新的应用程序开发模型意味着越来越多的解决方案需要与 Web 标准相统一，例如超文本标记语言（Hypertext Markup Language，HTML）。现有的一些开发工具不能与 Web 紧密结合，简易对象访问协议（Simple Object Access Protocol，SOAP）的使用使 C#克服了这一缺陷，大规模深层次的分布式开发从此成为可能。

由于有了 Web 服务框架的帮助，对程序员来说，网络服务看起来就像是 C#的本地对象。程序员们能够利用他们已有的面向对象的知识与技巧开发 Web 服务，仅需要使用简单的 C#语言结构，C#组件就能够方便地被 Web 服务所使用，并允许它们通过 Internet 被运行在任何操作系统上的任何语言所调用。例如，XML 已经成为网络中数据结构传递的标准，为了提高效率，C#直接将 XML 数据映射成为结构，这样就可以有效地处理各种数据。

1.2　开发环境搭建

在使用 C#语言开发程序之前，首先需要在系统中搭建开发环境，本书将使用 Visual Studio 作为开发环境，Visual Studio 能够使 C#程序开发变得更加简单。下面将对 Visual Studio 2019 的安装过程和使用方法进行讲解。

1.2.1　认识 Visual Studio

Microsoft Visual Studio 是微软公司的开发工具包系列产品，它是一个相对完整的开发工具集，包括了整个软件生命周期中所需要的大部分工具，如 UML 工具、代码管控工具、集成开发环境（Integrated Development Enviroment，IDE）等。使用 Visual Studio 编写的程序适用于微软公司支持的所有平台，包括 Microsoft Windows、Windows Mobile、Windows CE、.NET Framework、.NET Compact Framework 等。

Microsoft Visual Studio 作为流行的 Windows 平台应用程序的集成开发环境,其功能随着版本的不断升级而越来越丰富,截止本书成稿时,Microsoft Visual Studio 最新版本是 Visual Studio 2019。

Visual Studio 包括众多版本,下面对目前最常使用的版本进行介绍。

1. Visual Studio 2010

Visual Studio 2010 集成了 ASP.NET MVC4,全面支持移动和 HTML5,特别是,它的设计器已经支持 C# 表达式(之前只能用 VB.NET)。

2. Visual Studio 2012

Visual Studio 2012 支持.NET 4.5,与.NET 4.0 相比,.NET 4.5 更加完善。.NET 4.5 是 Windows RT 被提出来的首个框架库,.NET 获得了和 Windows API 同等的待遇。Visual Studio 2012 对系统资源的消耗并不大,不过需要 Windows 7/8 的支持。

3. Visual Studio 2013

微软打破了 Visual Studio 两年升级一次的传统,Visual Studio 2012 发布后仅一年,微软就发布了 Visual Studio 2013。Visual Studio 2013 新增了代码信息指示(Code Information Indicators)、团队工作室(Team Room)、身份识别、.NET 内存转储分析仪、敏捷开发项目模板、Git 支持以及更强力的单元测试支持。

4. Visual Studio 2017

微软在 2017 年 3 月 8 日正式推出了 Visual Studio 2017,且恰逢 Visual Studio 诞生 20 周年。微软称其为最具生产力的 Visual Studio 版本,该版本的内建工具整合了.NET Core、Azure 应用程序、微服务(Microservices)、Docker 容器等。

5. Visual Studio 2019

微软于 2019 年 4 月 2 日正式发布了 Visual Studio 2019。该版本引入了最新的 Fluent Design 设计,加入了开始界面,新增了一键清除代码(单击即可处理所有的警告信息)、Visual Studio 的全新 AI 辅助开发(Visual Studio IntelliCode)、实时共享等功能,同时优化了 Visual Studio 2018 的 Debug 功能,使之更加高效便捷。

1.2.2　安装 Visual Studio

1.2.1 节主要介绍了 Visual Studio 的开发环境和历史版本,下面将以 Visual Studio 2019 为例,讲解如何安装 Visual Studio 开发环境,具体步骤如下。

1. 下载 Visual Studio

可以从微软官网下载 Visual Studio,下面以 Windows 系统为例,下载目前常用的 Visual Studio 2019 版本。打开官网,选中【所有 Microsoft】选项,如图 1-2 所示。

图1-2　微软官网界面

单击图 1-2 中【Visual Studio】选项,进入 Visual Studio 下载界面,单击【下载 Visual Studio】下拉框,

如图 1-3 所示。

图1-3　Visual Studio下载界面

图 1-3 所示的下拉框中包含 3 个选项，具体介绍如下。

- Community 2019：社区版，该版本是为学生、开源贡献者、小公司、初创公司以及小企业而设计的，是免费、全功能开发环境版本。
- Professional 2019：专业版，该版本是供个人使用的免费使用版本。
- Enterprise 2019：企业版，该版本是供组织使用的免费试用版本。

这里，我们选择【Community 2019】选项，单击完成下载。

2. Visual Studio 的安装

双击下载好的 Visual Studio 可执行文件，进入隐私声明窗口，如图 1-4 所示。

单击图 1-4 中的【继续（O）】按钮，进入 Visual Studio Installer 下载窗口，如图 1-5 所示。

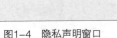

图1-4　隐私声明窗口　　　　　　　　　图1-5　Visual Studio Installer下载窗口

下载准备就绪之后，自动跳转到正在安装窗口，如图 1-6 所示。

在图 1-6 所示的窗口上方有 4 个标签，分别是【工作负载】、【单个组件】、【语言包】和【安装位置】。其中，【工作负载】用于安装开发项目相关组件；【单个组件】用于安装单个组件；【语言包】用于设置 Visual Studio 的语言；【安装位置】用于设置项目的安装位置。在【工作负载】标签的【桌面应用和移动应用】中勾选【.NET 桌面开发】、【通用 Windows 平台开发】。在【单个组件】、【语言包】和【安装位置】标签中保持默认选项即可。

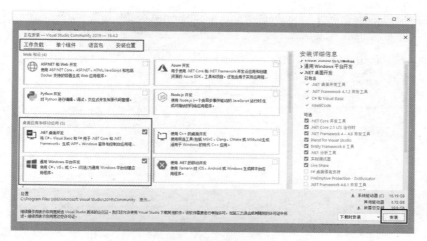

图1-6　正在安装窗口

单击图 1-6 右下角的【安装】按钮，进入安装窗口，如图 1-7 所示。

图1-7　安装窗口

安装完成后，会弹出【即将准备就绪】窗口，如图 1-8 所示。

图1-8　【即将准备就绪】窗口

图 1-8 所示的界面加载完成后，会自动弹出 Visual Studio 2019 的起始窗口，如图 1-9 所示。

图1-9　Visual Studio 2019的起始窗口

1.3　编写 C#程序

1.2 节已经搭建好开发环境，下面使用 Visual Studio 2019 开发 C#应用程序——Hello World，具体实现步骤如下。

1. 新建项目

在 Visual Studio 2019 的起始窗口中单击【创建新项目（N）】按钮，此时会弹出【创建新项目】窗口，如图 1-10 所示。

图1-10　【创建新项目】窗口

图 1-10 中从上到下分别为搜索框、检索区域、模板区域，其中模板区域包含了项目开发中的多个模板，

由于本书是针对 C#进行讲解的，使用到的只有【控制台应用（.NET Framework）】和【类库（.NET Framework）】这两个 Windows 模板。

在图 1–10 中，选中【控制台应用（.NET Framework）】，单击【下一步（N）】按钮，进入【配置新项目】窗口，在该窗口中从上到下依次填写项目名称、位置、解决方案名称以及框架信息，如图 1–11 所示。

图1–11　【配置新项目】窗口

在图 1–11 中，单击【创建（C）】按钮，进入 Visual Studio 2019 的主界面，如图 1–12 所示。

图1–12　Visual Studio 2019主界面

图 1–12 所示的主界面中，包含了 4 个窗口，分别是代码编辑窗口、解决方案资源管理器窗口、输出窗口、属性窗口，具体说明如下。

● 代码编辑窗口：用于显示和编写代码。

● 解决方案资源管理器窗口：用来展示项目文件的组成结构，包括【Properties】、【引用】、【App.config】和【Program.cs】，分别用于设置项目的属性、对其他项目命名空间的引用、项目的配置信息、程序入口。

● 输出窗口：用于显示项目中的一些警告、错误、程序运行时的输出信息、异常等。

● 属性窗口：用于显示当前操作文件的相关信息，如项目文件、项目文件夹（项目的存放位置）等。

2. 编写程序代码

从图 1-12 中可以看出，项目创建完成之后就会自动生成一段程序代码，下面在 Main()方法中编写代码，具体代码如例 1-1 所示。

例 1-1   Program.cs

```
1  using System;
2  using System.Collections.Generic;
3  using System.Linq;
4  using System.Text;
5  using System.Threading.Tasks;
6  namespace HelloWorld{
7     class Program{
8        static void Main(string[] args){
9           Console.WriteLine("Hello World!");   //向控制台输出"Hello World!"
10           Console.ReadKey(); //用于获取用户输入的字符或功能键,在此用于暂停程序
11        }
12     }
13 }
```

接下来对上述代码进行详细分析，具体如下。

● 第 1 行代码：告诉编译器这个程序集引用的命名空间。

● 第 2～5 行代码：Visual Studio 2019 为项目引用经常使用到的命名空间。

● 第 6 行代码：声明一个新命名空间，名称为 HelloWorld，新命名空间从第 6 行大括号开始，一直到第 13 行大括号结束，这部分的内容都属于该命名空间的成员。

● 第 7 行代码：class 是一个关键字，用于声明一个类。其中，关键字 class 后面的 Program 就是新声明的类，代码第 7～12 行中两个大括号中间的成员都是这个类的成员。

● 第 8～11 行代码：定义了一个 Main()方法，该方法是程序的入口。第 8～11 行大括号之间的内容是方法体，该方法体包含两条简单的语句。其中，语句 "Console.WriteLine("Hello World!");" 用于向控制台输出内容，语句 "Console.ReadKey();" 用于暂停程序，当用户输入一个字符或功能键时，当前按下的键显示在控制台窗口中，程序继续执行。这两个语句后面使用"//"标注的信息是程序中的注释，这些注释信息可以增加程序的可读性。程序编译的过程中，注释会被忽略。

在编写程序时，需要特别注意的是，程序中出现的空格、括号、分号等符号必须采用英文半角格式，否则程序会出现编译错误。

3. 运行程序

单击工具栏中的 ▶ 启动 - 运行程序，或者使用快捷键【F5】运行程序，程序的运行结果如图 1-13 所示。

图1-13   程序运行结果

至此，便完成了 C#程序的编写以及运行。

1.4   运行原理

使用 C#进行程序开发时，不仅要了解 C#的特点，还需要了解 C#程序的运行机制。下面通过一张图描述 C#程序在.NET Framework 中编译和运行的过程，如图 1-14 所示。

图 1-14 中，程序的运行过程分为两个时期，分别是编译期和运行期。在编译期，CLR 对 C#代码进行第一次编译，将编写的代码编译成.dll 文件或.exe 文件，此时代码被编译为通用中间语言（Common Intermediate Language，CIL）。在运行期，CLR 会针对目前特定的硬件环境使用即时编译（Just-in-Time，JIT），也就是将

CIL 编译成本机代码并执行。需要说明的是，在运行期，CLR 将编译后的代码放入一个缓冲区中，当再次运行程序，如果使用相同的代码时，会直接从缓冲区调用编译后的代码。也就是说，相同的代码只会编译一次，从而提高 C#程序的运行速度。

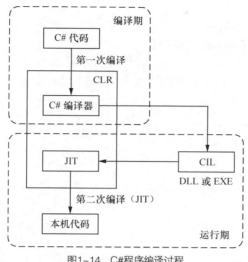

图1-14 C#程序编译过程

1.5 本章小结

本章首先介绍了.NET Framework 以及 C#语言，然后讲解了 Windows 系统平台中 Visual Studio 2019 开发环境的安装，并演示了如何编写 C#程序，最后讲解了 C#程序在.NET Framework 平台的运行机制。通过学习本章的内容，希望读者能够对.NET Framework 平台和 C#语言有一个概念上的认识，并学会使用 Visual Studio 2019 编写简单的 C#程序。

1.6 习题

一、填空题

1. C#代码进行第一次编译后，会生成_____文件或_____文件。

2. C#程序的公共语言运行时简称为_____。

3. C#程序在运行时，必须经过_____和_____两个阶段。

4. 公共语言规范的目的是实现语言的_____。

5. 在 C#语言中，用于向控制台输出信息的语句是_____。

二、选择题

1. .NET 应用程序在运行时直接依赖于（　　）。

A. 操作系统　　　　　　B. Visual Studio 2019　　　C. .NET Framework　　　　D. C#

2. 关于 C#语言的特点描述，错误的是（　　）。

A. 语言简洁　　　　　　　　　　　　B. 不支持跨平台

C. 与 XML 相融合　　　　　　　　　　D. 保留了 C++的强大功能

3. 下面哪种类型的文件可以在.NET Framework 上直接运行？（　　）

A. .java　　　　　　　B. .cs　　　　　　　C. .exe　　　　　　　D. .txt

4. Visual Studio 2019 中运行程序的快捷键是（　　）。

A. F5   B. F6   C. F10   D. F11

5. 下列选项中，不属于公共语言运行时管理的是（　　）。

A. 内存分配   B. 线程管理   C. 垃圾回收   D. 处理异常

三、问答题

1. 简述.NET Framework 平台的特点。

2. 简述.NET Framework 平台与 C#语言的关系。

四、编程题

使用 Visual Studio 2019 编写一个控制台程序，要求在屏幕上输出一句话："这是我的第一个 C#程序！"。

第 2 章

C#编程基础

学习目标

- ★ 掌握 C#的基本语法
- ★ 掌握 C#中变量的用法
- ★ 掌握 C#中运算符的用法
- ★ 掌握选择结构语句的用法
- ★ 掌握循环结构语句的用法
- ★ 掌握方法的定义与重载
- ★ 掌握数组的定义与用法
- ★ 掌握程序调试的方法

拓展阅读

在第 1 章中讲解了.NET Framework 及 C#程序运行环境等知识，并演示了一个简单的程序。所谓千里之行始于足下，学好 C#基本语法是掌握 C#语言非常重要的一步，下面将对 C#编程的基础知识进行讲解。

2.1　C#的基本语法

每一种编程语言都有一套自己的语法规范，C#语言也不例外，同样需要遵从一定的语法规范，如代码的书写、标识符的定义、关键字的应用等。下面对 C#的基本语法进行详细讲解。

2.1.1　C#代码的基本格式

编写 C#程序时，代码需要放在一个类的内部，在定义类时需要用到关键字 class，定义类的具体语法格式如下：

```
[修饰符] class 类名{
程序代码
}
```

上述格式中，关键字 class 前面的修饰符用于控制类的访问权限。

编写 C#代码时，除了要遵从定义类的语法格式外，还需要特别注意以下几点。

（1）C#中的程序代码可分为结构定义语句和功能执行语句，其中，结构定义语句用于声明一个类或方法，功能执行语句用于实现具体的功能。每条功能执行语句的最后都必须用分号（;）结束，例如：

```
Console.WriteLine("这是第一个C#程序！");
```

需要注意的是，上述代码末尾的分号（;）是英文格式的，如果写成中文格式的分号（；），编译器会报错。

（2）C#是严格区分大小写的。例如，定义类时，不能将关键字 class 写成 Class，否则编译会报错。程序中定义一个 computer 的同时，还可以定义一个 Computer。computer 和 Computer 是两个完全不同的符号，在使用时务必注意。

（3）在编写 C#代码时，为了便于阅读，通常会使用缩进格式，但这不是必须的，而且还可以在两个单词或符号之间任意换行。例如下面这段代码的编排方式也是可以的。

```
public class HelloWorld
  {public static void Main(string [] args)
{Console.WriteLine("这是第一个C#程序! ");}}
```

虽然C#没有严格要求用什么样的格式来编排程序代码，但是考虑到代码的可读性，代码应该整齐美观、层次清晰，例如下面代码的格式是规范的。

```
public class HelloWorld
{
    public static void Main(string[] args){
        Console.WriteLine("这是第一个C#程序! ");
    }
}
```

2.1.2　C#中的注释

在编写程序时，为了使代码易于阅读，通常会在实现功能的同时为代码添加一些注释。注释是对程序中某个功能或者某行代码的解释说明，程序编译时，编译器不会编译这些注释信息。

C#中的注释有3种类型，具体如下。

1. 单行注释

单行注释通常用于对程序的某一行代码进行解释，用符号"//"表示，"//"后面是注释的内容，具体示例如下：

```
int c = 10;      //定义一个整型变量
```

2. 多行注释

多行注释就是注释中的内容可以为多行，以符号"/*"开头，以符号"*/"结尾，具体示例如下：

```
/*  int c = 10;
   int x = 5; */
```

3. 文档注释

文档注释用于对类或方法进行说明和描述。在类或方法前面连续输入3个"/"，就会自动生成相应的文档注释，用户需要手动填写类或方法的描述信息，来完成文档注释的内容。文档注释具体示例如下：

```
/// <summary>
///  在集合中添加元素
/// </summary>
static void Add(){
}
```

上述代码中的<summary>标签用于对共有类型的类、方法、属性或字段进行注释。其他常用的文档注释标签有<param>、<include>、<returns>、<value>、<example>、<exception>，分别用于表示描述方法或构造函数的参数、包括来自外部文件的 XML、描述方法的返回值、描述属性、表示所含的是示例、标识方法可能引发的异常。

脚下留心：注释的嵌套使用

在 C#中，有的注释可以嵌套使用，有的则不可以，下面列出两种具体的情况。

（1）多行注释"/*...*/"中可以嵌套单行注释"//"，例如：

```
/*  int c = 10;   //定义一个整型变量c
   int x = 5; */
```

（2）多行注释"/*…*/"中不可以嵌套多行注释"/*…*/"，例如：

```
/*
    /*int c = 10;*/
    int x=5;
*/
```

上面的代码无法通过编译，原因在于第一个"/*"会与第一个"*/"进行配对，而第二个"*/"则找不到匹配。

2.1.3　C#中的标识符

在编程过程中，经常需要在程序中定义一些符号来标记一些名称，如类名、方法名、参数名、变量名等，这些符号被称为标识符。标识符可以由任意顺序的大小写字母、数字、下划线（_）和@符号组成，但标识符不能以数字开头，且不能 0 是 C#中的关键字。

以下标识符都是合法的。

```
username
username123
user_name
_userName
```

注意，以下标识符都是不合法的。

```
123username
class
98.3
Hello World
```

在 C#程序中定义的标识符必须严格遵守上面列出的规范，否则程序在编译时会报错。除了上面列出的语法，为了增强代码的可读性，建议初学者在定义标识符时还应该遵循以下规范。

（1）类名、方法名和属性名中的每个单词的首字母要大写。例如：ArrayList、LineNumber、Age。这种命名方式被称为大驼峰命名法或帕斯卡（Pascal）命名法。

（2）字段名、变量名的首字母要小写，之后的每个单词的首字母均为大写。例如：age、userName。这种命名方式被称为小驼峰命名法。

（3）常量名中的所有字母都大写，单词之间用下划线连接。例如：DAY_OF_MONTH。

（4）在程序中，应该尽量使用有意义的英文单词来定义标识符，使程序便于阅读。例如：使用 userName 表示用户名，password 表示密码。

2.1.4　C#中的关键字

关键字是编程语言中事先定义好并赋予了特殊含义的单词，也称作保留字。与其他语言一样，C#中保留了许多关键字，例如 class、public 等。下面列举的是 C#中所有的关键字。

abstract	as	base	bool	break	byte	case
catch	char	checked	class	const	continue	decimal
default	delegate	do	double	else	enum	event
explicit	extern	false	finally	fixed	float	for
foreach	goto	if	implicit	in	int	interface
internal	is	lock	long	namespace	new	null
object	operator	out	override	params	private	protected
public	readonly	ref	return	sbyte	sealed	short
sizeof	stackalloc	static	string	struct	switch	this
throw	true	try	typeof	uint	ulong	unchecked
unsafe	ushort	using	virtual	void	volatile	while

上面所列举的关键字都有其特殊的作用。例如，关键字 namespace 用于声明命名空间；关键字 using 用于引入命名空间；关键字 class 用于声明一个类。在后面的章节中将逐步对其他关键字进行讲解，在此只需要了解即可。

需要说明的是，在使用 C#关键字时，需要注意以下几点。

- 所有的关键字都是小写的。
- 程序中的标识符不能以关键字命名。

2.1.5　C#中的常量

常量就是在程序中固定不变的值，是不能改变的数据。例如，数字 1、字符'a'、浮点数 3.2 等。在 C#中，常量包括整型常量、浮点数常量、布尔常量、字符常量等。下面对这些常量进行详细讲解。

1. 整型常量

整型常量是整数类型的数据，有二进制、八进制、十进制和十六进制 4 种表示形式，具体如下。

（1）二进制：由数字 0 和 1 组成的数字序列。例如 01000000、10000001。

（2）八进制：以 0 开头并且其后是由 0~7 之间（包括 0 和 7）的整数组成的数字序列。例如：0342。

（3）十进制：由数字 0~9 之间（包括 0 和 9）的整数组成的数字序列。例如：198。

（4）十六进制：以 0x 或者 0X 开头并且其后是由 0~9、A~F（包括 0 和 9、A 和 F）组成的数字序列。例如 0x25AF。

需要注意的是，在程序中为了标明不同的进制，不同进制的数据都有其特定的标识。八进制数必须以 0 开头，例如 0711、0123；十六进制数必须以 0x 或 0X 开头，例如 0xaf3、0Xff；整数以十进制表示时，第一位不能是 0，0 本身除外。例如，十进制数 127，用二进制表示为 01111111，用八进制表示为 0177，用十六进制表示为 0x7F 或者 0X7F。

2. 浮点数常量

浮点数常量就是数学中的小数，分为 float（单精度浮点数）和 double（双精度浮点数）两种。其中，单精度浮点数后面以 F 或 f 结尾，而双精度浮点数则以 D 或 d 结尾。当然，在使用浮点数常量时也可以在结尾处不加任何的后缀，此时虚拟机会默认为双精度浮点数。浮点数常量还可以通过指数形式来表示。具体示例如下：

```
2e3f  3.6d  0f  3.84d  5.022e+23f
```

上面列出的浮点数常量中用到了 e 和 f，初学者可能会感到困惑，在 2.2.2 节中将会详细介绍。

3. 字符常量

字符常量用于表示一个字符，一个字符常量要用一对英文半角格式的单引号（''）引起来，它可以是英文字母、数字、标点符号以及由转义序列来表示的特殊字符。具体示例如下：

```
'a'  '1'  '&'  '\r'  '\u0000'
```

上面的示例中，'\u0000'表示一个空白字符，即在单引号之间只有一个表示空白的空格。之所以能这样表示是因为 C#采用的是 Unicode 字符集，Unicode 字符以 "\u" 开头，空格字符在 Unicode 码表中对应的值为'\u0000'。

4. 字符串常量

字符串常量用于表示一串连续的字符，一个字符串常量要用一对英文半角格式的双引号（""）引起来，具体示例如下：

```
"HelloWorld"  "123"  "Welcome \n XXX"  ""
```

一个字符串可以包含一个字符或多个字符，也可以不包含任何字符，即长度为零。

5. 布尔常量

布尔常量即布尔型的两个值 true 和 false，该常量用于区分一个事物的真与假。

6. null 常量

null 常量只有一个值 null，表示对象的引用为空。

多学一招：特殊字符——反斜杠（\）

在字符常量中，反斜杠（\）是一个特殊的字符，被称为转义字符，它的作用是用来转义后面一个字符。转义后的字符通常用于表示一个不可见的字符或具有特殊含义的字符，例如\n（换行）。下面列出一些常见的转义字符。

- \r 表示回车，将光标定位到当前行的开头，不会跳到下一行。
- \n 表示换行，换到下一行的开头。
- \t 表示制表符，将光标移到下一个制表符的位置，类似于在文档中用【Tab】键一样。
- \b 表示退格符号，类似于键盘上的【Backspace】键。

以下字符都有特殊意义，无法直接表示，所以用反斜杠加另外一个字符来表示。

- \' 表示单引号字符，C#代码中单引号表示字符的开始和结束，如果直接写单引号字符（'），程序会认为前两个是一对，会报错，因此需要使用转义字符（\'）。
- \" 表示双引号字符，C#代码中双引号表示字符串的开始和结束，包含在字符串中的双引号需要转义，例如"he says,\"thank you\"."。
- \\ 表示反斜杠字符，由于在 C#代码中的反斜杠（\）是转义字符，因此需要表示字面意义上的"\"，就需要使用双斜杠（\\）。

多学一招：进制间的转换

通过前面的介绍可以知道，数据可以用二进制、八进制、十进制和十六进制形式表示，不同的进制并不影响数据本身，因此数据可以在不同进制之间转换，具体转换方式如下。

一、十进制与二进制之间的转换

1. 十进制转二进制

十进制转换成二进制就是一个除以 2 取余数的过程。把要转换的数，除以 2，得到商和余数，将商继续除以 2，直到商为 0。最后将所有余数倒序排列，得到的数就是转换结果。

图2-1　十进制转二进制

以十进制数 6 转换为二进制数为例进行说明，如图 2-1 所示。

三次除以 2 计算得到余数依次是：0、1、1，将所有余数倒序排列是：110。所以十进制数 6 转换成二进制数，结果是 110。

2. 二进制转十进制

二进制转换成十进制要从右到左用二进制位上的每个数去乘以 2 的相应次方，例如，将最右边第一位的数乘以 2 的 0 次方，第二位的数乘以 2 的 1 次方，第 n 位的数乘以 2 的 n-1 次方，然后把所有相乘的结果相加，得到的结果就是转换后的十进制数。

例如，把一个二进制数 0110 0100 转换为十进制数，转换方式如下：

$$0 * 2^0 + 0 * 2^1 + 1 * 2^2 + 0 * 2^3 + 0 * 2^4 + 1 * 2^5 + 1 * 2^6 + 0 * 2^7 = 100$$

由于 0 乘以多少都是 0，因此上述表达式也可以简写为：

$$1 * 2^2 + 1 * 2^5 + 1 * 2^6 = 100$$

得到的结果 100 就是二进制数 0110 0100 转化后的十进制表现形式。

二、二进制与八进制、十六进制之间的转换

编程中之所以要用八进制和十六进制，是因为它们与二进制之间的互相转换很方便，而且它们与二进制数相比更便于书写和记忆。下面将详细讲解如何将二进制转为八进制、十六进制。

1. 二进制转八进制

二进制转换为八进制时，首先需要将二进制数自右向左每三位数分成一段，然后将每段二进制数转换为

一位八进制数，最后将各位八进制数按顺序排列，即得到转换结果。转换过程中二进制和八进制数值的对应关系如表2-1所示。

表2-1   二进制和八进制数值对应关系表

二进制	八进制
000	0
001	1
010	2
011	3
100	4
101	5
110	6
111	7

了解了二进制转八进制的规则，下面详细讲解如何将一个二进制数100101010转为八进制数，具体步骤如下。

（1）每三位分成一段，结果为：100 101 010。

（2）将每段的数值分别查表替换，结果如下。

100 → 4

101 → 5

010 → 2

（3）将替换的结果按顺序排列，转换的结果为0452（注意八进制数必须以0开头）。

2. 二进制转十六进制

将二进制转换为十六进制，与转八进制类似，不同的是要将二进制数每四位分成一段，再查表转换，最后将转换结果按顺序排列即可。二进制转十六进制过程中数值的对应关系如表2-2所示。

表2-2   二进制和十六进制数值对应表

二进制	十六进制	二进制	十六进制
0000	0	1000	8
0001	1	1001	9
0010	2	1010	A
0011	3	1011	B
0100	4	1100	C
0101	5	1101	D
0110	6	1110	E
0111	7	1111	F

了解了二进制转十六进制的规则，下面通过一个例子来讲解。假设要将一个二进制数101001010110转为十六进制数，具体步骤如下。

（1）每四位分成一段，结果为：1010 0101 0110。

（2）将每段的数值分别查表替换，结果如下。

1010 → A

0101 → 5

0110 → 6

（3）将替换的结果按顺序排列，转换的结果为：0xA56或0XA56（注意十六进制数必须以0x或者0X开头）。

2.2　C#中的变量

2.2.1　变量的定义

在程序运行期间，随时可能产生一些临时数据，应用程序会将这些数据保存在内存单元中，每个内存单元都用一个标识符来标识。这些内存单元被称之为变量，定义的标识符就是变量名，内存单元中存储的数据就是变量的值。

下面通过具体的代码来学习变量的定义。

```
int x = 0,y;
y = x+3;
```

上述代码中，第一行代码的作用是定义了两个变量 x 和 y，相当于分配了两块内存单元，在定义变量 x 的同时为变量 x 分配了一个初始值 0，而变量 y 没有分配初始值，变量 x 和 y 在内存中的状态如图 2-2 所示。

第二行代码的作用是为变量赋值，在执行第二行代码时，程序首先取出变量 x 的值，与 3 相加后，将结果赋值给变量 y，此时变量 x 和 y 在内存中的状态发生了变化，如图 2-3 所示。

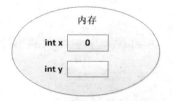
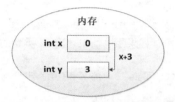

图2-2　变量x和y在内存中的状态　　　　图2-3　变量x和y在内存中的状态变化

从图 2-2、图 2-3 以及上面的描述不难发现，变量实际上就是一个临时存放数据的地方。在程序中，可以将指定的数据存放到变量中，方便随时取出再次使用。变量对于程序的运行是至关重要的，初学者在后续的学习中会逐步了解变量的作用。

2.2.2　变量的数据类型

C#是一门强类型的编程语言，它对变量的数据类型有严格的限定。在定义变量时必须声明变量的类型，在为变量赋值时必须赋予和变量同一类型的值，否则程序会报错。

在 C#中，变量的数据类型可分为两大类，即值类型和引用类型。这两大类包含很多数据类型，如图 2-4 所示。

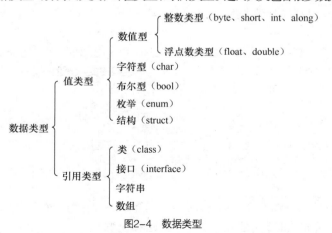

图2-4　数据类型

下面对图 2-4 所示的数值型、字符型和布尔型变量进行详细讲解。值类型中的其他数据类型以及引用类型比较复杂，在这里讲解初学者无法理解，因此放到后面的章节中再做讲解。

1. 整数类型变量

整数类型变量用来存储整数数值，即没有小数部分的值。在 C#中，为了给不同取值范围的整数合理地分配存储空间，整数类型分为 4 种：字节型（byte）、短整型（short）、整型（int）和长整型（long），4 种类型所占存储空间的大小和取值范围如表 2–3 所示。

表2-3　4 种整数类型所占存储空间的大小和取值范围

类型名	占用空间	取值范围
byte	8 位（1 个字节）	$-2^7 \sim 2^7-1$
short	16 位（2 个字节）	$-2^{15} \sim 2^{15}-1$
int	32 位（4 个字节）	$-2^{31} \sim 2^{31}-1$
long	64 位（8 个字节）	$-2^{63} \sim 2^{63}-1$

表 2–3 中，占用空间是指不同类型的变量分别占用的内存空间大小。例如一个 int 类型的变量会占用 4 个字节大小的内存空间。取值范围是变量存储的值不能超出的范围，例如一个 byte 类型的变量存储的值必须是 $-2^7 \sim 2^7-1$ 之间的整数。

在为一个 long 类型的变量赋值时需要注意，所赋值的后面要加上一个字母 "L"（或小写字母 "l"），说明赋值为 long 类型。如果赋的值未超出 int 类型的取值范围，则可以省略字母 "L"（或小写字母 "l"）。具体示例代码如下：

```
long num = 2200000000L;   //所赋的值超出了 int 类型的取值范围，后面必须加上字母 L
long num = 198L;          //所赋的值未超出 int 类型的取值范围，后面可以加上字母 L
long num = 198;           //所赋的值未超出 int 类型的取值范围，后面可以省略字母 L
```

2. 浮点数类型变量

浮点数类型变量用来存储小数数值。在 C#中，浮点数类型变量分为两种：单精度浮点数（float）、双精度浮点数（double），double 类型所表示的浮点数比 float 类型所表示的浮点数更精确，两种浮点数所占存储空间的大小以及取值范围如表 2–4 所示。

表2-4　两种浮点数所占存储空间的大小及取值范围

类型名	占用空间	取值范围
float	32 位（4 个字节）	1.4E−45～3.4E+38，−1.4E−45～−3.4E+38
double	64 位（8 个字节）	4.9E−324～1.7E+308，−4.9E−324～−1.7E+308

表 2–4 中，E 表示以 10 为底的指数，E 后面的 "+" 号和 "−" 号代表正指数和负指数，例如 1.4E–45 表示 1.4×10^{-45}。

在 C#中，一个小数会被默认为 double 类型的值，因此为 float 类型的变量赋值时需要注意，所赋值的后面一定要加上字母 "F"（或者小写字母 "f"），而为 double 类型的变量赋值时，可以在所赋值的后面加上字符 "D"（或小写字母 "d"），也可以不加。具体示例如下：

```
float f = 123.4f;      //为一个 float 类型的变量赋值，后面必须加上字母 f
double d1 = 100.1;     //为一个 double 类型的变量赋值，后面可以省略字母 d
double d2 = 199.3d;    //为一个 double 类型的变量赋值，后面可以加上字母 d
```

除此之外，还可以为浮点数类型变量赋整数值，例如下面的写法也是可以的。

```
float f = 100;     //声明一个 float 类型的变量并赋整数值
double d = 100;    //声明一个 double 类型的变量并赋整数值
```

3. 字符型变量

字符型变量用于存储单一字符，用 char 表示。char 类型的变量占用 2 个字节。为 char 类型的变量赋值时，需要用一对英文半角格式的单引号（''）把字符括起来，例如'a'。

```
char c = 'a';      //为一个 char 类型的变量赋值字符'a'
```

第 2 章　C#编程基础　　19

4. 布尔型变量

布尔型变量用来存储布尔值，用 bool 表示，该类型的变量只有两个值，即 true 和 false。具体示例如下：

```
bool flag = false;    //声明一个 bool 类型的变量，初始值为 false
flag = true;          //改变 flag 变量的值为 true
```

2.2.3　变量的类型转换

在 C#程序中，当把一种数据类型的值赋给另一种数据类型的变量时，需要进行数据类型转换。根据转换方式的不同，数据类型转换可分为自动类型转换和强制类型转换两种，下面分别进行讲解。

1. 自动类型转换

自动类型转换也叫隐式类型转换，是指两种数据类型在转换的过程中不需要进行显式声明。要实现自动类型转换，必须同时满足两个条件：①两种数据类型彼此兼容；②目标类型的取值范围大于原类型的取值范围。例如：

```
byte b = 3;
int x = b;    //程序把 byte 类型的变量 b 转换成了 int 类型，无须特殊声明
```

上面语句中，将 byte 类型的变量 b 的值赋给 int 类型的变量 x，由于 int 类型的取值范围大于 byte 类型的取值范围，编译器在赋值过程中不会造成数据丢失，因此编译器能够自动完成这种转换，在编译时不报告任何错误。

除了上述示例演示的情况，还有很多类型之间可以进行自动类型转换，下面列出 3 种可以进行自动类型转换的情况，具体如下。

（1）整数类型之间可以实现转换，例如 byte 类型的数据可以赋值给 short、int、long 类型的变量，short、char 类型的数据可以赋值给 int、long 类型的变量，int 类型的数据可以赋值给 long 类型的变量。

（2）整数类型转换为 float 类型，如 byte、char、short、int 类型的数据可以赋值给 float 类型的变量。

（3）其他类型转换为 double 类型，如 byte、char、short、int、long、float 类型的数据可以赋值给 double 类型的变量。

2. 强制类型转换

强制类型转换也叫显式类型转换，是指两种数据类型之间的转换需要进行显式声明。当两种类型彼此不兼容，或者目标类型的取值范围小于原类型时，自动类型转换无法进行，这时就需要进行强制类型转换。

下面通过一个案例来讲解什么情况下需要进行强制类型转换，在解决方案 Chapter02（第 2 章默认创建的解决方案名称）中创建一个项目名为 Program01 的控制台应用程序，本案例的具体代码如例 2-1 所示。

例 2-1　Program01\Program.cs

```
1 using System;
2 namespace Program01{
3    class Program{
4       static void Main(string[] args){
5          int num = 4;
6          short b = num;
7          Console.WriteLine(b);
8          Console.ReadKey();
9       }
10   }
11 }
```

编译程序报错，结果如图 2-5 所示。

图2-5　例2-1错误列表

图2-5 出现了编译错误，显示无法将类型"int"隐式转换为"short"。出现这种错误的原因是将一个 int 类型的值赋给 short 类型的变量 b 时，int 类型的取值范围大于 short 类型的取值范围，这样的赋值会导致数值溢出，也就是说两个字节的变量无法存储 4 个字节的整数值。

在这种情况下，就需要进行强制类型转换，具体格式如下：

目标类型　变量 =（目标类型）值

将例 2-1 中第 6 行代码修改为下面的代码：

short b = (short) num;

再次编译后，程序不会报错，运行结果如图 2-6 所示。

图2-6　例2-1运行结果

需要注意的是，在对变量进行强制类型转换时，会有取值范围较大的数据类型向取值范围较小的数据类型转换的情况，例如将一个 int 类型的数据转换为 byte 类型，这样做极易造成数据精度的丢失。

下面通过一个案例说明强制类型转换造成数据精度丢失的问题，在解决方案 Chapter02 中创建一个项目名为 Program02 的控制台应用程序，具体代码如例 2-2 所示。

例2-2　Program02\Program.cs

```
1 using System;
2 namespace Program02{
3   class Program{
4     static void Main(string[] args){
5       byte a;                 //定义byte类型的变量a
6       int b = 298;            //定义int类型的变量b
7       a = (byte)b;
8       Console.WriteLine("b=" + b);
9       Console.WriteLine("a=" + a);
10       Console.ReadKey();
11     }
12   }
13 }
```

运行结果如图 2-7 所示。

图2-7　例2-2运行结果

上述代码中，第 7 行发生了强制类型转换，将一个 int 类型的变量 b 强制转换成 byte 类型，然后再将强制转换后的结果赋值给变量 a。

由图 2-7 所示的运行结果可知，变量 b 本身的值为"298"，通过强制类型转换后赋值给变量 a 时，其值为 42，明显丢失了精度。出现这种现象的原因是：变量 b 为 int 类型，在内存中占用 4 个字节，byte 类型的数据在内存中占用 1 个字节，将变量 b 的类型强制转换为 byte 类型后，前面 3 个高位字节的数据丢失，使数值发生改变。int 类型变量强制转换为 byte 类型的过程如图 2-8 所示。

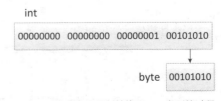

图2-8　int类型变量强制转换为byte类型的过程

提示：

如果一个解决方案中包含了多个项目，当运行其中一个项目时，需要在 ▶ 启动 按钮左侧的下拉框中指定运行的项目名称。例如，在解决方案 Chapter02 中，有两个项目 Program01、Program02，如果需要运行 Program02，则需要在 ▶ 启动 按钮左侧的下拉框中指定运行的项目为 Program02，如图 2-9 所示。

图2-9　选择运行的项目

多学一招：表达式类型自动提升

所谓表达式是指由变量和运算符组成的算式。变量在表达式中进行运算时，也有可能发生自动类型转换，这就是表达式数据类型的自动提升。例如一个 byte 类型变量与一个 int 类型变量相加时，byte 类型的变量会自动提升为 int 类型。

下面通过一个案例来演示表达式中的数据类型在什么情况下会自动提升，在解决方案 Chapter02 中创建一个项目名为 Program03 的控制台应用程序，具体代码如例 2-3 所示。

例 2-3　Program03\Program.cs

```
1 using System;
2 namespace Program03{
3   class Program{
4     static void Main(string[] args){
5         int b1 = 3;                    //定义一个int类型的变量
6         byte b2 = 4;
7         byte b3 = b1 + b2;            //b1与b2相加，将结果赋值给b3
8         Console.WriteLine("b3=" + b3);
9         Console.ReadKey();
10      }
11   }
12 }
```

编译程序报错，结果如图 2-10 所示。

图2-10　例2-3错误列表

图 2-10 中出现了和图 2-5 类似的错误，这是因为在第 7 行代码中的表达式 b1+b2 运算期间，变量 b2 被自动提升为 int 类型，表达式的运算结果也就成了 int 类型，这时如果将该结果赋给 byte 类型的变量就会报错，此时需要进行强制类型转换。

要解决例 2-3 的错误，需要将例 2-3 中第 7 行的代码修改为：

```
byte b3 = (byte) (b1 + b2);
```

再次编译后，程序不会报错，运行结果如图 2-11 所示。

图2-11　例2-3运行结果

2.2.4　变量的作用域

在前面介绍过，变量需要先定义后使用，但这并不意味着在变量定义之后的语句中一定可以使用该变量。

变量需要在它的作用范围内才可以被使用，这个作用范围称为变量的作用域。在程序中，变量一定会被定义在某一对大括号中，该大括号所包含的代码区域便是这个变量的作用域。下面通过一个代码片段来分析变量的作用域，具体如下所示：

```
public static void Main (string[ ] args)
{
    int x=4;
    {
        int y=9;              } y 的作用域    } x 的作用域
        ......
    }
    ......
{
```

上面的代码中有两层大括号。其中，外层大括号所标识的代码区域就是变量 x 的作用域，内层大括号所标识的代码区域就是变量 y 的作用域。变量的作用域在编程中尤为重要，不注意变量的作用域极容易导致程序出错。

下面通过一个案例进一步熟悉变量的作用域，在解决方案 Chapter02 中创建一个项目名为 Program04 的控制台应用程序，具体代码如例 2-4 所示。

例2-4　Program04\Program.cs

```
1  using System;
2  namespace Program04{
3      class Program{
4          static void Main(string[] args){
5              int x = 12;        //定义了变量x
6              {
7                  int y = 96; //定义了变量y
8                  Console.WriteLine("x is " + x); //访问变量x
9                  Console.WriteLine("y is " + y); //访问变量y
10             }
11             y = x;            //访问变量x，为变量y赋值
12             Console.WriteLine("x is " + x);        //访问变量x
13             Console.ReadKey();
14         }
15     }
16 }
```

编译程序报错，结果如图 2-12 所示。

图2-12　例2-4错误列表

图 2-12 中出现了编译错误，显示"当前上下文中不存在名称'y'"。出错的原因在于为变量 y 赋值时超出了它的作用域。将第 11 行代码去掉，再次编译程序将不再报错，运行结果如图 2-13 所示。

图2-13　例2-4运行结果

在修改后的代码中，变量 x 和变量 y 都在各自的作用域中，因此都可以被访问到。

2.3　C#中的运算符

在程序中经常出现一些特殊符号，如+、−、*、=、>等，这些符号用于进行各种运算，因此被称作运算符。在 C#中，运算符可分为算术运算符、赋值运算符、比较运算符、逻辑运算符和位运算符。下面将对这些运算符逐一进行讲解。

2.3.1　算术运算符

在数学运算中最常见的就是加、减、乘、除，被称作四则运算。C#中的算术运算符就是用来处理四则运算的符号，这是最简单、最常用的运算符号。C#中的算术运算符及其用法如表 2-5 所示。

表 2-5　C#中的算术运算符及其用法

运算符	运算	范例	结果
+	正号	+3	3
−	负号	b=4;−b;	−4
+	加	5+5	10
−	减	6−4	2
*	乘	3*4	12
/	除	5/5	1
%	取模（即算术中的求余数）	7%5	2
++	自增（前）	a=2;b=++a;	a=3;b=3;
++	自增（后）	a=2;b=a++;	a=3;b=2;
−−	自减（前）	a=2;b=−−a;	a=1;b=1;
−−	自减（后）	a=2;b=a−−;	a=1;b=2;

算术运算符看似简单，也很容易理解，但在实际使用时还有很多需要注意的问题，下面就针对其中比较重要的几点进行详细讲解，具体如下。

（1）在进行自增（++）和自减（−−）运算时，如果运算符（++或−−）放在操作数的前面则是先进行自增或自减运算，再进行其他运算。反之，如果运算符放在操作数的后面则是先进行其他运算再进行自增或自减运算。

请仔细阅读下面的代码块，思考运行的结果。

```
int num1 = 1;
int num2 = 2;
int res = num1 + num2++;
Console.WriteLine("num2=" + num2);    //num2 的值为 3
Console.WriteLine("res=" + res);      //res 的值为 3
```

上述代码中，定义了 3 个 int 类型的变量 num1、num2、res。其中 num1=1、num2=2。当进行"num1+num2++"运算时，由于运算符"++"写在了变量 num2 的后面，属于先运算再自增，因此变量 num2 在参与加法运算时其值仍然为 2，res 的值应为 3。变量 num2 在参与运算之后会进行自增，因此 num2 的最终值为 3。

（2）在进行除法运算时，当除数和被除数都为整数时，得到的结果也是一个整数。如果除法运算有小数参与，得到的结果会是一个小数。例如，2510/1000 属于整数之间相除，会忽略小数部分，得到的结果是 2，而 2.5/10 的实际结果为 0.25。

请思考下面表达式的结果是多少。

```
3500/1000*1000
```

该表达式的结果为 3000。这是由于表达式的执行顺序是从左到右，因此先执行除法运算 3500/1000，得到结果为 3，再乘以 1000，得到的结果自然就是 3000 了。

（3）在进行取模（%）运算时，运算结果的正负取决于被模数（%左边的数）的符号，与模数（%右边的数）的符号无关。如：（-5）%3=-2，而 5%（-3）=2。

2.3.2　赋值运算符

赋值运算符的作用就是将常量、变量或表达式的值赋给某一个变量。C#中的赋值运算符及其用法如表 2-6 所示。

表 2-6　C#中的赋值运算符及其用法

运算符	运算	范例	结果
=	赋值	a=3;b=2;	a=3;b=2;
+=	加等于	a=3;b=2;a+=b;	a=5;b=2;
-=	减等于	a=3;b=2;a-=b;	a=1;b=2;
*=	乘等于	a=3;b=2;a*=b;	a=6;b=2;
/=	除等于	a=3;b=2;a/=b;	a=1;b=2;
%=	模等于	a=3;b=2;a%=b;	a=1;b=2;

在赋值过程中，运算顺序从右往左，将右边表达式的结果赋值给左边的变量。在使用赋值运算符时，需要注意以下几个问题。

（1）在 C#中可以通过一条赋值语句对多个变量进行赋值，具体示例如下：

```
int x, y, z;              //定义 int 类型变量 x,y,z
x = y = z = 5;            //同时为 x,y,z 三个变量赋值
```

上述代码中，用一条赋值语句同时为变量 x，y，z 赋值 5。需要特别注意的是，下面的这种写法在 C#中是不可以的。

```
int x = y = z = 5;        //这样写是错误的
```

（2）在表 2-6 中，除了"="，其他的都是特殊的赋值运算符，以"+="为例，x += 3 就相当于 x = x + 3，首先会进行加法运算 x+3，再将运算结果赋值给变量 x。"-=""*=""/=""%="赋值运算符都可依此类推。

2.3.3　比较运算符

比较运算符用于对两个数值或变量进行比较，其结果是一个布尔值，即 true 或 false。C#中的比较运算符及其用法如表 2-7 所示。

表 2-7　C#中的比较运算符及其用法

运算符	运算	范例	结果
==	相等于	4 == 3	false
!=	不等于	4 != 3	true
<	小于	4 < 3	false
>	大于	4 > 3	true
<=	小于等于	4 <= 3	false
>=	大于等于	4 >= 3	true

需要注意的是，在使用比较运算符时，不能将比较运算符"=="误写成赋值运算符"="。

2.3.4　逻辑运算符

逻辑运算符用于对布尔值进行操作，其结果仍是一个布尔值。C#中的逻辑运算符及其用法如表 2-8

所示。

表 2-8　C#中的逻辑运算符及其用法

运算符	运算	范例	结果
&	与	true & true	true
		true & false	false
		false & false	false
		false &true	false
|	或	true | true	true
		true | false	true
		false| false	false
		false| true	true
^	异或	true ^ true	false
		true ^ false	true
		false ^ false	false
		false ^ true	true
!	非	!true	false
		!false	true
&&	短路与	true && true	true
		true && false	false
		false && false	false
		false && false	false
||	短路或	true || true	true
		true || false	true
		false|| false	false
		false|| true	true

在使用逻辑运算符的过程中，需要注意以下几个细节。

（1）逻辑运算符可以对结果为布尔值的表达式进行运算。例如：x > 3 && y != 0。

（2）运算符"&"和"&&"都表示与操作，当且仅当运算符两边的操作数都为 true 时，其结果才为 true，否则结果为 false。当运算符"&"和"&&"的右边为表达式时，两者在使用上还有一定的区别。在使用"&"进行运算时，不论左边为 true 或者 false，右边的表达式都会进行运算。如果使用"&&"进行运算，当左边为 false 时，右边的表达式不会进行运算，因此"&&"被称作短路与。

下面通过一个案例来深入了解运算符"&"和"&&"的区别，在解决方案 Chapter02 中创建一个项目名为 Program05 的控制台应用程序，具体代码如例 2-5 所示。

例 2-5　Program05\Program.cs

```
1 using System;
2 namespace Program05{
3     class Program{
4         static void Main(string[] args){
5             int num1 = 0;                    //定义变量 num1,初始值为 0
6             int num2 = 0;                    //定义变量 num2,初始值为 0
```

```
7              int num3 = 0;                    //定义变量 num3,初始值为 0
8              bool res1, res2;                 //定义 bool 类型变量 res1 和 res2
9          res1 = num1 > 0 & num2++ > 1;       //逻辑运算符"&"对表达式进行运算
10             Console.WriteLine(res1);
11             Console.WriteLine("num2 = " + num2);
12         res2 = num1 > 0 && num3++ > 1;      //逻辑运算符"&&"对表达式进行运算
13             Console.WriteLine(res2);
14             Console.WriteLine("num3 = " + num3);
15             Console.ReadKey();
16         }
17     }
18 }
```

运行结果如图 2-14 所示。

图2-14 例2-5运行结果

上述代码中，第 5 ~ 7 行代码定义了 3 个 int 类型变量 num1、num2、num3，它们的初始值都为 0。第 8 行代码定义了两个 bool 类型的变量 res1 和 res2。

第 9 行代码使用运算符"&"对 num1>0 和 num2++>1 两个表达式进行运算，其中，左边表达式 num1>0 的结果为 false，这时无论右边表达式 num2++>0 的比较结果是什么，整个表达式 num1 > 0 & num2++ > 1 的结果都会是 false。由于使用的是单个的运算符"&"，运算符两边的表达式都会进行运算，因此变量 num2 会进行自增，整个表达式运算结束时 num2 的值为 1。

第 12 行代码同样执行了与运算，运算结果为 false，与第 9 行代码执行的与运算的区别在于，第 12 行中使用了短路与运算符"&&"，当左边为 false 时，右边的表达式不进行运算，因此变量 num3 的值仍为 0。

（3）运算符"|"和"||"都表示或操作，当运算符两边的操作数任何一边的值为 true 时，其结果为 true，当两边的值都为 false 时，其结果才为 false。同与运算类似，"||"表示短路或，当运算符"||"的左边为 true 时，右边的表达式不会进行运算，示例代码如下：

```
int num1 = 0;
int num2 = 0;
bool res = num1==0 || num2++>0;
```

上面的代码块执行完毕后，res 的值为 true，num2 的值仍为 0。出现这样结果的原因是，运算符"||"的左边 num1==0 结果为 true，那么右边表达式将不会进行运算，num2 的值不发生任何变化。

（4）运算符"^"表示异或操作，当运算符两边的布尔值相同时（都为 true 或都为 false），其结果为 false。当运算符两边的布尔值不相同时，其结果为 true。

2.3.5 位运算符

位运算符是对二进制数的每一位进行操作的运算符，专门针对数字 0 和 1 进行操作。C#中的位运算符及其用法如表 2-9 所示。

表 2-9 C#中的位运算符及其用法

运算符	运算	范例	结果
&	按位与	0 & 0	0
		0 & 1	0
		1 & 1	1
		1 & 0	0

续表

运算符	运算	范例	结果
|	按位或	0 | 0	0
		0 | 1	1
		1 | 1	1
		1 | 0	1
~	取反	~0	1
		~1	0
^	按位异或	0 ^ 0	0
		0 ^ 1	1
		1 ^ 1	0
		1 ^ 0	1
<<	左移	00000010<<2	00001000
		10010011<<2	01001100
>>	右移	01100010>>2	00011000
		11100010>>2	11111000

下面通过一些具体示例对表 2-9 中描述的位运算符进行详细介绍，为了方便描述，下面的运算都是针对一个 byte 类型的数，也就是一个字节大小的数，具体如下。

（1）位运算符 "&" 是对参与运算的两个二进制数按位进行与运算，如果两个二进制相应位都为 1，则该位的运算结果为 1，否则为 0。

例如，将 6 与 11 进行按位与运算，数字 6 对应的二进制数为 00000110，数字 11 对应的二进制数为 00001011，具体演算过程如下所示。

$$
\begin{array}{r}
00000110 \\
\&\quad 00001011 \\
\hline
00000010
\end{array}
$$

运算结果为 00000010，对应数值 2。

（2）位运算符 "|" 是对参与运算的两个二进制数按位进行或运算，如果二进制位上有一个值为 1，则该位的运行结果为 1，否则为 0。具体示例如下。

例如，将 6 与 11 进行按位或运算，具体演算过程如下。

$$
\begin{array}{r}
00000110 \\
|\quad 00001011 \\
\hline
00001111
\end{array}
$$

运算结果为 00001111，对应数值 15。

（3）位运算符 "~" 只针对一个操作数进行操作，如果二进制位是 0，则取反值为 1；如果是 1，则取反值为 0。

例如，将 6 进行按位取反运算，具体演算过程如下。

$$\begin{array}{r} \sim \quad 00000110 \\ \hline 11111001 \end{array}$$

运算结果为 11111001，对应数值–7。

（4）位运算符"^"是对参与运算的两个二进制数按位进行异或运算，如果二进制位相同，则值为 0，否则为 1。

例如，将 6 与 11 按位进行异或运算，具体演算过程如下。

$$\begin{array}{r} 00000110 \\ \hat{} \quad\quad\quad \\ 00001011 \\ \hline 00001101 \end{array}$$

运算结果为 00001101，对应数值 13。

（5）位运算符"<<"就是将操作数所有二进制位向左移动一位。运算时，右边的空位补 0。左边移走的部分舍去。

例如，数字 11 用二进制表示为 00001011，将它左移一位，具体演算过程如下。

$$\begin{array}{r} 00001011 \quad\quad\quad <<1 \\ \hline 00010110 \end{array}$$

运算结果为 00010110，对应数值 22。

（6）位运算符">>"就是将操作数所有二进制位向右移动一位。运算时，左边的空位根据原数的符号位补 0 或者 1（原来是负数就补 1，是正数就补 0）。

例如，数字 11 用二进制表示为 00001011，将它右移一位，具体演算过程如下。

$$\begin{array}{r} 00001011 \quad\quad\quad >>1 \\ \hline 00000101 \end{array}$$

运算结果为 00000101，对应数值 5。

2.3.6 运算符的优先级

在对一些比较复杂的表达式进行运算时，要明确表达式中所有运算符参与运算的先后顺序，把这种顺序称作运算符的优先级。C#中运算符的优先级如表 2-10 所示，数字越小优先级越高。

表 2-10 C#中运算符的优先级

优先级	运算符
1	. [] ()
2	++ -- ~ ! (数据类型)
3	* / %
4	+ -
5	<< >> >>>
6	< > <= >=
7	== !=
8	&
9	^

续表

优先级	运算符
10	|
11	&&
12	||
13	?:（三元运算符）
14	= *= /= %= += -= <<= >>= >>>= &= ^= |=

根据表 2-10 所示的运算符优先级，分析下面代码的运行结果。

示例代码 1：

```
int a =2;
int b = a + 3*a;
Console.WriteLine(b);
```

运行结果为 8，由于运算符 "*" 的优先级高于运算符 "+"，因此先运算 3*a，得到的结果是 6，再将 6 与 a 相加，得到最后的结果 8。

示例代码 2：

```
int a =2;
int b = (a+3) * a;
Console.WriteLine(b);
```

运行结果为 10，由于运算符 "()" 的优先级最高，因此先运算括号内的 a+3，得到的结果是 5，再将 5 与 a 相乘，得到最后的结果 10。

其实没有必要去刻意记忆运算符的优先级。编写程序时，尽量使用括号 "()" 来实现想要的运算顺序，以免产生歧义。

2.4　选择结构语句

在实际生活中经常需要做出一些判断，例如开车来到一个十字路口，这时需要对红绿灯进行判断，如果前面是红灯，就停车等候，如果是绿灯，就通行。C#中有一种特殊的语句，即选择语句，它也需要对一些条件做出判断，从而决定执行哪一段代码。选择语句分为 if 条件语句和 switch 条件语句。下面对选择语句进行详细讲解。

2.4.1　if 条件语句

if 条件语句分为 3 种语法格式，每一种格式都有其自身的特点，下面进行分别讲解。

1. if 语句

if 语句是指如果满足某种条件，就进行某种处理。例如，小明妈妈跟小明说 "如果你考试得了 100 分，星期天就带你去游乐场玩"。这句话可以通过下面的一段伪代码来描述。

```
如果小明考试得了100 分
    妈妈星期天带小明去游乐场
```

上述伪代码中，"如果" 相当于 C#中的关键字 if，"小明考试得了 100 分" 是判断条件，需要用()括起来，"妈妈星期天带小明去游乐场" 是执行语句，需要放在{}中。修改后的伪代码如下：

```
if (小明考试得了100 分){
    妈妈星期天带小明去游乐场
}
```

上面的例子就描述了 if 语句的用法，在 C#中，if 语句的具体语法格式如下：

```
if (条件语句){
    执行语句
}
```

上述格式中，判断条件是一个布尔值，当判断条件为 true 时，{}中的执行语句才会执行。if 语句流程图如图 2-15 所示。

下面通过一个案例来学习 if 语句的具体用法，在解决方案 Chapter02
中创建一个项目名为 Program06 的控制台应用程序，具体代码如例 2-6
所示。

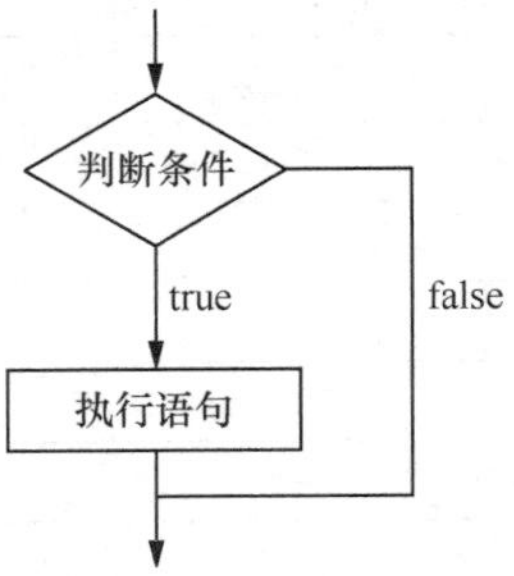

例2-6　Program06\Program.cs

```
1 using System;
2 namespace Program06{
3    class Program{
4       static void Main(string[] args){
5          //声明变量x作为判断依据
6          int x = 5;
7          //如果x的值小于10则执行if大括号中的代码
8          if (x < 10){
9             x++;
10           }
11          Console.WriteLine("x=" + x);
12          Console.ReadKey();
13       }
14    }
15 }
```

图2-15　if语句流程图

运行结果如图 2-16 所示。

D:\workspace\Chapter02\Program06\bin\Debug\Program06.exe
x=6

图2-16　例2-6运行结果

上述代码中，第 6 行代码定义了一个变量 x，其初始值为 5。

第 8 行代码通过 if 语句判断 x 的值是否小于 10，即 5 是否小于 10，条件成立，执行{}中的语句，变量 x
的值将进行自增。从图 2-16 的运行结果可以看出，x 的值已由原来的 5 变成了 6。

2. if…else 语句

if…else 语句是指如果满足某种条件，就进行某种处理，否则就进行另一种处理。例如，要判断一个正整
数的奇偶，如果该数字能被 2 整除则是一个偶数，否则该数字就是一个奇数。if…else 语句具体语法格式如下：

```
if (判断条件){
    执行语句1
    ......
}else{
    执行语句2
    ......
}
```

上述格式中，判断条件是一个布尔值。当判断条件为 true
时，if 后面{}中的执行语句 1 会执行。当判断条件为 false 时，
else 后面{}中的执行语句 2 会执行。if…else 语句流程图如图
2-17 所示。

下面通过一个判断奇偶数的程序来说明 if…else 语句的具
体用法，在解决方案 Chapter02 中创建一个项目名为 Program07
的控制台应用程序，具体代码如例 2-7 所示。

例2-7　Program07\Program.cs

```
1 using System;
2 namespace Program07{
3    class Program{
4       static void Main(string[] args){
5          int num = 19;
6          if (num % 2 == 0){
```

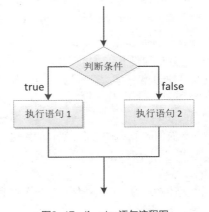

图2-17　if…else语句流程图

```
7                //判断条件成立，num 被 2 整除
8                Console.WriteLine("num 是一个偶数");
9            }else{
10                Console.WriteLine("num 是一个奇数");
11            }
12            Console.ReadKey();
13        }
14    }
15 }
```

运行结果如图 2-18 所示。

上述代码中，第 5 行代码定义了一个 int 类型的变量 num，并将该变量的值初始化为 19。

第 6 行代码通过 if 语句判断 num%2==0 是否成立，19%2 的结果为 1，不等于 0，判断条件不成立。因此会执行 else 后面{}中的语句，打印"num 是一个奇数"。

图2-18　例2-7运行结果

3. if…else if…else 语句

if…else if…else 语句用于对多个条件进行判断，进行多种不同的处理。例如，对一个学生的考试成绩进行等级划分，如果分数大于等于 80 分等级为优，分数小于 80 分大于等于 70 分等级为良，分数小于 70 分大于等于 60 分等级为中，否则，等级为差。if…else if…else 语句具体语法格式如下：

```
if (判断条件1){
    执行语句1
} else if (判断条件2) {
    执行语句2
}
...
else if (判断条件n){
    执行语句n
}else{
    执行语句n+1
}
```

上述格式中，判断条件是一个布尔值。当判断条件 1 为 true 时，if 后面{}中的执行语句 1 会执行。当判断条件 1 为 false 时，会继续执行判断条件 2，如果为 true 则执行语句 2 会执行，以此类推，如果所有的判断条件都为 false，则意味着所有条件均未满足，else 后面{}中的执行语句 n+1 会执行。if…else if…else 语句流程图如图 2-19 所示。

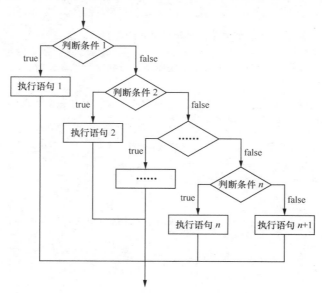

图2-19　if…else if…else语句流程图

下面通过一个实现对学生考试成绩进行等级划分的程序来说明 if...else if...else 语句的具体用法，在解决方案 Chapter02 中创建一个项目名为 Program08 的控制台应用程序，具体代码如例 2-8 所示。

例2-8 Program08\Program.cs

```
1 using System;
2 namespace Program08{
3   class Program{
4     static void Main(string[] args){
5         int grade = 75;                //定义学生成绩
6         if (grade >= 80){
7            //满足条件 grade >=80
8            Console.WriteLine("该成绩的等级为优");
9         }else if (grade >= 70){
10           //不满足条件 grade >= 80 ，但满足条件 grade >= 70
11           Console.WriteLine("该成绩的等级为良");
12         }else if (grade >= 60){
13           //不满足条件 grade >= 70 ，但满足条件 grade >= 60
14           Console.WriteLine("该成绩的等级为中");
15         }else{
16           //不满足条件 grade >= 60
17           Console.WriteLine("该成绩的等级为差");
18         }
19         Console.ReadKey();
20     }
21   }
22 }
```

运行结果如图 2-20 所示。

图2-20 例2-8运行结果

上述代码中，第 5 行代码定义了学生成绩 grade 为 75。它不满足第一个判断条件 grade≥80，因此会执行第二个判断条件 grade≥70，条件成立，因此会打印"该成绩的等级为良"。

多学一招：三元运算符

在 C#中有一种特殊的运算，即三元运算，它和 if-else 语句类似，语法如下：

判断条件 ? 表达式1 : 表达式2

三元运算会得到一个结果，通常用于为某个变量赋值，当判断条件成立时，运算结果为表达式 1 的值，否则结果为表达式 2 的值。

例如求两个数 x、y 中的较大者，如果用 if...else 语句来实现，具体示例代码如下：

```
int x = 0;
int y = 1;
int max;
if (x > y){
   max = x;
} else {
   max = y;
}
```

上面的代码运行之后，变量 max 的值为 1。如果 if...else 语句用三元运算来替换，具体示例代码如下：

```
int x = 0;
int y = 1;
int max;
max = x > y ? x : y;
```

2.4.2　switch 条件语句

switch 条件语句也是一种很常用的选择语句，不同于 if 条件语句，它只能对某个表达式的值做出判断，从而决定程序执行哪一段代码。

例如，在程序中使用数字 1～7 来表示星期一到星期天，如果想根据某个输入的数字来输出对应中文格式的星期几，可以通过下面的一段伪代码来描述：

```
用于表示星期的数字
    如果等于 1，则输出星期一
    如果等于 2，则输出星期二
    如果等于 3，则输出星期三
    如果等于 4，则输出星期四
    如果等于 5，则输出星期五
    如果等于 6，则输出星期六
    如果等于 7，则输出星期天
    如果不是 1～7，则输出此数字为非法数字
```

对于上面一段伪代码的描述，大家可能会立刻想到用刚学过得 if...else if...else 语句来实现，但是由于判断条件比较多，若用 if...else if...else 语句，实现起来代码过长，不便于阅读。

C#中提供了一种 switch 条件语句来实现这种需求，在 switch 条件语句中使用关键字 switch 来描述一个表达式，使用关键字 case 来描述目标值，当表达式的值和某个目标值匹配时，会执行对应 case 后面的语句。具体实现代码如下：

```
switch(用于表示星期的数字){
    case 1 :
        输出星期一;
        break;
    case 2 :
        输出星期二;
        break;
    case 3 :
        输出星期三
        break;
    case 4 :
        输出星期四;
        break;
    case 5 :
        输出星期五;
        break;
    case 6 :
        输出星期六;
        break;
    case 7 :
        输出星期天;
        break;
    default :
        此数字为非法数字;
        break;
}
```

上面的伪代码描述了 switch 条件语句的基本语法格式，具体格式如下：

```
switch (表达式){
    case 目标值1:
        执行语句1
        break;
    case 目标值2:
        执行语句2
        break;
    ......
    case 目标值n:
        执行语句n
        break;
    default:
```

```
        执行语句 n+1
        break;
}
```

上述格式中，switch 条件语句将表达式的值与每个 case 中的目标值进行匹配，如果找到了匹配的值，会执行对应 case 后面的语句，如果没找到任何匹配的值，就会执行 default 后面的语句。switch 条件语句中的关键字 break 将在后文做具体介绍，此处，初学者只需要知道 break 的作用是跳出 switch 条件语句即可。

下面通过一个案例演示根据数字来输出中文格式的星期几，在解决方案 Chapter02 中创建一个项目名为 Program09 的控制台应用程序，具体代码如例 2-9 所示。

例2-9　Program09\Program.cs

```
1 using System;
2 namespace Program09{
3    class Program {
4        static void Main(string[] args){
5            int week = 5;
6            switch (week){
7                case 1:
8                    Console.WriteLine("星期一");
9                    break;
10                case 2:
11                    Console.WriteLine("星期二");
12                    break;
13                case 3:
14                    Console.WriteLine("星期三");
15                    break;
16                case 4:
17                    Console.WriteLine("星期四");
18                    break;
19                case 5:
20                    Console.WriteLine("星期五");
21                    break;
22                case 6:
23                    Console.WriteLine("星期六");
24                    break;
25                case 7:
26                    Console.WriteLine("星期天");
27                    break;
28                default:
29                    Console.WriteLine("输入的数字不正确...");
30                    break;
31            }
32            Console.ReadKey();
33        }
34    }
35 }
```

运行结果如图 2-21 所示。

图2-21　例2-9运行结果（1）

上述代码中，由于变量 week 的值为 5，整个 switch 条件语句判断的结果满足第 19 行的条件，因此打印"星期五"，第 28 行代码的 default 语句用于处理和前面的 case 都不匹配的值。

将第 5 行代码替换为"int week = 8;"，再次运行程序，运行结果如图 2-22 所示。

图2-22　例2-9运行结果（2）

在使用 switch 条件语句的过程中，如果多个 case 后面的执行语句是一样的，则该执行语句只需书写一次即可，这是一种简写的方式。例如，要判断一周中的某一天是否为工作日，同样使用数字 1～7 来表示星期一到星期天，当输入的数字为 1、2、3、4、5 时就视为工作日，否则就视为休息日。

下面编写程序来实现上面描述的情况，在解决方案 Chapter02 中创建一个项目名为 Program10 的控制台应用程序，具体代码如例 2-10 所示。

例 2-10　Program10\Program.cs

```
1  using System;
2  namespace Program10{
3     class Program{
4        static void Main(string[] args){
5           int week = 2;
6           switch (week){
7              case 1:
8              case 2:
9              case 3:
10             case 4:
11             case 5:
12                //当 week 满足值 1、2、3、4、5 中任意一个时，处理方式相同
13                Console.WriteLine("今天是工作日");
14                break;
15             case 6:
16             case 7:
17                //当 week 满足值 6、7 中任意一个时，处理方式相同
18                Console.WriteLine("今天是休息日");
19                break;
20          }
21          Console.ReadKey();
22       }
23    }
24 }
```

运行结果如图 2-23 所示。

图2-23　例2-10运行结果

上述代码中，当变量 week 值为 1、2、3、4、5 中任意一个值时，处理方式相同，都会打印"今天是工作日"。同理，当变量 week 值为 6、7 中任意一个值时，打印"今天是休息日"。

2.5　循环结构语句

在实际生活中经常会将同一件事情重复做很多次。例如，在做眼保健操的第二节轮刮眼眶时，会重复刮眼眶的动作；打乒乓球时，会重复挥拍的动作等。在 C#中有一种可以重复执行同一执行语句，被称为循环语句。循环语句分为 while 循环语句、do...while 循环语句和 for 循环语句 3 种。下面对这 3 种循环语句分别进行讲解。

2.5.1　while 循环语句

while 循环语句和 2.4 节讲到的条件判断语句有些相似，都是根据条件判断来决定是否执行大括号内的执行语句。区别在于，while 循环语句会反复地进行条件判断，只要条件成立，{}内的执行语句就会执行，直到条件不成立，while 循环结束。while 循环语句的语法结构如下：

```
while(循环条件){
    执行语句
    ......
}
```

上述语法结构中，{}中的执行语句被称作循环体，循环体是否执行取决于循环条件。当循环条件为 true 时，循环体就会执行。循环体执行完毕时会继续判断循环条件，如条件仍为 true 则会继续执行，直到循环条件为 false 时，整个循环过程才会结束。

while 循环的流程图如图 2-24 所示。

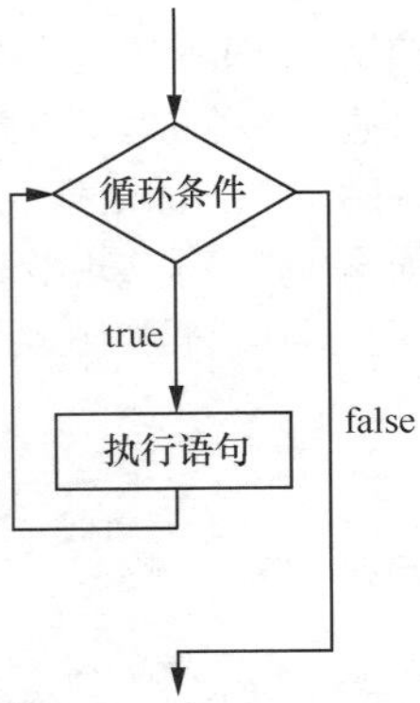

下面通过一个案例来实现打印 1～4 之间的自然数，在解决方案 Chapter02 中创建一个项目名为 Program11 的控制台应用程序，具体代码如例 2-11 所示。

例 2-11　Program11\Program.cs

```
1  using System;
2  namespace Program11{
3     class Program{
4        static void Main(string[] args){
5           int x = 1;        //定义变量 x，初始值为 1
6           while (x <= 4) {//循环条件
7              Console.WriteLine("x = " + x); //条件成立，打印 x 的值
8              x++;            //x 进行自增
9           }
10          Console.ReadKey();
11       }
12    }
13 }
```

图 2-24　while 循环的流程图

运行结果如图 2-25 所示。

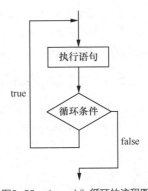

图 2-25　例 2-11 运行结果

上述代码中，第 5 行代码将 x 变量的初始值设置为 1。

第 6～9 行代码为 while 循环，该循环条件为 x <= 4，如果条件满足，会重复执行循环体，打印 x 的值并让 x 进行自增。因此打印结果中 x 的值分别为 1、2、3、4。

需要注意的是，第 8 行代码用于在每次循环时改变变量 x 的值，从而达到最终改变循环条件的目的。如果没有这行代码，整个循环会进入无限循环的状态，永远不会结束。

2.5.2　do…while 循环语句

do…while 循环语句和 while 循环语句功能类似，二者的不同之处在于，while 循环语句需要先判断循环条件，然后根据循环条件的结果来决定是否执行大括号中的执行语句，而 do…while 循环语句先要执行一次大括号内的执行语句再判断循环条件，其语法结构如下：

```
do {
    执行语句
    ...
} while(循环条件);
```

上述语法结构中，关键字 do 后面{}中的执行语句是循环体。do…while 循环语句将循环条件放在循环体的后面。这也就意味着，循环体会无条件执行一次，然后再根据循环条件来决定是否继续执行。

do…while 循环的流程图如图 2-26 所示。

下面使用 do…while 循环语句改写例 2-11 中的代码，改写后的代

图 2-26　do…while 循环的流程图

码如例 2-12 所示。

例 2-12　Program12\Program.cs

```
1 using System;
2 namespace Program12{
3    class Program{
4       static void Main(string[] args){
5         int x = 1;             //定义变量 x，初始值为1
6         do{
7             Console.WriteLine("x = " + x); //打印 x 的值
8             x++;                //将 x 的值自增
9         } while (x <= 4); //循环条件
10         Console.ReadKey();
11       }
12    }
13 }
```

运行结果如图 2-27 所示。

图2-27　例2-12运行结果

上述代码的运行结果和未改写的例 2-11 中的运行结果一致，这就说明 do …while 循环和 while 循环能实现同样的功能。然而在程序运行过程中，这两种语句还是有差别的。如果循环条件在循环语句开始时就不成立，那么 while 循环的循环体一次都不会执行，而 do…while 循环的循环体还是会执行一次。若将代码中的循环条件 x<=4 改为 x < 1，运行例 2-11 的代码则什么也不会打印，而运行例 2-12 中的代码则会打印 x=1。

2.5.3　for 循环语句

在 2.5.1 节和 2.5.2 节中分别讲解了 while 循环语句和 do…while 循环语句。在程序开发中，还经常会使用另一种循环语句，即 for 循环语句，它通常用于循环次数已知的情况，其语法格式如下：

```
for（初始化表达式；循环条件；操作表达式）{
    执行语句
    ......
}
```

上述语法结构中，关键字 for 后面( )中包括了三部分内容：初始化表达式、循环条件和操作表达式，它们之间用 ";" 分隔，{}中的执行语句为循环体。

下面分别用①表示初始化表达式、②表示循环条件、③表示操作表达式、④表示循环体，通过序号来具体分析 for 循环的执行流程。具体如下：

```
for（①；②；③）{
    ④
}
第一步，执行①
第二步，执行②，如果判断结果为 true，执行第三步，如果判断结果为 false，执行第五步
第三步，执行④
第四步，执行③，然后继续执行第二步
第五步，退出循环
```

下面通过一个案例对自然数 1~4 进行求和，在解决方案 Chapter02 中创建一个项目名为 Program13 的控制台应用程序，具体代码如例 2-13 所示。

例 2-13　Program13\Program.cs

```
1 using System;
2 namespace Program13{
3    class Program{
```

```
4        static void Main(string[] args){
5            int sum = 0;     //定义变量 sum，用于记录累加的和
6            for (int i = 1; i <= 4; i++) {//i的值会在1~4之间变化
7                sum += i; //实现 sum 与 i 的累加
8            }
9            Console.WriteLine("sum = " + sum); //打印累加的和
10           Console.ReadKey();
11       }
12   }
13 }
```

运行结果如图 2-28 所示。

图2-28　例2-13运行结果

上述代码中，第6~8行代码通过for循环实现了对自然数1~4进行求和的操作，在for循环语句中，将变量i的初始值设置为1，在判断条件i<=4为true的情况下，会执行循环体sum+=i，执行完毕后，会执行操作表达式i++，i的值变为2，然后继续进行条件判断，开始下一次循环，直到i=5时，条件i<=4为false，结束循环，执行for循环后面的代码，打印"sum=10"。

为了让初学者能熟悉整个for循环的执行过程，现将例2-13运行期间每次循环中变量sum和i的值通过表2-11罗列出来。

表2-11　例2-13运行期间每次循环中变量sum和i的值

循环次数	sum	i
第一次	1	1
第二次	3	2
第三次	6	3
第四次	10	4

2.5.4　跳转语句（break、goto、continue）

跳转语句用于实现循环执行过程中程序流程的跳转，在 C#中的跳转语句有 break 语句、goto 语句和 continue 语句，具体介绍如下。

1. break 语句

在 switch 条件语句和循环语句中都可以使用 break 语句。当 break 出现在 switch 条件语句中时，作用是终止某个 case 并跳出 switch 结构。当它出现在循环语句中，作用是跳出当前循环语句，执行后面的代码。

下面通过一个具体的案例来演示 break 语句如何跳出当前循环，在解决方案 Chapter02 中创建一个项目名为 Program14 的控制台应用程序，具体代码如例 2-14 所示。

例2-14　Program14\Program.cs

```
1 using System;
2 namespace Program14{
3   class Program{
4     static void Main(string[] args){
5       int x = 1;          //定义变量x，初始值为1
6       while (x <= 4){     //循环条件
7         Console.WriteLine("x = " + x); //条件成立，打印x的值
8         if (x == 3){
9           break;
10        }
11        x++;              //x进行自增
```

```
12          }
13          Console.ReadKey();
14      }
15  }
16 }
```

运行结果如图 2–29 所示。

图2-29　例2-14运行结果

上述代码中，通过 while 循环打印 x 的值，当 x 的值为 3 时使用 break 语句跳出循环。因此打印结果中并没有出现 "x=4"。

2. goto 语句

当 break 语句出现在嵌套循环中的内层循环时，它只能跳出内层循环，如果想跳出外层循环则需要对外层循环添加标记，然后使用 goto 语句。

下面通过一个案例演示如何使用 goto 语句，在解决方案 Chapter02 中创建一个项目名为 Program15 的控制台应用程序，具体代码如例 2–15 所示。

例 2-15　Program15\Program.cs

```
1 using System;
2 namespace Program15{
3   class Program{
4     static void Main(string[] args){
5       int i, j;          //定义两个循环变量
6       for (i = 1; i <= 9; i++)  {      //外层循环
7         for (j = 1; j <= i; j++) {     //内层循环
8           if (i > 4)  {                //判断 i 的值是否大于 4
9             goto end;                  //跳至标识为 end 的语句
10          }
11          Console.Write("*");  //输出*
12        }
13        Console.WriteLine();      //换行
14      }
15    end: Console.ReadKey();
16    }
17  }
18 }
```

运行结果如图 2–30 所示。

图2-30　例2-15运行结果

上述代码中，在 Console.ReadKey()方法前面增加了标记 "end"。当 i>4 时，使用 "goto end;" 语句跳出外层循环。因此程序只打印了 4 行 "*"。

3. continue 语句

在循环语句中，如果希望立即终止本次循环，并执行下一次循环，此时就需要使用 continue 语句。

下面通过一个对 1～100 之内的奇数求和的案例来说明 continue 语句的具体用法，在解决方案 Chapter02 中创建一个项目名为 Program16 的控制台应用程序，具体代码如例 2–16 所示。

例2-16   Program16\Program.cs

```
1 using System;
2 namespace Program16{
3   class Program{
4     static void Main(string[] args){
5       int sum = 0;              //定义变量sum，用于记住和
6       for (int i = 1; i <= 100; i++){
7         if (i % 2 == 0){  //如果i是一个偶数，执行if语句中的代码
8           continue;        //结束本次循环
9         }
10         sum += i;            //实现sum和i的累加
11       }
12       Console.WriteLine("sum = " + sum);
13       Console.ReadKey();
14     }
15   }
16 }
```

运行结果如图2-31所示。

图2-31   例2-16运行结果

上述代码中，第6行代码使用for循环让变量i的值在1～100之间循环自增，在循环过程中，当i的值为偶数时，将执行continue语句结束本次循环，进入下一次循环。当i的值为奇数时，sum和i进行累加，最终得到1～100之间所有奇数的和，打印"sum = 2500"。

在嵌套循环语句中，continue语句后面也可以通过使用标记来结束本次外层循环，其用法与break语句相似，在此不再举例说明。

2.5.5   循环嵌套

有时为了解决一个较为复杂的问题，需要在一个循环中再定义一个循环，这样的方式被称作循环嵌套。例如使用"*"来打印三角形时，需要首先定义一个循环语句控制打印的行数，然后再定义一个循环语句用于控制每行中"*"的个数。在C#中，while、do...while、for循环语句都可以进行嵌套，并且它们之间也可以互相嵌套，其中最常见的就是在for循环语句中嵌套for循环语句，具体语法格式如下：

```
for(初始化表达式; 循环条件; 操作表达式) {
    ......
    for(初始化表达式; 循环条件; 操作表达式) {
        执行语句
        ......
    }
    ......
}
```

下面通过一个案例来实现使用"*"打印直角三角形，在解决方案Chapter02中创建一个项目名为Program17的控制台应用程序，具体代码如例2-17所示。

例2-17   Program17\Program.cs

```
1 using System;
2 namespace Program17{
3   class Program{
4     static void Main(string[] args){
5       int i, j;               //定义两个循环变量
6       for (i = 1; i <= 9; i++){   //外层循环
7         for (j = 1; j <= i; j++){ //内层循环
8           Console.Write("*");   //打印*
9         }
10         Console.WriteLine();      //换行
```

```
11              }
12          Console.ReadKey();
13      }
14   }
15 }
```

运行结果如图2-32所示。

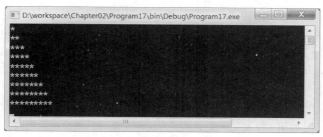

图2-32　例2-17运行结果

上述代码中，第6~11行代码定义了两层for循环，其中，第6行代码定义了外层循环，第7行代码定义了内层循环，外层循环用于控制打印的行数，内层循环用于打印"*"，每一行的"*"个数逐行增加，最后输出一个直角三角形。

由于嵌套循环程序比较复杂，下面分步骤进行详细讲解，具体如下。

第一步，在第5行代码定义了两个循环变量i和j，其中i为外层循环变量，j为内层循环变量。

第二步，第6行代码将i初始化为1，循环条件为i<=9为true，首次进入外层循环的循环体。

第三步，在第7行代码将j初始化为1，由于此时i的值为1，条件j <= i为true，首次进入内层循环的循环体，打印一个"*"。

第四步，执行第7行代码中内层循环的操作表达式j++，将j的值自增为2。

第五步，执行第7行代码中的判断条件j<=i，判断结果为false，内层循环结束。执行后面的代码，打印换行符。

第六步，执行第6行代码中外层循环的操作表达式i++，将i的值自增为2。

第七步，执行第6行代码中的判断条件i<=9，判断结果为true，进入外层循环的循环体，继续执行内层循环。

第八步，由于i的值为2，内层循环会执行两次，即在第2行打印两个"*"。在内层循环结束时会打印换行符。

第九步，以此类推，在第3行会打印3个"*"，逐行递增，直到i的值为10时，外层循环的判断条件i <= 9结果为false，外层循环结束，整个程序也就结束了。

2.6　方法

2.6.1　什么是方法

假设有一个游戏程序，程序在运行过程中要不断地发射炮弹，而发射炮弹的动作需要编写100行代码来实现。设想一下，如果在每次实现发射炮弹功能的地方都编写这100行代码，势必会让程序变得很臃肿，可读性也非常差。为了解决这种代码重复编写的问题，可以将发射炮弹的代码提取出来放在一个{}中，并为这段代码起个名字，这样在每次发射炮弹的地方通过这个名字来调用发射炮弹的代码就可以了。

上述过程中，所提取出来的代码可以被看作是程序中定义的一个发射炮弹的方法，程序在需要发射炮弹时调用该方法即可。

在C#语言中定义方法需要遵循一些语法规范，其具体的语法格式如下：

```
[修饰符] 返回值类型 方法名([[参数类型 参数名1],[参数类型 参数名2] ,……]){
    方法体
    return 返回值;
}
```

上述语法格式中，有几个重要组成部分，具体说明如下。

（1）修饰符：方法的修饰符比较多，有对访问权限进行限定的，如关键字 private、public 等，也有静态修饰符 static，这些修饰符在后面的学习过程中会逐步介绍。需要说明的是，修饰符写在一个中括号内用于表示可选的意思，即该内容可写可不写。

（2）返回值类型：用于描述方法返回值的数据类型，如果方法没有返回值，此处可以使用 void。

（3）方法名：方法名与变量的命名规则一样，不同的是方法名使用的是大驼峰命名法，即每一个单词的首字母都采用大写字母。

（4）参数类型：用于限定调用方法时传入参数的数据类型。

（5）参数名：用于接收调用方法时传入的数据，方法在定义时的参数称为形参，当方法被调用时用于初始化形参的表达式或变量称为实参。

（6）关键字 return：用于结束方法以及返回方法指定类型的值。

（7）返回值：被 return 语句返回的值，该值会返回给调用者。

需要特别注意的是，方法中的"参数类型 参数名 1，参数类型 参数名 2，……"被称作参数列表，它用于限定调用方法时接收参数的类型和个数。如果方法不需要接收任何参数，则参数列表为空，即()内不写任何内容。方法的返回值的类型必须与定义方法时的返回值类型一致，如果方法中没有返回值，返回值类型要声明为 void，此时，方法中 return 语句可以省略。

通过前面的讲解大家对方法已有了基本的了解，在解决方案 Chapter02 中创建一个项目名为 Program18 的控制台应用程序，具体代码如例 2–18 所示。

例2-18   Program18\Program.cs

```
1  using System;
2  namespace Program18{
3    class Program{
4      static void Main(string[] args){
5          Add(3, 5);                        //调用两数相加的方法
6          int product = Multiply(3, 5);     //调用两数相乘的方法
7          Console.WriteLine("num1*num2=" + product);
8          Console.ReadKey();
9      }
10     //定义两个数相乘的方法
11     public static int Multiply(int num1, int num2){
12         int sum = num1 * num2;
13         return sum;
14     }
15     //定义两个数相加的方法
16     public static void Add(int num1, int num2){
17         int sum = num1 + num2;
18         Console.WriteLine("num1+num2=" + sum);
19     }
20   }
21 }
```

运行结果如图 2–33 所示。

图2-33   例2-18运行结果

上述代码中，第 11～14 行代码定义了返回值类型为 int 的 Multiply()方法，该方法用于返回两个数相乘

的结果。在 Multiply( )方法中定义了 2 个参数，分别为 num1 与 num2，接着使用关键字 return 将这两个参数相乘的结果返回。

第 16 ~ 19 行代码定义了无返回值的 Add( )方法，用于输出两个数相加的结果，该方法的返回值类型是 void。在 Add( )方法中，定义了 2 个 int 类型的参数，分别为 num1、num2， 这两个参数相加的结果通过 WriteLine( )方法输出。

多学一招：常用数学方法

.NET Framework 中提供了许多常用方法，其中数学方法在程序开发过程中经常会用到，数学方法定义在 Math 类中，下面列出了 Math 类部分常用数学方法，具体如表 2–12 所示。

表 2-12 Math 类部分常用数学方法

常用数学方法	功能描述
int Abs(int value);	求绝对值
double Pow(double x, double y);	求幂
double Sin(double x);	求正弦值
double Cos(double x);	求余弦值

表 2-12 列举了 4 个常用的数据方法，为了让初学者更好地学习这些方法，下面通过一个具体的案例来演示上述方法的用法，在解决方案 Chapter02 中创建一个项目名为 Program19 的控制台应用程序，具体代码如例 2-19 所示。

例 2-19 Program19\Program.cs

```
1 using System;
2 namespace Program19{
3   class Program{
4     static void Main(string[] args){
5       Console.WriteLine("-2 的绝对值={0}",Math.Abs(-2));  //求-2 的绝对值
6       Console.WriteLine("-2 的 3 次方={0}",Math.Pow(-2, 3));//求-2 的 3 次方
7       Console.WriteLine("sin(0°)={0}", Math.Sin(0));     //求 0°的正弦值
8       Console.WriteLine("cos(0°)={0}", Math.Cos(0));     //求 0°的余弦值
9       Console.ReadKey();
10    }
11  }
12 }
```

运行结果如图 2-34 所示。

图2-34 例2-19运行结果

由上述代码可知，数学方法的用法还是比较简单的，只需给函数相应的参数赋值即可返回结果。当然数学函数还有很多，这里就不一一介绍，初学者如果感兴趣可以自学。

2.6.2 方法的重载

程序中有时会出现针对同一个方法需要传入不同参数的情况，例如在实现对数字进行求和的方法时，由于参与求和的数字个数和类型都不确定，因此需要设计不同的求和方法。

下面演示一个求和的案例，通过 3 个方法分别实现对 2 个整数相加、对 3 个整数相加以及对 2 个小数相加的功能,在解决方案 Chapter02 中创建一个项目名为 Program20 的控制台应用程序,具体代码如例 2-20

所示。

例 2-20　Program20\Program.cs

```
1  using System;
2  namespace Program20{
3     class Program{
4        public static void Main(string[] args){
5           //下面是针对求和方法的调用
6           int sum1 = Add01(1, 2);
7           int sum2 = Add02(1, 2, 3);
8           double sum3 = Add03(1.2, 2.3);
9           //下面的代码是打印求和的结果
10          Console.WriteLine("sum1=" + sum1);
11          Console.WriteLine("sum2=" + sum2);
12          Console.WriteLine("sum3=" + sum3);
13          Console.ReadKey();
14       }
15       //下面的方法实现了 2 个整数相加
16       public static int Add01(int x, int y){
17          return x + y;
18       }
19       //下面的方法实现了 3 个整数相加
20       public static int Add02(int x, int y, int z){
21          return x + y + z;
22       }
23       //下面的方法实现了 2 个小数相加
24       public static double Add03(double x, double y){
25          return x + y;
26       }
27    }
28 }
```

运行结果如图 2-35 所示。

图2-35　例2-20运行结果

上述代码中，分别定义了 Add01( )、Add02( )、Add03( )方法实现 2 个整数相加、3 个整数相加、2 个小数相加的求和功能，但是根据类似的方法名，很难分清应该调用哪个方法来实现两个整数相加的功能。为了解决这一问题，C#中允许在一个程序中定义多个同名方法，但是参数的类型或个数必须不同，这种方式被称作方法的重载。

下面采用方法重载的方式对例 2-20 中的代码进行修改，修改后的代码如例 2-21 所示。

例 2-21　Program21\Program.cs

```
1  using System;
2  namespace Program21{
3     class Program{
4        public static void Main(string[] args){
5           //下面是针对求和方法的调用
6           int sum1 = Add(1, 2);
7           int sum2 = Add(1, 2, 3);
8           double sum3 = Add(1.2, 2.3);
9           //下面的代码是打印求和的结果
10          Console.WriteLine("sum1=" + sum1);
11          Console.WriteLine("sum2=" + sum2);
12          Console.WriteLine("sum3=" + sum3);
13          Console.ReadKey();
14       }
15       //下面的方法实现了 2 个整数相加
```

```
16      public static int Add(int x, int y){
17          return x + y;
18      }
19      //下面的方法实现了 3 个整数相加
20      public static int Add(int x, int y, int z){
21          return x + y + z;
22      }
23      //下面的方法实现了 2 个小数相加
24      public static double Add(double x, double y)
25      {
26          return x + y;
27      }
28   }
29 }
```

运行结果如图 2-36 所示。

图2-36　例2-21运行结果

上述代码中定义了 3 个同名的 Add( )方法，它们的参数个数或类型不同，从而形成了方法的重载。在 Main( )方法中调用 Add( )方法时，通过传入不同的参数便可以确定调用相应重载的方法，如 Add（1,2）调用的是两个整数求和的方法。

需要注意的是，方法的重载与返回值类型无关，它的满足条件只有两个，一是方法名相同，二是参数个数或参数类型不相同。

多学一招：快速判断方法重载

方法重载可以让程序变得更加灵活，要想在程序中快速地判断方法重载，可以按照以下步骤进行，具体如下：

① 将方法名前面的修饰符、返回类型以及方法体去掉。

② 将方法参数列表中的参数名去掉。

③ 将两个方法做比较，首先名称不相同一定不是重载方法，其次如果名称相同，其他部分不相同的构成重载，相同的则不是重载的方法。

接下来通过具体的代码来演示如何使用上述三个步骤判断方法重载，示例代码如下：

```
public static int Func(int num) { … }
public static bool Func(int num1, int num2) { … }
public static string Func(string s1, string s2) { … }
public static string Func(string s2, string s1) { … }
```

上述代码中定义了 4 个同名的方法，下面将方法中的方法体和方法名前面的修饰符去掉，得到下面的代码：

```
Func(int num)
Func(int num1, int num2)
Func(string s1, string s2)
Func(string s2, string s1)
```

下面将上述方法参数列表中的参数名字去掉，得到下面的代码：

```
Func(int)
Func(int, int)
Func(string, string)
Func(string, string)
```

这样一来判断方法重载就非常容易了，以上不相同的方法就可以构成重载。因此，方法 3 和方法 4 就不能构成方法重载。方法重载的关键因素是方法名和参数，在 C#中由方法名和参数列表（参数的类型和顺序）组成的部分称为方法的签名，判断方法是否构成重载，只需比较方法的签名部分即可。

2.7 数组

　　假设要实现一个员工信息管理的程序时，通常需要统计公司员工的工资情况，例如计算平均工资、最高工资等。假设某公司有 50 名员工，用前面所学的知识，程序首先需要声明 50 个变量来分别记住每位员工的工资，这样做会很麻烦。在 C#中，可以使用一个数组来记住这 50 名员工的工资。数组是指一组数据的集合，数组中的每个数据被称作元素。在数组中可以存放任意类型的元素，但同一个数组里存放的元素类型必须一致。数组可分为一维数组和多维数组，本节将围绕数组进行详细讲解。

2.7.1 数组的定义

　　在 C#中，可以使用下面的语句来定义一个数组。

```
int[] x = new int[100];
```

　　上述语句就相当于在内存中定义了 100 个 int 类型的变量，第一个变量的名称为 x[0]，第二个变量的名称为 x[1]，以此类推，第 100 个变量的名称为 x[99]，这些变量的初始值都是 0。为了更好地理解数组的这种定义方式，可以将上面的一句代码分成两句来写，具体如下：

```
int[] x;           //声明一个 int[]类型的变量
x = new int[100]; //创建一个长度为 100 的数组
```

　　下面通过两张内存图来详细说明数组在创建过程中内存的分配情况。

　　第 1 行代码"int[ ] x;"声明了一个变量 x，该变量的类型为 int[ ]，即一个 int 类型的数组。变量 x 会占用一块内存单元，它没有被分配初始值，如图 2-37 所示。

　　第 2 行代码"x = new int[100];"创建了一个数组，将数组的地址赋值给变量 x。在程序运行期间可以使用变量 x 来引用数组，这时内存中的状态会发生变化，如图 2-38 所示。

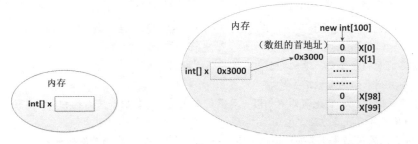

图2-37　内存状态图（1）　　　　　　　图2-38　内存状态图（2）

　　在图 2-38 中描述了变量 x 引用数组的情况。该数组中有 100 个元素，初始值都为 0。数组中的每个元素都有一个索引（也可称为角标），可以通过 x[0]，x[1]，…，x[98]，x[99]的形式访问数组中的元素。在 C#中，为了方便获得数组的长度，提供了一个 Length 属性，在程序中可以通过"数组名.Length"的方式来获得数组的长度，即元素的个数。需要注意的是，数组中最小的索引是 0，最大的索引是"数组名.Length-1"。

　　下面通过一个案例来演示如何定义数组以及访问数组中的元素，在解决方案 Chapter02 中创建一个项目名为 Program22 的控制台应用程序，具体代码如例 2-22 所示。

例 2-22　Program22\Program.cs

```
1 using System;
2 namespace Program22{
3    class Program {
4      static void Main(string[] args){
5        int[] arr;          //声明变量
6        arr = new int[3];      //创建数组对象
7        Console.WriteLine("arr[0]=" + arr[0]);  //访问数组中的第一个元素
8        Console.WriteLine("arr[1]=" + arr[1]);  //访问数组中的第二个元素
```

```
9              Console.WriteLine("arr[2]=" + arr[2]);   //访问数组中的第三个元素
10             Console.WriteLine("数组的长度是: " + arr.Length);//打印数组长度
11             Console.ReadKey();
12         }
13    }
14 }
```

运行结果如图 2-39 所示。

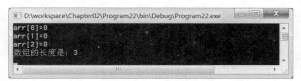

图2-39 例2-22运行结果

上述代码中，第 5 行代码声明了一个 int[]类型的变量 arr。

第 6 行代码创建了一个 int 类型的数组对象，该数组的长度指定为 3，接着将创建的数组对象赋给数组 arr。

第 7~9 行代码通过索引访问数组 arr 中的元素并输出，

第 10 行代码中通过 Length 属性获取数组 arr 中元素的个数并输出。

由图 2-39 所示的运行结果可知，数组中的 3 个元素的初始值都为 0，这是因为当数组被成功创建后，数组中的元素会被自动赋予一个默认值，根据元素类型的不同，默认初始化的值也是不同的，具体如表 2-13 所示。

表 2-13   数组中元素的默认初始化值

数据类型	默认初始化值
byte、short、int、long	0
float、double	0.0
char	一个空字符，即'\u0000'
bool	false
引用类型	null，表示变量不引用任何对象

如果在使用数组时，不想使用这些默认初始值，也可以为这些元素赋值。下面通过一个案例来演示为数组中的元素设置初始化值，在解决方案 Chapter02 中创建一个项目名为 Program23 的控制台应用程序，具体代码如例 2-23 所示。

例 2-23   Program23\Program.cs

```
1 using System;
2 namespace Program23{
3    class Program{
4       static void Main(string[] args){
5          int[] arr = new int[4]; //定义可以存储 4 个整数的数组
6          arr[0] = 1; //为第 1 个元素赋值 1
7          arr[1] = 2; //为第 2 个元素赋值 2
8          // 下面的代码是打印数组中每个元素的值
9          Console.WriteLine("arr[0]=" + arr[0]);
10          Console.WriteLine("arr[1]=" + arr[1]);
11          Console.WriteLine("arr[2]=" + arr[2]);
12          Console.WriteLine("arr[3]=" + arr[3]);
13          Console.ReadKey();
14       }
15    }
16 }
```

运行结果如图 2-40 所示。

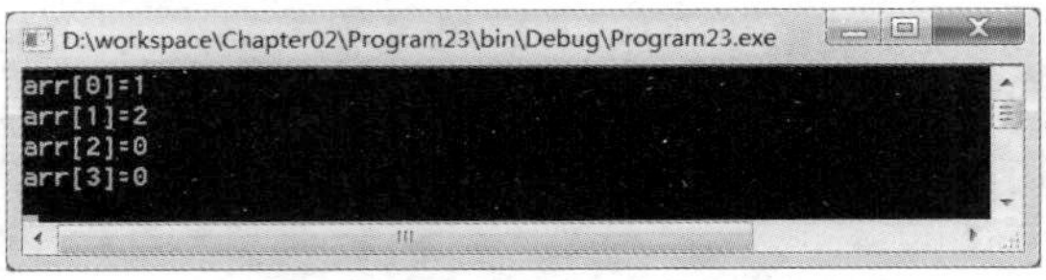

图2-40 例2-23运行结果

上述代码中，第 5 行代码定义了一个 int 类型的数组 arr，该数组的长度为 4，也就是可以存储 4 个整数，此时数组中每个元素的默认初始值都为 0。

第 6 行和第 7 行代码通过赋值语句为数组中的元素 arr[0]和 arr[1]分别赋值 1 和 2，而元素 arr[2]和 arr[3]没有赋值，其值仍为 0，因此打印结果中 4 个元素的值依次为 1、2、0、0。

在定义数组时只指定数组的长度，由系统自动为元素赋初值的方式称作动态初始化。在初始化数组时还有另一种方式被称作静态初始化，即在定义数组的同时就为数组的每个元素赋值。数组的静态初始化有两种方式，具体格式如下。

格式1：

```
类型[] 数组名 = new 类型[]{元素，元素，……};
```

格式2：

```
类型[] 数组名 = {元素，元素，元素，……};
```

上述的两种方式都可以实现数组的静态初始化，但是为了简便，建议采用第二种方式。下面通过一个案例来演示数组静态初始化的效果，在解决方案 Chapter02 中创建一个项目名为 Program24 的控制台应用程序，具体代码如例 2-24 所示。

例 2-24   Program24\Program.cs

```
1 using System;
2 namespace Program24{
3    class Program{
4       static void Main(string[] args){
5          int[] arr = { 1, 2, 3, 4 }; //对数组进行初始化
6          //下面的代码是依次访问数组中的元素
7          Console.WriteLine("arr[0] = " + arr[0]);
8          Console.WriteLine("arr[1] = " + arr[1]);
9          Console.WriteLine("arr[2] = " + arr[2]);
10         Console.WriteLine("arr[3] = " + arr[3]);
11         Console.ReadKey();
12       }
13    }
14 }
```

运行结果如图 2-41 所示。

图2-41 例2-24运行结果

上述代码中，第 5 行代码定义了一个一维数组 arr，并为该数组中的元素分别赋值 1、2、3、4。第 7～10 行代码分别通过索引的形式访问数组中的元素并输出。

脚下留心

1. 每个数组的索引都有一个范围，即 0～Length-1。在访问数组的元素时，索引不能超出这个范围，否则程序会报错。

下面通过一个案例来演示访问数组的索引超过数组的范围时出现的问题，在解决方案 Chapter02 中创建一个项目名为 Program25 的控制台应用程序，具体代码如例 2-25 所示。

例 2-25　Program25\Program.cs

```
1  using System;
2  namespace Program25{
3      class Program{
4          static void Main(string[] args){
5              int[] arr = new int[4];                    //定义一个长度为 4 的数组
6              Console.WriteLine("arr[0]=" + arr[4]);    //通过索引 4 访问数组元素
7              Console.WriteLine();
8              Console.ReadKey();
9          }
10     }
11 }
```

程序编译报错，结果如图 2–42 所示。

图 2-42 中在错误的行号处弹出对话框，提示错误信息为"索引超出了数组界限"，出现这个异常的原因是数组的长度为 4，其索引范围为 0～3，例 2-25 中的第 6 行代码使用索引 4 来访问元素时超出了数组的索引范围。

2. 在使用变量引用一个数组时，变量必须指向一个有效的数组对象，如果该变量的值为 null，则意味着没有指向任何数组，此时通过该变量访问数组的元素会出现空指针异常。

下面通过一个案例来演示空指针异常，在解决方案 Chapter02 中创建一个项目名为 Program26 的控制台应用程序，具体代码如例 2-26 所示。

例 2-26　Program26\Program.cs

```
1  using System;
2  namespace Program26{
3      class Program{
4          static void Main(string[] args){
5              int[] arr = new int[3];  //定义一个长度为 3 的数组
6              arr[0] = 5;              //为数组的第一个元素赋值
7              arr = null;             //将变量 arr 置为 null
8              Console.WriteLine("arr[0]=" + arr[0]);  // 访问数组的元素
9              Console.ReadKey();
10         }
11     }
12 }
```

程序编译报错，结果如图 2–43 所示。

图2-42　例2-25编译错误　　　　　　图2-43　例2-26编译错误

由图 2-43 所示的错误信息可知，程序出现了空指针异常，这是因为在例 2-26 中的第 7 行代码将数组变量置为 null，数组变量没有有效地指向一个对象，因此在第 8 行代码访问数组时就出现了空指针异常。

2.7.2　数组的常见操作

数组的应用非常广泛，实际开发中常常需要灵活地操作数组。例如，当需要对学生成绩进行排名时，可将班级成绩保存在数组中，并对该数组进行排序，从而获取班级成绩的排名。下面将对数组的常见操作进行详细讲解。

1. 数组遍历

在操作数组时，经常需要依次访问数组中的每个元素，这种操作称作数组的遍历。下面通过一个案例来学习如何使用 for 循环遍历数组，在解决方案 Chapter02 中创建一个项目名为 Program27 的控制台应用程序，具体代码如例 2–27 所示。

例2-27   Program27\Program.cs

```
1 using System;
2 namespace Program27{
3    class Program{
4       static void Main(string[] args){
5          int[] arr = { 1, 2, 3, 4, 5 };  //定义数组
6          //使用 for 循环遍历数组的元素
7          for (int i = 0; i < arr.Length; i++){
8             Console.WriteLine(arr[i]);   //通过索引访问元素
9          }
10         Console.ReadKey();
11      }
12   }
13 }
```

运行结果如图2-44所示。

图2-44   例2-27运行结果

上述代码中，第5行代码定义了一个长度为5的数组 arr，数组的索引范围为0～4。

第7～9行代码通过 for 循环遍历数组中的元素。由于 for 循环中定义的变量 i 的值在循环过程中为0～4，因此可以将变量 i 作为索引依次去访问数组中的元素，并将元素的值打印出来。

2. 数组最值

在操作数组时，经常需要获取数组中元素的最值。下面通过一个案例来演示如何获取数组中元素的最大值，在解决方案 Chapter02 中创建一个项目名为 Program28 的控制台应用程序，具体代码如例2-28所示。

例2-28   Program28\Program.cs

```
1 using System;
2 namespace Program28{
3    class Program{
4       public static void Main(string[] args){
5          int[] arr = { 4, 1, 6, 3, 9, 8 };  //定义一个数组
6          int max = GetMax(arr);             //调用获取元素最值的方法
7          Console.WriteLine("max=" + max);   //打印最大值
8          Console.ReadKey();
9       }
10       static int GetMax(int[] arr){
11          //定义变量 max 用于记住最大数，首先假设第一个元素为最大值
12          int max = arr[0];
13          //下面通过一个 for 循环遍历数组中的元素
14          for (int x = 1; x < arr.Length; x++){
15             if (arr[x] > max) {  //比较 arr[x]的值是否大于 max
16                max = arr[x];      //条件成立，将 arr[x]的值赋给 max
17             }
18          }
19          return max;             //返回最大值 max
20       }
21   }
22 }
```

运行结果如图2-45所示。

图2-45   例2-28运行结果

上述代码中，第 10 ~ 20 行代码定义了一个 GetMax() 方法，用于求数组中的最大值。其中，第 12 行代码定义了一个临时变量 max，用于保存数组的最大值。首先假设数组中第一个元素 arr[0] 为最大值，并将 arr[0] 赋值给变量 max，然后使用 for 循环对数组进行遍历，在遍历的过程中只要遇到比 max 大的元素，就将该元素赋值给变量 max。这样一来，变量 max 就能够在循环结束时存放数组中的最大值。

需要注意的是，在 for 循环中的变量 x 是从 1 开始的，这样写的原因是程序已经假设第一个元素为最大值，for 循环中只需要从第二个元素开始比较，从而提高程序的运行效率。

3. 数组排序

在操作数组时，经常需要对数组中的元素进行排序。下面介绍一种比较常见的排序算法——冒泡排序。在冒泡排序的过程中，不断比较数组中相邻的两个元素，较小者向上浮，较大者往下沉，整个过程和水中气泡上升的原理相似。

冒泡排序的整个过程如下。

第一步，从第一个元素开始，将相邻的两个元素依次进行比较，直到最后两个元素完成比较。如果前一个元素比后一个元素大，则交换它们的位置。整个过程完成后，数组中最后一个元素自然就是最大值，这样也就完成了第一轮比较。

第二步，除了最后一个元素，将剩余的元素继续进行两两比较，过程与第一步相似，这样数组中倒数第二个数就是数组中第二大的数。

第三步，以此类推，持续对越来越少的元素进行两两比较，直到没有任何一对元素需要比较为止。

了解了冒泡排序的原理之后，下面通过一个案例来实现冒泡排序，在解决方案 Chapter02 中创建一个项目名为 Program29 的控制台应用程序，具体代码如例 2-29 所示。

例 2-29　Program29\Program.cs

```
1 using System;
2 namespace Program29{
3   class Program{
4     public static void Main(string[] args){
5       int[] arr = { 9, 8, 3, 5, 2 };
6       Console.Write("冒泡排序前:");
7       PrintArray(arr); //打印数组元素
8       BubbleSort(arr); //调用排序方法
9       Console.Write("冒泡排序后:");
10      PrintArray(arr); //打印数组元素
11      Console.ReadKey();
12    }
13    //定义打印数组的方法
14    public static void PrintArray(int[] arr){
15      //循环遍历数组的元素
16      for (int i = 0; i < arr.Length; i++){
17        Console.Write(arr[i] + " "); //打印元素和空格
18      }
19      Console.WriteLine();
20    }
21    //定义对数组排序的方法
22    public static void BubbleSort(int[] arr){
23      //定义外层循环
24      for (int i = 0; i < arr.Length - 1; i++){
25        //定义内层循环
26        for (int j = 0; j < arr.Length - i - 1; j++){
27          if (arr[j] > arr[j + 1]){    //比较相邻元素
28            //下面的三行代码用于交换两个元素
29            int temp = arr[j];
30            arr[j] = arr[j + 1];
31            arr[j + 1] = temp;
32          }
33        }
34        Console.Write("第" + (i + 1) + "轮排序后: ");
```

```
35                PrintArray(arr); //每轮比较结束打印数组元素
36             }
37        }
38     }
39 }
```

运行结果如图 2-46 所示。

图2-46   例2-29运行结果

上述代码中，第 22 ~ 36 行代码创建了 BubbleSort( )方法，在该方法中通过一个嵌套 for 循环实现冒泡排序。在 BubbleSort( )方法中，外层循环用来控制进行多少轮比较，每一轮比较都可以确定一个元素的位置，由于最后一个元素不需要进行比较，因此外层循环的次数为 arr.Length-1。

内层循环的循环变量用于控制每轮比较的次数，它被称为角标，用于比较数组的元素，由于变量在循环过程中是自增的，这样就可以实现相邻元素依次进行比较，在每次比较时如果前者小于后者，就交换两个元素的位置，具体执行过程如图 2-47 所示。

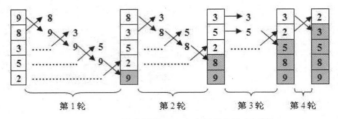

图2-47   冒泡排序两元素比较具体执行过程

在图 2-47 的第 1 轮比较中，第一个元素 "9" 为最大值，因此它在每次比较时都会发生位置的交换，最终被放到最后一个位置。

第 2 轮比较与第 1 轮过程类似，元素 "8" 被放在倒数第二的位置。

第 3 轮比较中，第一次比较没有发生位置的交换，在第二次比较时才发生位置交换，元素 "5" 被放在倒数第三的位置。

第 4 轮比较只针对最后两个元素，它们比较后发生了位置的交换，元素 "3" 被放在第二的位置。

通过 4 轮比较，数组中的元素已经完成了排序。

需要说明的是，例 2-29 中的 29 ~ 31 行代码实现了数组中两个元素的交换。首先定义了一个变量 temp 用于存放数组元素 arr[j]的值，然后将 arr[j+1]的值赋给 arr[j]，最后再将 temp 的值赋给 arr[j+1]，这样便完成了两个元素的交换。整个交换过程如图 2-48 所示。

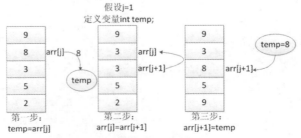

图2-48   冒泡排序两元素交换的具体步骤

2.7.3　多维数组

在程序中可以通过一个数组来保存某个班级学生的考试成绩，试想一下，如果要统计一个学校各班级学生的考试成绩，该如何实现呢？这时就需要用到多维数组，多维数组可以简单地理解为在数组中嵌套数组。在程序中比较常见的就是二维数组，下面对二维数组进行详细讲解。

在 C#语言中，定义二维数组时也需要遵循一定的语法规范，具体语法格式如下：

```
int[,] arr = new int[3,4];
```

上述代码定义了一个二维数组 arr，它的第一维长度为 3，第二维长度为 4。为了让初学者更好地理解二维数组的结构，下面通过一个图例进行描述，如图 2-49 所示。

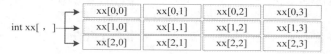

图2-49　二维数组

前面直接定义了一个二维数组，但并没有对数组中的元素进行初始化，此时系统会自动对其进行初始化，并赋值为 0。如果希望在定义数组时，直接对数组中的元素进行初始化，则可以使用以下代码：

```
int[,] arr = new int[3,4] {{1,2,3,4},{1,2,3,4},{1,2,3,4}};
```

上述代码是一种标准的初始化形式，也可以将其进行简化，简化后的代码如下：

```
int[,] arr = {{1,2,3,4},{1,2,3,4},{1,2,3,4}};
```

数组初始化成功后，可以通过索引的方式访问其中的某个元素。例如若想访问图 2-49 所示的二维数组中第 1 行第 2 列的元素时，可以使用以下代码：

```
arr[0,1];
```

下面通过一个案例来演示二维数组的用法。例如，要统计一个公司 3 个销售小组中每个小组的总销售额以及整个公司的销售额，在解决方案 Chapter02 中创建一个项目名为 Program30 的控制台应用程序，具体代码如例 2-30 所示。

例 2-30　Program30\Program.cs

```
1 using System;
2 namespace Program30{
3    class Program {
4      static void Main(string[] args) {
5        //定义二维数组 arr 并赋值
6        int[,] arr = new int[3, 4] { { 1, 2, 3, 4 }, { 2, 3, 3, 4 },
7                                     { 3, 4, 3, 4 } };
8        int sum = 0;  //定义变量记录总销售额
9        for (int i = 0; i < arr.GetLength(0); i++) {   //遍历数组元素
10           int groupSum = 0;      //定义变量记录小组销售总额
11           //遍历小组内每个人的销售额
12           for (int j = 0; j < arr.GetLength(1); j++) {
13               groupSum = groupSum + arr[i, j];
14           }
15           sum = sum + groupSum;      //累加小组销售额
16           Console.WriteLine("第" + (i + 1) + "小组销售额为: " + groupSum
17                                             + " 万元");
18        }
19        Console.WriteLine("总销售额为: " + sum + " 万元。");
20        Console.ReadKey();
21      }
22    }
23 }
```

运行结果如图 2-50 所示。

上述代码中，第 7~8 行代码定义了一个二维数组 arr，并进行初始化赋值。该二维数组 arr 用于保存 3 个小组的销售额。

图2-50　例2-30运行结果

第 8、12 行代码定义两个变量 sum 和 groupSum，其中 sum 用来记录公司的总销售额，groupSum 用来记录每个销售小组的销售额。

第 10～20 行代码通过嵌套 for 循环统计总的销售额，其中，第 10 行代码定义的外层循环对 3 个销售小组进行遍历。第 12 行代码定义的内层循环对每个小组员工的销售额进行遍历，内层循环每循环一次就相当于将一个小组员工的销售总额统计完毕，赋值给 groupSum。当内层循环完毕后，在外层循环中将 groupSum 的值与 sum 的值相加赋值给 sum。当外层循环结束时，3 个销售小组的销售总额 groupSum 都累加到 sum 中，即统计出了整个公司的销售总额。

2.8　程序调试

在程序开发过程中，总会出现各种各样的错误，如何快速发现和解决程序中的错误呢？此时可以使用 Visual Studio 自带的调试功能快速定位错误信息。本节将对程序调试进行详细讲解。

2.8.1　设置断点

在程序的调试过程中，需要通过观察程序中某些数据的变化情况，从而分析出程序出错的原因，这时就需要为程序设置断点。断点可以让正在运行的程序在指定位置暂停，当再次运行程序时，程序会在断点处暂停，以便观察程序中的数据。

在 Visual Studio 中，为代码添加断点的方式比较简单，只需要单击代码左侧的灰色区域，断点插入成功后代码左侧会有红色圆点出现，并且插入断点后的代码会高亮显示，如图 2-51 所示。

另外，也可以在某行代码处右键单击，在弹出的快捷菜单中，选择【断点】选项，然后选择【插入断点】即可，如图 2-52 所示。

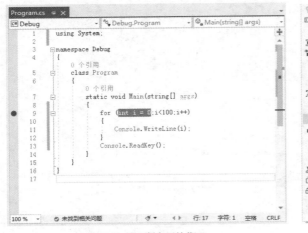

图2-51　插入断点后的代码

图2-52　通过快捷菜单插入断点

删除断点也非常简单的，只需单击代码左侧已插入的红色圆点，即可删除断点。另外，也可以在断点上右键单击选择【删除断点】选项，如图 2-53 所示。

2.8.2　单步调试

当程序出现 Bug 时,通常采用的方法是一步一步跟踪程序执行的流程,根据变量的值找到错误的原因,这种调试代码的方法称为单步调试。单步调试分为逐语句(快捷键【F11】)和逐过程(快捷键【F10】2 种)。逐语句调试会进入方法内部进行调试,单步执行方法体中的每一行代码,逐过程调试不会进入方法体内部,而是把方法当作一行代码来执行。

图2-53　通过快捷菜单删除断点

下面开启调试功能,对 Main()方法中的逻辑代码进行单步调试,首先在"int num =0;"的代码处设置断点,然后在工具栏中选择【Debug】模式,并单击 ▶ 启动 按钮,开启程序调试功能,调试界面如图 2-54 所示。

图2-54　单步调试界面

由图 2-54 可知,当程序开启调试时会暂停在断点处,并且会出现一个箭头指向程序执行的位置,如图 2-54 的第 9 行代码处。这时就可以通过工具栏上的调试按钮执行相应的调试操作,例如继续、停止等,调试按钮如图 2-55 所示。

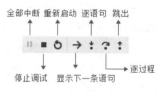

图2-55　调试按钮

图 2-55 中的按钮都是在调试程序时经常使用的,具体介绍如下。

(1)全部中断:该按钮可以将正在执行的程序全部中断,快捷键【Ctrl+Alt+Break】。

(2)停止调试:该按钮用于停止调试程序,快捷键【Shift+F5】。

(3)重新启动:该按钮用于重新启动程序调试,快捷键【Ctrl+Shift+F5】。

(4)显示下一条语句:该按钮用于显示下一条执行的语句,快捷键【Alt+数字键区中的*】。

(5)逐语句:该按钮可以逐语句调试程序,快捷键【F11】。

(6)逐过程:该按钮可以逐过程调试程序,快捷键【F10】。

(7)跳出:该按钮用于跳出正在执行的程序,快捷键【Shift+F11】。

在程序调试过程中,当单击图 2-55 处的【逐语句】按钮和【逐过程】按钮时,即可对程序进行单步调试,调试信息会显示在【自动窗口】窗口、【局部变量】窗口和【监视 1】窗口中。这些窗口显示的具体信息如下所示。

（1）【自动窗口】窗口：自动根据当前选中对象显示其调试信息。

（2）【局部变量】窗口：只显示当前帧的局部变量信息。

（3）【监视1】窗口：检索用户自己添加的变量信息。

2.8.3 观察变量

在程序调试过程中，最主要的就是观察当前变量的值，尽快找到程序出错的原因。下面介绍几种常用的观察变量值的方法，具体如下。

1. 使用【自动窗口】窗口查看变量的值

在程序调试过程中，可以在【自动窗口】窗口中查看到当前运行代码中变量的名称、值和类型，如图2-56所示。

图2-56 使用【自动窗口】窗口查看变量的值

2. 使用【局部变量】窗口查看变量的值

在程序调试过程中，单击【局部变量】窗口可以查看变量的值，在该窗口中可以看到当前运行代码中之前所有变量的名称、值和类型，如图2-57所示。

图2-57 使用【局部变量】窗口查看变量的值

3. 使用鼠标指针悬停的办法查看变量的值

在程序调试的过程中，当查看变量的当前值时，还可以把鼠标指针移动到当前变量所在的位置，从而观察变量的值，这种方法方便快捷，在调试过程中最常用，如图2-58所示。

图2-58 使用鼠标指针悬停的办法查看变量的值

4. 使用【监视 1】窗口查看变量的值

在程序调试过程中，单击【监视 1】窗口，双击【添加要监视的项】写入需要查看的变量，如图 2-59 所示。

图2-59　使用【监视1】窗口查看变量的值

图 2-59 中，写入需要监视的项为 num，按下键盘中的【Enter】键后，就可以在窗口中查看变量的值。

5. 使用【即时窗口】窗口查看变量的值

在程序运行调试过程中，在菜单栏选择【调试】→【窗口】→【即时】打开【即时窗口】窗口，在【即时窗口】窗口中可以直接输入已运行的变量名，按【Enter】键即可查看变量的值，也可以在变量名前加上 "&"（取地址符），查看变量的地址和值，如图 2-60 所示。

图2-60　使用【即时窗口】窗口查看变量的值

2.8.4　条件断点

前面介绍了断点调试的基本方法，假设在一个循环 100 次的代码中，希望在第 98 次循环时中断，进行代码调试。如果从第一次循环就开始单步调试，这样工作量就太大了，此时可以使用条件断点来进行调试。条件断点可以快速定位到需要调试的循环次数。使用条件断点调试程序的具体步骤如下。

（1）首先为需要中断的代码添加断点，然后右键单击断点，在弹出框中单击【条件（C）】按钮，则出现如图 2-61 所示的界面。

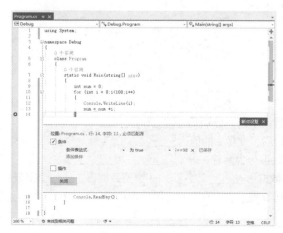

图2-61　条件断点

（2）在图 2-61 中，勾选【条件】选项，将条件表达式的值设置为"为 true"，中断表达式设置为"i==98"，从而完成断点设置，启动调试，程序运行结果如图 2-62 所示。

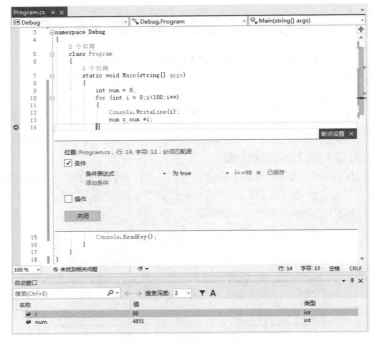

图2-62   调试程序运行结果

由图 2-62 可知，当循环中变量的条件符合断点的条件时，循环将中断，此时可以在自动窗口中观察当前循环条件下变量的取值情况。

2.9   本章小结

本章主要介绍了学习 C#语言所需的基础知识。首先介绍了 C#语言的基本语法、常量和变量的定义以及一些常见运算符的用法；其次介绍了选择结构语句和循环结构语句；然后介绍了方法和数组的用法；最后介绍了程序调试。通过学习本章的内容，希望大家能够掌握 C#语言的基本语法、变量和运算符、流程控制语句、方法、数组和程序调试的方法。

2.10   习题

一、填空题

1. C#中的类使用关键字_____来定义。

2. 布尔常量即布尔型的两个值，分别是_____和_____。

3. 若 int a =2; a+=3;执行后，变量 a 的值为_____。

4. C#中的数据类型大致可分为两种，分别是_____和_____。

5. 在 C#中，byte 类型数据占_____个字节，int 类型数据占_____个字节。

6. 在逻辑运算符中，运算符_____和_____用于表示逻辑与，_____和_____表示逻辑或。

7. 若 x = 2，则表达式（x + +）/3 的值是_____。

8. C#中的注释可分为 3 种类型，分别是_____、_____、_____。

9. 通常情况下使用_____语句来跳出当前循环。

10. 将十进制数 8 转换成二进制数后的结果是_____。

二、判断题

1. C#中的标识符不区分大小写。（　　）

2. C#中的所有关键字都是大写的。（　　）

3. continue 语句只用于循环语句中，它的作用是跳出循环。（　　）

4. "/*…*/" 中可以嵌套 "//" 注释，但不能嵌套 "/*…*/" 注释。（　　）

5. –5%3 的运算结果是 2。（　　）

三、选择题

1. 下列选项中，合法的标识符是（　　）。（多选）

A. Hello_World　　　　　B. class　　　　　　C. 123username　　　　D. username123

2. 以下选项中哪些描述是正确的（　　）。（多选）

A. 循环语句必须要有终止条件否则不能编译

B. 关键字 break 用于跳出当前循环

C. 关键字 continue 用于终止本次循环，执行下一次循环

D. switch 条件语句中可以使用关键字 break

3. 以下关于变量的说法错误的是（　　）。

A. 变量名必须是一个有效的标识符

B. 变量在定义时可以没有初始值

C. 变量一旦被定义，在程序中的任何位置都可以被访问

D. 在程序中，可以直接将一个 byte 类型的值赋给一个 int 类型的变量

4. 以下选项中，哪个不属于 switch 条件语句的关键字。（　　）

A. break　　　　　　　B. case　　　　　　　C. for　　　　　　　　D. default

5. 假设 int x = 2，三元表达式 x>0?x+1:5 的运行结果是（　　）。

A. 0　　　　　　　　　B. 2　　　　　　　　　C. 3　　　　　　　　　D. 5

6. 下面的运算符中，用于执行除法运算是（　　）。

A. /　　　　　　　　　B. \　　　　　　　　　C. %　　　　　　　　　D. *

7. 下列语句哪些属于循环语句?（　　）（多选）

A. for 语句　　　　　　B. if 语句　　　　　　C. while 语句　　　　D. switch 语句

8. 下列语句中属于选择结构语句的是（　　）语句。（多选）

A. if…else　　　　　　B. for　　　　　　　　C. switch　　　　　　D. break

9. 下列关于 do…while 语句描述正确的是（　　）。（多选）

A. do…while 循环语句和 while 循环语句功能相同

B. do…while 循环语句将循环条件放在循环体的后面

C. do…while 循环语句中可以省略 do 语句

D. do…while 循环中无论循环条件是否成立循环体都会被执行一次

10. 请先阅读下面的代码

```
int x = 1;
int y = 2;
if (x % 2 == 0){
    y++;
} else {
    y--;
}
Console.WriteLine("y=" + y);
```

上面一段程序运行结束时，变量 y 的值为（　　）。

A. 1 　　　　　　　　　　 B. 2 　　　　　　　　　　 C. 3 　　　　　　　　　　 D. 4

四、程序分析题

阅读下面的程序，分析代码是否能够编译通过，如果能编译通过，请列出运行的结果。否则请说明编译失败的原因。

代码一：

```
public class Test01 {
    public static void Main(string[] args){
        byte b = 3;
        b = b + 4;
        Console.WriteLine("b=" + b);
    }
}
```

代码二：

```
public class Test02{
    public static void Main(string[] args){
        int x = 12; {
            int y = 96;
            Console.WriteLine("x is " + x);
            Console.WriteLine("y is " + y);
        }
        y = x;
        Console.WriteLine("x is " + x);
    }
}
```

代码三：

```
public class Test03{
    public static void Main(string[] args) {
        int x = 4, j = 0;
        switch (x){
            case 1:
                j++;
            case 2:
                j++;
            case 3:
                j++;
            case 4:
                j++;
            case 5:
                j++;
            default:
                j++;
        }
        Console.WriteLine(j);
        Console.ReadKey();
    }
}
```

代码四：

```
public class Test04 {
    public static void Main(string[] args) {
        int n = 9;
        while (n > 6) {
            Console.WriteLine(n);
            n--;
        }
    }
}
```

五、问答题

1. 请说明标识符的命名规则。

2. 请简要说明 "&&" 与 "&" 的区别。

3. 请说明 while 循环与 for 循环的异同。

六、编程题

1. 请编写程序，实现对奇数和偶数的判断。

提示：

（1）定义一个 int 类型变量 x，该变量的值为 5。

（2）使用 if...else 语句对 x 进行判断，如果是奇数就输出 "x 是一个奇数"，否则输出 "x 是偶数"。

2. 请编写程序，实现对 "1+3+5+7+...+99" 的求和功能。

提示：

（1）使用循环语句实现自然数 1 ~ 99 的遍历。

（2）在遍历过程中，判断当前遍历的数是否为奇数，如果是就累加，否则不累加。

第 3 章

面向对象基础

- ★ 理解面向对象的概念
- ★ 掌握类的定义及对象的用法
- ★ 掌握构造方法的用法
- ★ 掌握关键字 this 和 static 的用法
- ★ 熟悉嵌套类和匿名类的用法

拓展阅读

C#是一门面向对象的程序设计语言，面向对象是一种符合人类思维习惯的编程思想。现实生活中存在各种形态不同的事物，这些事物之间存在着各种各样的联系。在程序中使用对象来映射现实中的事物，使用对象的关系来描述事物之间的联系，这种思想就是面向对象。了解面向对象的编程思想对于学习程序开发至关重要。在接下来的两章中，将为大家详细讲解如何使用面向对象编程的思想开发应用程序。

3.1 面向对象的概念

提到面向对象，自然会想到面向过程。面向过程就是分析解决问题所需要的步骤，然后用函数把这些步骤一一实现，使用的时候一个一个依次调用函数就可以了。面向对象则是把要解决的问题按照一定的规则划分为多个独立的对象，然后通过调用对象的方法来解决问题。这样，当应用程序功能发生变动时，只需要修改个别的对象就可以了。由此可见，使用面向对象编写的程序具有良好的可移植性和可扩展性。

面向对象的三大特征是：封装性、继承性和多态性。下面对这 3 个特征进行详细介绍。

1. 封装性

封装是面向对象的核心思想，它将对象的特征和行为封装起来，不需要让外界知道具体实现细节，这就是封装思想。例如，用户使用电脑，只需要用手指敲键盘就可以了，无需知道电脑内部是如何工作的，即使用户可能知道电脑的工作原理，但在使用时，并不完全依赖电脑工作原理这些细节。

2. 继承性

继承性主要描述的是类与类之间的关系，通过继承，可以在无须重新编写原有类的情况下，即可对原有类的功能进行扩展。例如，有一个表示汽车的类，该类中描述了汽车的普通特性和功能，而表示轿车的类中不仅应该包含汽车的特性和功能，还应该增加轿车特有的功能，这时，可以让轿车类继承汽车类，在轿车类中单独添加表示轿车特性的方法就可以了。继承不仅提高了代码的复用性和开发效率，而且为程序的修改提供了便利。

3. 多态性

多态性是指同一操作用于不同的对象会产生不同的执行结果。例如，当听到"Cut"这个单词时，理发师的表现是剪发，演员的行为表现是停止表演，不同的对象所表现的行为是不一样的。

当然，初学者仅仅靠文字介绍并不能完全理解面向对象的编程思想，必须通过大量的实践和思考，才能真正领悟。希望大家在了解面向对象的概念基础上来学习后续的课程，以不断加深对面向对象的编程思想的理解。

3.2 类与对象

面向对象的编程思想旨在使程序对事物的描述与该事物在现实中的形态保持一致。为了做到这一点，面向对象的思想提出了两个概念，即类和对象。其中，类是对某一类事物的抽象描述，而对象用于表示现实中该类事物的个体。下面通过一个图例来演示类与对象之间的关系，如图 3-1 所示。

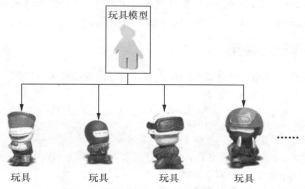

图3-1 类与对象之间的关系的演示图例

在图 3-1 中，我们可以将玩具模型看作是一个类，将一个个玩具看作对象，从玩具模型和玩具之间的关系便可以看出类与对象之间的关系。类用于描述多个对象的共同特征，它是对象的模板。对象用于描述现实中的个体，它是类的实例。从图 3-1 可以明显看出对象是根据类创建的，并且一个类可以对应多个对象。接下来，我们分别讲解什么是类和对象。

3.2.1 类的定义

在面向对象的思想中，最核心的就是对象，为了在程序中创建对象，首先需要定义一个类。在定义类时需要用到关键字 class 声明。类是对象的抽象，它用于描述一组对象的共同特征和行为。类中可以定义字段和方法，其中字段用于描述对象的特征，方法用于描述对象的行为。

下面通过一个案例来学习如何定义一个类，在解决方案 Chapter03 中创建一个项目名为 Program01 的控制台应用程序，右键单击 Program01 项目，选择【添加(D)】→【新建项(W)...】选项，在弹出的添加新项界面选择【类】选项，并将该类的名称命名为 Person.cs。本案例的具体代码如例 3-1 所示。

例 3-1 Program01\Person.cs

```
1 using System;
2 namespace Progrom01 {
3    public class Person{        //定义 Person 类，关键字 public 为访问修饰符
4        public int age;         //定义 int 类型的字段 age
5        public void Speak(){    //定义 Speak() 方法
6            Console.WriteLine("大家好，我今年" + age + "岁!");
```

```
7        }
8    }
9 }
```

上述代码中定义了一个 Person 类，其中，Person 是类名，age 是字段，Speak( )是方法。在 Speak( )方法中可以直接访问 age 字段。

脚下留心：区分字段和局部变量

在 C#语言中，定义在类中的变量被称为字段，定义在方法中的变量被称为局部变量。如果在某一个方法中定义的局部变量与字段同名，这种情况是允许的，此时在方法中通过变量名访问到的是局部变量，而并非字段，请阅读下面的示例代码。

```
Public class Student
    public int age = 10;    //定义age字段
    public void Speak(){
        int age = 60;        //方法内部定义局部变量age
        Console.WriteLine("大家好，我今年" + age + "岁!");
    }
}
```

上述代码中，在 Student 类的 Speak( )方法中有一条打印语句，此时访问的是局部变量 age，也就是说当有另外一个程序来调用 Speak( )方法时，输出的值为 60，而不是 10。

3.2.2 对象的创建与使用

应用程序要想完成具体的功能，仅有类是远远不够的，还需要根据类创建实例对象。在 C#程序中可以使用关键字 new 来创建对象，具体格式如下：

```
类名 对象名称 = new 类名();
```

例如创建 Person 类的实例，具体代码如下：

```
Person p = new Person();
```

上述代码中，"new Person( )"用于创建 Person 类的一个实例对象，"Person p"则是声明了一个 Person 类型的变量 p。中间的等号用于将 Person 对象在内存中的地址赋值给变量 p，这样变量 p 便持有了Person 对象的引用。为了便于描述，在后面章节中会将变量 p 引用的对象简称为 p 对象。内存中变量 p 和对象之间的引用关系如图 3-2 所示。

在创建 Person 对象后，可以通过对象的引用来访问对象所有的成员，具体格式如下：

```
对象引用.对象成员
```

下面通过一个案例来学习如何访问对象的成员，在 Program01 项目的 Program.cs 文件中编写相应的逻辑代码，具体代码如例 3-2 所示。

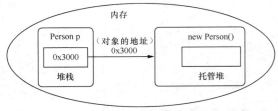

图3-2   内存中变量P和对象之间的引用关系

例 3-2   Program01\Program.cs

```
1 using System;
2 namespace Progrom01{
3    class Program{
4        static void Main(string[] args){
5            Person p1 = new Person(); //创建第一个 Person 对象
6            Person p2 = new Person(); //创建第二个 Person 对象
7            p1.age = 18;              //为 age 字段赋值
8            p1.Speak();              //调用对象的方法
9            p2.Speak();
10            Console.ReadKey();
11        }
```

```
12    }
13 }
```

运行结果如图 3-3 所示。

上述代码中，第 5～6 行代码中定义了变量 p1、p2，分别引用了 Person 类的两个实例对象。从图 3-3 所示的运行结果可以看出，p1 和 p2 对象在调用 Speak()方法时，打印的 age 值不相同。这是因为 p1 对象和 p2 对象是两个完全独立的个体，它们分别拥有各自的 age 字段，对 p1 对象的 age 字段赋值并不会影响到 p2 对象 age 字段的值。

程序运行期间变量 p1、p2 引用的对象在内存中的状态如图 3-4 所示。

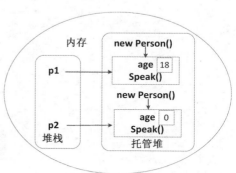

图3-3　例3-2运行结果　　　　　　　　　　图3-4　变量p1、p2引用的对象在内存中的状态

例 3-2 中，通过 "p1.age=18" 将 p1 对象的 age 字段赋值为 18，但并没有对 p2 对象的 age 字段赋值，按理说 p2 对象的 age 字段应该是没有值的。但从图 3-3 所示的运行结果可以看出 p2 对象的 age 字段也是有值的，其值为 0。这是因为在实例化对象时，程序会自动对类中的字段进行初始化，对不同类型的字段会赋予不同的初始值，不同类型字段的默认初始值如表 3-1 所示。

表 3-1　不同类型字段的默认初始值

字段类型	初始值
byte	0
short	0
int	0
long	0L
Demical	0.0M
double	0.0D
char	'\0'
boolean	false
引用数据类型	null

当对象被实例化后，在程序中可以通过对象的引用来访问该对象的成员。需要注意的是，当没有任何变量引用这个对象时，它将成为垃圾对象，不能再被使用。下面通过两段程序代码来分析对象是如何成为垃圾对象的。

（1）第一段程序代码

```
{
    Person p1 = new Person();
    ......
}
```

上述代码中使用变量 p1 引用了一个 Person 类的对象，当这段代码运行完毕时，变量 p1 会超出其作用域而被销毁，这时 Person 类的对象就没有被任何变量引用，变成垃圾对象。

（2）第二段程序代码

在解决方案 Chapter03 中创建一个项目名为 Program02 的控制台应用程序，具体代码如例 3-3 所示。

例3-3　Program02\Program.cs

```
1  using System;
2  namespace Program02{
3      class Program{
4          static void Main(string[] args){
5              Person p2 = new Person();   //创建 p2 对象
6              p2.Say();                   //调用 Say()方法
7              p2 = null;                  //将 p2 对象设置为 null
8              p2.Say();
9              Console.ReadKey();
10         }
11     }
12     public class Person{
13         public void Say(){              //创建 Say()方法，输出一句话
14             Console.WriteLine("Welcome to itcast!");
15         }
16     }
17 }
```

运行结果如图 3-5 所示。

图3-5　例3-3运行结果

例 3-3 中，第 5 行代码创建了一个 Person 类的实例对象，并在第 6 行和第 8 行代码中两次调用了该对象的 Say( )方法。但从图 3-6 中可以看出，控制台只输出了一次"Welcome to itcast!"，这是因为第二次调用 Say( )方法时，程序抛出异常，如图 3-6 所示。

```
0 个引用
class Program{
    0 个引用
    static void Main(string[] args){
        Person p2 = new Person();   //创建 p2 对象
        p2.Say();                   //调用 Say()方法
▶│      p2 = null;                  //将 p2 对象设置为 null
        p2.Say();  ⊗
        Console.Readkey();
    }
}
2 个引用
public class Perso
    2 个引用
    public void Sa
        Console.Wr
    }
}
```

┌───┐
│ 未经处理的异常   ⇱ ✕ │
│   │
│ **System.NullReferenceException**："未将对象引用设置到对象的实 │
│ 例。"   │
│   │
│ **p2 是 null。**   │
│   │
│ 查看详细信息 │ 复制详细信息 │ 启动 Live Share 会话… │
│ ▸ 异常设置   │
└───┘

图3-6　例3-3异常

图 3-6 所示的是一个空指针异常，这是因为在例 3-3 的第 7 行代码中将变量 p2 的值设置为 null。在 C# 中，null 是一种特殊的常量，当一个变量的值为 null 时，则表示该变量不指向任何一个对象，即被变量 p2 所引用的 Person 类的对象失去引用，成为垃圾对象，其过程如图 3-7 所示。

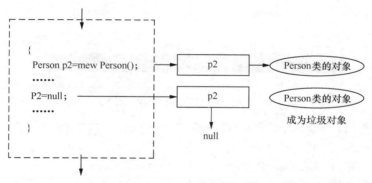

图3-7 例3-3中对象成为垃圾对象的过程

3.2.3 类的设计

在 C#中，对象是通过类创建出来的。因此，在程序设计时，最重要的就是类的设计。下面通过一个具体的案例来学习如何设计一个类。

假设要在程序中描述一个学校所有学生的信息，可以先设计一个学生类（Student），在这个类中定义两个字段 name 和 age 分别表示学生的姓名和年龄，定义一个方法 Introduce()表示学生做自我介绍。根据上述要求设计 Student 类。首先在解决方案 Chapter03 中创建一个项目名为 Program03 的控制台应用程序，然后创建 Student 类，在文件 Student.cs 中编写相应的逻辑代码，具体代码如例 3–4 所示。

例 3-4　Program03\Student.cs

```
1 using System;
2 namespace Program03{
3    class Student{
4       public string name;
5       public int age;
6       public void Introduce(){
7          //方法中打印字段 name 和 age 的值
8          Console.WriteLine("大家好，我叫" + name + ",我今年" + age + "岁!");
9       }
10   }
11 }
```

上述代码中，创建了一个 Student 类，在该类中定义了两个字段 name 和 age，其中 name 字段为 string 类型，C#中使用 string 类型的变量来引用一个字符串，例如：

```
string name = "李芳";
```

字符串的相关内容在第 8 章中将会进行详细介绍，此处可简单地将字符串理解为一连串的字符。

3.2.4 属性

通过前面的学习可知，字段在赋值时不能进行有效的控制。例如，将一个人的年龄赋值为–30 时，会导致程序中出现一些不符合逻辑的情况。下面演示一个简单的例子，在 Program03 项目的 Program.cs 文件中编写逻辑代码，具体代码如例 3–5 所示。

例 3-5　Program03\Program.cs

```
1 using System;
2 namespace Program03{
3    class Program{
4       static void Main(string[] args){
5          Student stu = new Student();        //创建学生对象
6          stu.name = "李芳";                  //为对象的 name 字段赋值
7          stu.age = -30;                      //为对象的 age 字段赋值
8          stu.Introduce();                    //用对象的方法
9          Console.ReadKey();
10      }
11   }
12 }
```

运行结果如图 3-8 所示。

图3-8 例3-5运行结果

上述代码中，第 7 行代码将 stu 对象的字段 age 赋值为一个负数，这样赋值在程序中不会有任何问题，但在现实生活中明显是不合理的。

为了解决年龄不能为负数的问题，在设计一个类时，应该对字段的访问做出一些限定，不允许外界随意访问，这时就可以使用属性。在程序中，使用属性封装字段时，需要将字段访问级别设为 private，并通过属性的 get 访问器和 set 访问器来对字段进行读写操作，从而保证类内部数据安全。根据属性是否有 get 访问器和 set 访问器，可以将属性分为以下 3 种。

1. 读写属性

读写属性即同时有 get 访问器、set 访问器的属性，具体语法格式如下：

```
public [数据类型] [属性名] {
    get { //返回参数值 }
    set { //设置隐式参数 value 给字段赋值 }
}
```

2. 只读属性

只读属性即只有 get 访问器的属性，具体语法格式如下：

```
public [数据类型] [属性名]{
    get { //返回参数值 }
}
```

3. 只写属性

只写属性即只有 set 访问器的属性，具体语法格式如下：

```
public [数据类型] [属性名] {
    set { //设置隐式参数 value 给字段赋值 }
}
```

上述 3 种定义格式中，读写属性最为常用；只读属性一般是在构造方法中给属性赋值，在程序运行的过程中不能改变属性值；只写属性在程序运行过程中只能向程序中写入值，而不能读取值。如果这 3 种属性不需要书写任何逻辑，则可以简写成自动属性，即在 get 访问器、set 访问器后面不加大括号，直接加 ";" 即可。

在熟悉了属性的各种用法后，下面通过一个具体的案例来演示如何在程序中使用属性，在解决方案 Chapter03 中创建一个项目名为 Program04 的控制台应用程序，具体代码如例 3-6 所示。

例3-6 Program04\Program.cs

```csharp
1 using System;
2 namespace Program04{
3     public class Student{
4         private string name = "张三";      //定义私有字段 name
5         public string Name {              //定义公有属性 Name 封装 name
6             get { return name; }          //只读属性
7         }
8         private int age;                          //定义私有字段 age
9         public int Age{                        //定义公有属性 Age 封装 age 字段
10            get { return age; }
11            set {                          // 下面是对传入的参数进行检查
12                if (value <= 0) {
13                    Console.WriteLine("年龄不合法...");
14                }else{
15                    age = value; //为字段 age 赋值
16                }
17            }
18        }
```

```
19          public string Gender{               //定义表示性别的自动属性
20              get;
21              set;
22          }
23      //定义自我介绍的方法
24          public void Introduce(){
25           Console.WriteLine("大家好，我叫" + Name + ",我是" +
26                                          Gender + "生,今年" + Age + "岁!");
27          }
28      }
29      class Program{
30          static void Main(string[] args){
31              Student stu = new Student();      //创建学生对象
32              stu.Age = -30;                    //为对象的Age 属性赋值
33              stu.Gender = "女";
34              stu.Introduce();                  //调用对象的方法
35              Console.ReadKey();
36          }
37      }
38  }
```

运行结果如图 3-9 所示。

图3-9　例3-6运行结果

上述代码中，第 3 ~ 28 行代码定义了 Student 类，其中，第 4、8 行代码使用关键字 private 将字段 name、age 声明为私有，并对外界提供相应的属性 Name、Age，进而用于封装 name、age 字段。第 19 ~ 22 行代码定义的 Gender 属性为自动属性。

当在 Main( )方法中创建 Student 对象，并将属性 Age 赋值为-30，由于赋予属性 Age 的值小于 0，赋值不成功，因此会打印 "年龄不合法..." 的信息，age 字段仍为默认初始值 0。

3.3　访问修饰符

在 3.2 节中出现的关键字 private 和 public 都属于修饰符，用于限定外界对类和方法的访问权限。在 C# 中，访问修饰符共有 4 种，分别是 public、protected、internal、private，使用这 4 种访问修饰符可以组成 5 个可访问级别，具体如下。

- public：最高访问级别，访问不受限制。
- protected：保护访问级别，受保护的成员可由自身及派生类访问。
- internal：内部访问级别，只有在同一程序集中，内部类型或者成员才可访问。
- protected internal：内部保护级别，访问仅限于当前程序集，可由自身及派生类访问。
- private：私有访问，最低访问级别，私有成员只有在声明它们的类和结构中才可访问。

访问修饰符除了可以修饰类和方法，还可以修饰字段、属性、索引器，但不可以修饰命名空间、局部变量、方法参数。

3.4　构造方法

由前面所学到的知识可知，实例化一个类的对象后，如果要给这个对象中的属性赋值，需要直接访问该对象的属性，如果想要在实例化对象的同时就为这个对象的属性进行赋值，可以通过构造方法来实现。构造方法是类的一个特殊成员，它会在类实例化对象时被自动调用，为对象开辟内存空间，并对类中的成员进行初始化，本节将对构造方法进行详细讲解。

3.4.1　构造方法的定义

在一个类中定义的方法如果同时满足以下 3 个条件，该方法便是一个构造方法，具体如下。

（1）方法名与类名相同。

（2）方法名的前面没有返回值类型的声明。

（3）方法中不能使用 return 语句返回一个值。

下面通过一个案例来演示如何在类中定义构造方法，在解决方案 Chapter03 中创建一个项目名为 Program05 的控制台应用程序，具体代码如例 3-7 所示。

例 3-7　Program05\Program.cs

```
1 using System;
2 namespace Program05{
3   public class Person{
4       // 下面是 Person 类的构造方法
5       public Person(){
6           Console.WriteLine("无参的构造方法被调用了...");
7       }
8   }
9   class Program{
10      static void Main(string[] args){
11          Person p = new Person();  //实例化 Person 对象
12          Console.ReadKey();
13      }
14  }
15 }
```

运行结果如图 3-10 所示。

图3-10　例3-7运行结果

上述代码中，第 3~8 行代码创建了 Person 类，其中，第 5~7 行代码定义了一个无参的构造方法 Person( )。从运行结果可以看出，Person 类中无参的构造方法被调用了。这是因为第 11 行代码在实例化 Person 对象时会自动调用类的构造方法。

在一个类中可以定义无参的构造方法，也可以定义有参的构造方法，通过有参的构造方法就可以实现对属性的赋值。下面对例 3-7 中的代码进行改写，改写后的代码如例 3-8 所示。

例 3-8　Program06\Program.cs

```
1 using System;
2 namespace Program06{
3   public class Person{
4       int age;
5       public int Age { get; set; }
6       // 定义有参的构造方法
7       public Person(int a){
8           Age = a;                    //为 Age 属性赋值
9       }
10      public void Speak(){
11          Console.WriteLine("I am " + Age + " years old.!");
12      }
13  }
14  class Program{
15      public static void Main(string[] args){
16          Person p = new Person(20);   //实例化 Person 对象
```

```
17              p.Speak();
18              Console.ReadKey();
19          }
20      }
21  }
```

运行结果如图 3–11 所示。

图3-11　例3-8运行结果

上述代码中，第 7 ~ 9 行代码定义了 Person 类的有参构造方法 "Person(int a)"。第 16 行代码中使用 "new Person（20）"在实例化对象的同时调用有参的构造方法，并传入了参数 20。在构造方法 "Person（int a）"中将 20 赋值给对象的 Age 属性。

由图 3–11 的运行结果可以看出，Person 对象在调用 Speak()方法时，其 Age 属性已经被赋值为 20。

3.4.2　构造方法的重载

与普通方法一样，构造方法也可以重载，在一个类中可以定义多个构造方法，只要每个构造方法的参数类型或参数个数不同即可。在创建对象时，可以通过调用不同的构造方法来为不同的属性赋值。

下面通过一个案例来学习构造方法的重载，在解决方案 Chapter03 中创建一个项目名为 Program07 的控制台应用程序，具体代码如例 3–9 所示。

例 3-9　Program07\Program.cs

```
1  using System;
2  namespace Program07{
3      public class Person{
4          private string name;           //定义 name 字段
5          public string Name {            //定义 Name 属性封装字段 name
6              get;
7              set;
8          }
9          private int age;
10         public int Age{
11             get;
12             set;
13         }
14         //定义带两个参数的构造方法
15         public Person(string conName, int conAge){
16             Name = conName;                 //为 name 字段赋值
17             Age = conAge;                   //为 age 字段赋值
18         }
19         // 定义带一个参数的构造方法
20         public Person(string conName){
21             Name = conName;                  //为 name 字段赋值
22         }
23         public void Speak(){            //打印 name 和 age 的值
24             Console.WriteLine("大家好，我叫" + Name + ",我今年" + Age + "岁!");
25         }
26     }
27     public class Program{
28         public static void Main(string[] args){
29             //分别创建两个对象 p1 和 p2
30             Person p1 = new Person("陈杰");
31             Person p2 = new Person("李芳", 18);
32             //通过对象 p1 和 p2 调用 Speak()方法
33             p1.Speak();
34             p2.Speak();
```

```
35          Console.ReadKey();
36      }
37    }
38 }
```

运行结果如图 3-12 所示。

图3-12　例3-9运行结果

上述代码中，第 15～22 行代码定义了两个 Person 类的构造方法，这两个构造方法构成了重载。

第 30～31 行代码在创建 p1 对象和 p2 对象时，根据传入参数的不同，分别调用不同的构造方法。

从图 3-12 的运行结果可以看出，两个构造方法对属性赋值的情况是不一样的，其中一个参数的构造方法只针对 Name 属性进行赋值，这时 Age 属性的值为默认值 0。

▌ 脚下留心：使用默认构造方法的注意事项

（1）C#中的每个类都至少有一个构造方法，如果在一个类中没有定义构造方法，系统会自动为这个类创建一个默认的构造方法，这个默认的构造方法没有参数，在其方法体中没有任何代码，即什么也不做。下面两种写法效果是一样的。

第一种写法：

```
public class Person{}
```

第二种写法：

```
public class Person {
    public Person() {}
}
```

对于第一种写法，类中虽然没有声明构造方法，但仍然可以用 new Person( )语句来创建 Person 类的实例对象。由于系统提供的构造方法往往不能满足需求，因此，可以自己在类中定义构造方法，一旦为该类定义了构造方法，系统就不再提供默认的构造方法了，具体代码如下所示：

```
public class Person{
    int age;
    public Person(int x){
        age = x;
    }
}
```

上面的 Person 类中定义了一个对字段赋初始值的构造方法，该构造方法有一个参数，这时系统不提供默认的构造方法，下面再编写一个测试程序调用上面的 Person 类，示例代码如下所示：

```
public class Program{
    public static void Main(string[] args){
        Person p = new Person();  //实例化 Person 对象
    }
}
```

编译程序报错，结果如图 3-13 所示。

图3-13　测试程序调用类的错误列表

从图 3-13 可以看出程序在编译时报错，其原因是创建 Person 类的实例对象时，调用了无参的构造方法，而我们并没有定义无参的构造方法，只是定义了一个有参的构造方法，系统将不再自动生成无参的构造方法。

为了避免出现上面的错误，在一个类中如果定义了有参的构造方法，最好再定义一个无参的构造方法。

（2）思考一下，声明构造方法时，可以使用关键字 private 访问修饰符吗？运行下面的测试程序的代码，看看会出现什么结果。

```
public class Program{
    public static void Main(string[] args){
        Person p = new Person();
    }
}
public class Person{
    //定义构造方法
    private Person(){
        Console.WriteLine("调用无参的构造方法");
    }
}
```

编译程序报错，结果如图 3-14 所示。

图3-14　"不可访问"错误列表

从图 3-14 中可以看出，程序在编译时出现了错误，错误提示为 "Person.Person( )" 不可访问。这是由于关键字 private 修饰的构造方法 Person( ) 是私有的，不可以被外界调用，只能在 Person 类中被访问，即无法在类的外部创建该类的实例对象。因此，为了方便实例化对象，构造方法通常会使用关键字 public 来修饰。

3.5　关键字 this

例 3–9 中使用变量表示年龄时，构造方法中使用的是 conAge，属性使用的是 Age，这样的程序可读性很差。这时需要将一个类中表示年龄的变量进行统一命名，例如都声明为 Age。但是这样做又会导致属性和局部变量的名称冲突，在方法中将无法访问属性 Age。

为了解决上述问题，C#中提供了一个关键字 this，用于表示对当前实例的引用。下面分 3 种情况来讲解关键字 this 在程序中的常见用法。

1. this 访问属性

通过关键字 this 可以明确地去访问一个类的属性，解决与局部变量名称冲突的问题。

下面通过一个案例演示如何使用关键字 this 访问类的属性。在解决方案 Chapter03 中创建一个项目名为 Program08 的控制台应用程序，具体代码如例 3–10 所示。

例 3-10　Program08\Program.cs

```
1 using System;
2 namespace Program08{
3     public class Person{
4         private int age = 10;
5         public int Age{
6             get;
7             set;
8         }
9         public Person(int Age){
10            this.Age = Age;
11        }
12        public void Say(){
13            Console.WriteLine("大家好，我今年" + this.Age + "岁了");
14        }
15    }
```

```
16    class Program{
17       public static void Main(string[] args){
18          Person p2 = new Person(12);  //创建 Person 对象
19          p2.Say();                    //调用 Say()方法
20          Console.ReadKey();
21       }
22    }
23 }
```

运行结果如图 3-15 所示。

图3-15　例3-10运行结果

上述代码中，第 3～15 行代码创建了一个 Person 类，其中，第9～11行代码创建了一个该类的构造方法，该构造方法中传递了一个 Age 参数，它是一个局部变量。

第 5～8 行代码定义了一个属性，名称为 Age。在构造方法中如果使用"Age"，则访问的是局部变量，如果使用"this.Age"则访问的是属性。

2. this 调用成员方法

在类中调用自己的成员方法，也可以使用关键字 this，通过"this.方法名"的方式调用。在解决方案 Chapter03 中创建一个项目名为 Program09 的控制台应用程序，具体代码如例 3-11 所示。

例 3-11　Program09\Program.cs

```
1 using System;
2 namespace Program09{
3    class Program{
4       static void Main(string[] args){
5          Person p2 = new Person();         //创建 Person 对象
6          p2.Test();                        //调用 Test()方法
7          Console.ReadKey();
8       }
9    }
10   public class Person{
11      int age = 10;
12      public int Age {                      //定义 Age 属性
13         get;
14         set;
15      }
16      public void Test(){                   //定义 Test()方法
17         Console.WriteLine("这是一个测试方法");
18         this.Say();                        //使用关键字 this 调用 Say()方法
19      }
20      public void Say(){
21         Console.WriteLine("大家好，我今年" + this.Age + "岁了");
22      }
23   }
24 }
```

运行结果如图 3-16 所示。

图3-16　例3-11运行结果

上述代码中，第 18 行代码使用关键字 this 调用 Say()方法，在控制台中输出"大家好，我今年 10 岁了"。

3. this 调用构造方法

构造方法在实例化对象时会被.Net 运行环境自动调用，因此，在程序中不能像调用其他方法一样去调用构造方法，但可以用 "：this（[参数 1,参数 2…]）" 的形式来调用其他的构造方法。

下面通过一个案例来演示关键字 this 调用构造方法的功能。在解决方案 Chapter03 中创建一个项目名为 Program10 的控制台应用程序，具体代码如例 3-12 所示。

例 3-12　Program10\Program.cs

```
1 using System;
2 namespace Program10{
3    class Program{
4       static void Main(string[] args){
5          Student s1 = new Student("Jack", 22);
6          Console.ReadKey();
7       }
8    }
9    public class Student{
10      public Student(){
11         Console.WriteLine("无参的构造方法");
12      }
13      public Student(string name) : this(){//通过关键字 this 调用无参的构造方法
14         Console.WriteLine("一个参数的构造方法");
15      }
16      //通过关键字 this 调用带一个参数的构造方法
17      public Student(string name, int age) : this("abc"){
18         Console.WriteLine("两个参数的构造方法");
19      }
20   }
21 }
```

运行结果如图 3-17 所示。

图 3-17　例 3-12 运行结果

由图 3-17 可知，Student 类中定义的 3 个构造方法均被调用了，这是因为在例 3-12 的 Main（ ）方法中，第 5 行代码创建 Student 对象时，使用的是第 17 ~ 19 行代码定义的带有两个参数的构造方法，在此构造方法中通过关键字 this 调用了包含一个参数的构造方法，即第 13 ~ 15 行定义的构造方法，然后在该构造方法中又调用了第 10 ~ 12 行代码定义的无参的构造方法。

3.6　垃圾回收

在 C#中，当一个对象成为垃圾对象后仍会占用内存空间，时间一长，就会导致内存空间的不足。为了清除这些无用的垃圾对象，释放一定的内存空间，C#中引入了垃圾回收机制。在这种机制下，程序员不需要过多关心垃圾对象回收的问题，.Net 运行环境会启动垃圾回收器将这些垃圾对象从内存中释放，从而使程序获得更多可用的内存空间。除了等待运行环境进行自动垃圾回收，还可以通过调用 GC.Collect（ ）方法来通知运行环境立即进行垃圾回收。

下面通过一个案例来演示如何使用 GC.Collect（ ）方法进行垃圾回收，在解决方案 Chapter03 中创建一个项目名为 Program11 的控制台应用程序，具体代码如例 3-13 所示。

例 3-13　Program11\Program.cs

```
1 using System;
```

```
 2 namespace Program11{
 3    class Program{
 4       static void Main(string[] args){
 5          Student s1 = new Student();
 6          Student s2 = new Student();
 7          s1.Name = "s1";
 8          s2.Name = "s2";
 9          s1 = null;
10          Console.WriteLine("执行GC.Collect方法:");
11          GC.Collect(); //通知运行环境立即进行垃圾回收操作
12          Console.ReadKey();
13       }
14    }
15    public class Student{
16       public string Name { get; set; }
17       ~Student(){          //析构函数，在对象被销毁时会自动调用
18          Console.WriteLine(Name + ":资源被回收");
19       }
20    }
21 }
```

运行结果如图 3-18 所示。

图3-18   例3-13运行结果

从图 3-18 可以看出，GC.Collect( )方法执行成功后，对象 s1 被回收了，而对象 s2 未被回收，这是因为例 3-13 的第 9 行代码将对象 s1 置为 null，成为垃圾对象，而对象 s2 还存在引用，不会成为垃圾对象，因此，在执行 GC.Collect()方法时，对象 s1 被回收了。

需要注意的是，垃圾回收操作是在后台完成的，程序结束后，垃圾回收的操作也会终止。因此，为了更好地观察垃圾对象被回收的过程，在例 3-13 的第 17 行代码处，定义了 Student 类的析构函数，它的写法与构造方法类似，只不过需要在函数名前面加上 "~" 号。析构函数会在对象销毁时，被垃圾回收器调用，对于初学者来说只需了解即可。

3.7   关键字 static

在 C#中，定义了一个关键字 static，它用于修饰类、字段、属性、方法和构造方法等。被关键字 static 修饰的类称为静态类，被关键字 static 修饰的成员称为静态成员。静态成员包括静态字段、静态属性、静态方法、静态类、静态构造方法，下面将围绕着关键字 static 的各种用法进行详细讲解。

3.7.1   静态字段

有时候，希望某些特定的数据在内存中只有一份，并且可以被类的所有实例对象所共享。例如，某个学校所有学生共享一个学校名称，此时完全不必在每个学生对象所占用的内存空间中都定义一个字段来存储这个学校名称，可以定义一个让所有对象共享的静态字段来表示学校名称。静态字段是被关键字 static 修饰的字段，它不属于任何对象，只属于类，而且只能通过 "类名.静态字段名" 的方式访问。

为了更好地理解静态字段，下面通过一个案例来演示如何访问静态字段，在解决方案 Chapter03 中创建一个项目名为 Program12 的控制台应用程序，具体代码如例 3-14 所示。

例 3-14   Program12\Program.cs

```
 1 using System;
 2 namespace Program12{
```

```
3    class Student{
4        public static string schoolName = "传智播客"; //定义静态字段 schoolName
5        public string Name { get; set; }
6    }
7    class Program{
8        static void Main(string[] args){
9            Student stu1 = new Student();              //创建学生对象
10           stu1.Name = "小白";
11           Student stu2 = new Student();
12           stu2.Name = "张三";
13           //输出学生 1 的学校名称
14           Console.WriteLine(stu1.Name+"的学校是:" + Student.schoolName);
15           //输出学生 2 的学校名称
16           Console.WriteLine(stu2.Name+"的学校是:" + Student.schoolName);
17           Console.ReadKey();  //停留在控制台界面，等待用户输入一个字符
18        }
19    }
20 }
```

运行结果如图 3-19 所示。

图3-19　例3-14运行结果

从图 3-19 可以看出，学生小白和张三的学校都是传智播客，这是由于 Student 类中定义了一个静态字段 schoolName，该字段会被所有 Student 类的实例共享，因此在使用 Student.schoolName 访问静态字段时，输出的结果均为"传智播客"。

注意：

无论创建多少个 Student 对象，静态字段 schoolName 的值都不会改变，要想改变静态字段的值，只有通过"类名.静态字段名"的方式调用静态字段并为其重新赋值，示例代码如下：

```
Student.schoolName ="School";
```

这样 Student 类的静态字段 schoolName 值就变成了"School"。

3.7.2　静态属性

使用 static 修饰的属性被称为静态属性，静态属性可以读写静态字段的值，并保证静态字段值的合法性。在调用静态属性时需要使用"类名.静态属性名"的方式。

下面通过一个案例来演示如何使用静态属性，在解决方案 Chapter03 中创建一个项目名为 Program13 的控制台应用程序，具体代码如例 3-15 所示。

例 3-15　Program13\Program.cs

```
1 using System;
2 namespace Program13{
3    class Student{
4        private static string schoolName = "传智播客"; //定义静态字段 schoolName
5        public static string SchoolName{
6            set { schoolName = value; }
7            get { return schoolName; }
8        }
9        public string Name { get; set; }
10    }
11    class Program{
12        static void Main(string[] args){
13            Student stu1 = new Student();     //创建学生对象
```

```
14            Student stu2 = new Student();
15            stu1.Name = "江小白";
16            stu2.Name = "张三";
17            //在控制台输出第一个学生对象的学校
18            Console.WriteLine(stu1.Name + "的学校是:" + Student.SchoolName);
19            Student.SchoolName = "传智播客专修学院";
20            //在控制台输出第一个学生对象的学校
21            Console.WriteLine(stu2.Name + "的学校是:" + Student.SchoolName);
22            Console.ReadKey();   //停留在控制台界面,等待用户输入一个字符
23        }
24    }
25 }
```

运行结果如图3-20所示。

图3-20   例3-15运行结果

上述代码中，第3～10行代码创建了 Student 类，其中第4行代码定义了 schoolName 静态字段，第5～8行代码使用静态属性 SchoolName 对 schoolName 字段进行封装，通过调用 SchoolName 属性即可对 schoolName 字段进行读写操作。

在 Main()方法中，第18行代码通过调用"Student.SchoolName"的方式读取 schoolName 字段的值。第19行代码通过调用"Student.SchoolName"的方式为 schoolName 字段进行赋值。

3.7.3   静态方法

有时希望在不创建对象的情况下就可以调用某个方法，也就是使该方法不必和对象绑定在一起。要实现这样的效果，只需要在类中定义的方法前加上关键字 static 即可，这种方法被称为静态方法。同其他静态成员类似，静态方法使用"类名.方法名"的方式来调用。

下面通过一个案例演示静态方法的用法，在解决方案 Chapter03 中创建一个项目名为 Program14 的控制台应用程序，具体代码如例3-16所示。

例3-16   Program14\Program.cs

```
1 using System;
2 namespace Program14{
3   class StaticClass{
4       public static void Test(){   //定义 Test 静态方法
5           Console.WriteLine("我是 StaticClass 类的静态方法");
6       }
7   }
8   class Program{
9       static void Main(string[] args){
10          StaticClass.Test();        //调用 Test()静态方法
11          Console.ReadKey();
12      }
13   }
14 }
```

运行结果如图3-21所示。

图3-21   例3-16运行结果

上述代码中，第3～7行代码定义了 StaticClass 类，其中，第4～6行代码定义了一个静态的 Test()方法，

用于输出"我是 StaticClass 类的静态方法"字符串。

第 10 行代码通过 StaticClass 类直接调用 Test() 方法，在控制台中输出字符串。

需要注意的是，由于静态方法在类加载时就会被初始化，而实例对象的初始化晚于静态方法，因此在静态方法中不能引用在其方法体外创建的实例对象。

3.7.4　静态类

当类中的成员全部是静态成员时，就可以把这个类声明为静态类。声明静态类时需要在关键字 class 前加上关键字 static。

下面通过一个案例来演示静态类的用法，在解决方案 Chapter03 中创建一个项目名为 Program15 的控制台应用程序，具体代码如例 3-17 所示。

例 3-17　Program15\Program.cs

```
1  using System;
2  namespace Program15{
3    public static class StaticClass{
4        //声明静态字段并赋值
5        private static string name = "传智";
6        //定义静态方法 ShowName()
7        public static void ShowName(){
8            //静态方法的方法体
9            Console.WriteLine("我的名字是:" + name);
10       }
11    }
12    class Program{
13        static void Main(string[] args){
14            //调用 StaticClass 的 ShowName 静态方法
15            StaticClass.ShowName();
16            Console.ReadKey();
17        }
18    }
19 }
```

运行结果如图 3-22 所示。

图3-22　例3-17运行结果

上述代码中，第 3 ~ 11 行代码创建了 StaticClass 静态类，并在该类中定义了静态变量 name 和静态方法 ShowName() 方法。第 15 行代码通过 "StaticClass.ShowName()" 的方式调用了 ShowName() 静态方法。

3.7.5　静态构造方法

静态构造方法的作用是初始化静态成员。一个类只能有一个静态构造方法，该静态构造方法没有任何修饰符，也没有参数，可以被定义在静态类或非静态类中。用户无法像使用普通构造方法那样直接使用静态构造方法，静态构造方法会在程序创建第一个实例或引用任何静态成员之前，完成类中静态成员的初始化。

下面通过一个案例来演示如何使用静态构造方法，在解决方案 Chapter03 中创建一个项目名为 Program16 的控制台应用程序，具体代码如例 3-18 所示。

例 3-18　Program16\Program.cs

```
1  using System;
2  namespace Program16{
3    class StaticClass{
4        //声明静态字段
5        public static string staticName;
```

```
6          //定义静态构造方法
7          static StaticClass(){
8              staticName = "LiMing";
9          }
10     }
11   class Program{
12       static void Main(string[] args){
13           //调用 StaticClass 的 staticName 静态字段
14           Console.WriteLine("我的名字是" + StaticClass.staticName);
15           Console.ReadKey(); //停留在控制台界面,等待用户输入
16       }
17     }
18 }
```

运行结果如图 3-23 所示。

图3-23   例3-18运行结果

上述代码中，第 3~10 行代码定义了一个 StaticClass( )静态构造方法，用于为静态字段 StaticName 赋值，第 14 代码通过 "StaticClass.staticName" 的方式即可获取到 staticName 静态字段的值。

注意：

静态构造方法只能为静态字段赋值。

3.7.6   单例模式

在编写程序时经常会遇到一些典型的问题或者需要完成某种特定需求的情况，在处理这些问题和需求的过程中，人们通过不断的实践、总结和理论化之后对代码结构进行优化并形成一种编程风格来解决问题，这种思想称为设计模式。设计模式就如同经典的棋谱，不同的棋局需用不同的棋谱，避免了设计者对同一类问题的重复思考。

单例模式是 C#中的一种设计模式，它是指在设计一个类时，需要保证整个程序在运行期间只存在一个实例对象。例如在日常生活中使用的音乐播放器软件，虽然播放器的种类不同，但在使用时只需为不同类的播放器创建一个实例对象（即正在使用的播放器）就足够了，过多相同的实例对象不但没有用处，而且浪费了内存资源。

下面通过一个案例来实现单例模式，在解决方案 Chapter03 中创建一个项目名为 Program17 的控制台应用程序，然后在该项目中创建一个类，命名为 SingleClass，具体代码如例 3-19 所示。

例 3-19   Program17\SingleClass.cs

```
1  namespace Program17{
2    class SingleClass{
3        //声明一个静态的 SingleClass 类的变量来引用唯一的对象
4        private static SingleClass singleInstance;
5        //创造私有的无参构造方法，使外部无法调用这个类的构造方法
6        private SingleClass() { }
7        //创建静态的方法，创建此类唯一的对象
8        public static SingleClass SingleMethod(){
9            if (singleInstance == null){
10               singleInstance = new SingleClass();//调用私有的构造方法创建该实例
11           }
12           return singleInstance;
13       }
14     }
15 }
```

上述代码实现了 SingleClass 类的单例模式，下面对单例模式的特点进行详细讲解，具体如下。

● 在类的内部创建一个该类的实例对象，并使用静态变量 singleInstance 引用该对象，由于变量应该禁止外界直接访问，因此使用关键字 private 修饰，声明为私有成员。

● 类的构造方法使用关键字 private 修饰，声明为私有，这样就不能在类的外部使用关键字 new 来创建实例对象。

● 为了在类的外部获得类的实例对象，需要定义一个静态方法 SingleMethod( )，用于返回该类实例 singleInstance。

下面通过一个案例来证明 SingleClass 类只有一个实例对象，在 Program17 项目的 Program.cs 文件中编写相应的逻辑代码，具体代码如例 3-20 所示。

例 3-20　Program17\Program.cs

```
1  using System;
2  namespace Program17{
3      class Program{
4          static void Main(string[] args){
5              //用 SingleMethod()方法创建 SingleClass 类的对象
6              SingleClass ic1 = SingleClass.SingleMethod();
7              //用 SingleMethod()方法创建 SingleClass 类的对象
8              SingleClass ic2 = SingleClass.SingleMethod();
9              //比较变量 ic1 与变量 ic2 中存放的地址是否相同
10             if (ic1 == ic2){
11                 Console.WriteLine("变量 ic1 与变量 ic2 所存储的地址相同");
12             }
13             Console.ReadKey();
14         }
15     }
16 }
```

运行结果如图 3-24 所示。

图3-24　例3-20运行结果

上述代码中，用 SingleClass 类的 SingleMethod( )静态方法创建了两个对象，分别将这两个对象的地址存放在变量 ic1 与变量 ic2 中，使用运算符 "==" 判断这两个变量存放的地址是否相等，如果相等，就输出 "变量 ic1 与变量 ic2 所存储的地址相同"，也就是这两个变量指向同一个对象。

3.8　嵌套类

在 C#中，可以将类定义在另一个类的内部，被包含的类称作嵌套类，而包含嵌套类的类就称作外部类。实际上，嵌套类与普通类相似，只是被声明的位置比较特殊，致使其访问权限、引用方式与普通类有所区别。

下面通过一个案例来演示如何定义嵌套类，在解决方案 Chapter03 中创建一个项目名为 Program18 的控制台应用程序，具体代码如例 3-21 所示。

例 3-21　Program18\Program.cs

```
1  using System;
2  namespace Program18{
3      class Outer{
4          class Nesting{ //声明嵌套类
5              public int num = 10;
6          }
7          //定义 OuterMethod()方法
8          public void OuterMethod(){
```

```
9              Nesting nesting = new Nesting(); //在外部类方法中创建嵌套类的对象
10             //调用嵌套类的字段
11             Console.WriteLine("调用嵌套类的字段num=" + nesting.num);
12         }
13     }
14     class Program{
15         static void Main(string[] args){
16             Outer outer = new Outer();
17             outer.OuterMethod();
18             Console.ReadKey();
19         }
20     }
21 }
```

运行结果如图 3–25 所示。

图3-25   例3-21运行结果

上述代码中，第 3～13 行代码定义了一个外部类 Outer。第 4～6 行代码实现了在 Outer 类内部定义了一个嵌套类 Nesting，并在嵌套类 Nesting 中定义了一个字段 num。

第 8～12 行代码用于在外部类 Outer 中创建一个 OuterMethod( )方法，其中，第 9 行代码创建了嵌套类的对象 nesting，第 11 行代码通过 "nesting.num" 的方式获取嵌套类 Nesting 中字段 num 的值。

需要注意的是，外部类与嵌套类的非静态成员可以重名，当访问非静态成员时，需要先创建它所在类的对象。嵌套类可以直接引用外部类的静态成员。当在作用域范围之外引用嵌套类时，需要使用类似 "Outer.Nesting" 的完整限定名的方式。

3.9   匿名类

有时候某个类的实例只会用到一次，这时可以使用匿名类的方式创建实例，即无须显式定义一个类，就可以将一组只读属性封装到单个对象中。

下面通过一个案例来演示如何创建和使用匿名类，在解决方案 Chapter03 中创建一个项目名为 Program19 的控制台应用程序，具体代码如例 3–22 所示。

例 3-22   Program19\Program.cs

```
1 using System;
2 namespace Program19{
3   class Program{
4     static void Main(string[] args){
5         //创建匿名对象
6         var Anon = new { Name = "小明", Age = 3, Sex = '男' };
7         //在控制台输出匿名对象 Anon 的属性
8         Console.WriteLine("我的名字是:{0},性别为:{1},年龄是:{2}岁",
9         Anon.Name, Anon.Sex, Anon.Age);
10        Console.ReadKey();
11     }
12   }
13 }
```

运行结果如图 3–26 所示。

图3-26   例3-22运行结果

上述代码中，第 6 行创建了一个匿名对象 Anon，该对象中创建了 3 个只读属性，分别为 Name，Age，Sex。由于匿名类没有类名，这里把对象 Anon 声明为 var 类型，编译器会根据匿名类中属性的值来确定属性的类型并生成一个类，Anon 就是一个引用匿名类型对象的变量。同其他类一样，所有的匿名类均继承自 System.Object 类。

3.10　对象初始化器

在一个类中，通常是使用构造方法来为属性赋值，当一个类中属性过多时，不可能为每种情况都创建一个构造方法，此时可以使用对象初始化器来为属性赋值，对象初始化器的语法格式如下：

```
类名 变量名=new 类名(){属性名=值,属性名=值......};
```

从上述语法格式中可以看出，对象初始化器可以同时为类的多个属性赋值，从而大大减少对象初始化的代码。

为了帮助初学者更好地理解对象初始化器的作用，下面通过一个案例来演示对象初始化器的用法，在解决方案 Chapter03 中创建一个项目名为 Program20 的控制台应用程序，具体代码如例 3-23 所示。

例 3-23　Program20\Program.cs

```
1 using System;
2 namespace Program20{
3   class Program{
4     class Person{
5         //在 Person 类中定义 Age、Gender、Name 属性
6         int age;
7         public int Age{
8            set { age = value; }
9            get { return age; }
10         }
11         char gender;
12         public char Gender{
13            set { gender = value; }
14            get { return gender; }
15         }
16         string name;
17         public string Name{
18            set { name = value; }
19            get { return name; }
20         }
21     }
22     static void Main(string[] args){
23         //初始化对象并使用对象初始化器为属性赋值
24         Person p1 = new Person() { Name = "小明", Age = 3, Gender = '男' };
25         Console.WriteLine("我的名字是:" + p1.Name + ",性别为:" +
26                           p1.Gender + ",年龄是:"+ p1.Age + "岁");
27         Console.ReadKey();
28     }
29   }
30 }
```

运行结果如图 3-27 所示。

图3-27　例3-23运行结果

上述代码中，Person 类中定义了 Age、Gender 和 Name 属性。第 24 行代码创建对象 p1 时，使用了对象初始化器为 Person 类的所有属性进行赋值。从运行结果可以看出，控制台中输出了在初始化器中为对象 p1 的属性所赋的值。

3.11　本章小结

本章详细介绍了面向对象的基础知识。首先介绍了什么是面向对象的思想，然后介绍了类与对象之间的关系，构造方法的定义与重载以及关键字 this 和 static 的用法，最后介绍了嵌套类的定义以及匿名类等。读者必须掌握这些知识，从而便于后续开发 C#程序。

3.12　习题

一、填空题

1. 面向对象的三大特征是_____、_____和_____。
2. 在 C#中，可以使用关键字_____来创建类的实例对象。
3. 定义在类中的变量称为_____，定义在方法中的变量称为_____。
4. 面向对象程序设计的重点是_____的设计。
5. 在静态类中，其内部的所有成员都必须是_____。
6. 类用于描述多个对象的共同特征，它是对象的_____。
7. 被关键字 static 修饰的方法被称为_____，它只能用_____的形式被调用。
8. 在 C#中，可以将类定义在另一个类的内部，这样的类称作_____。
9. 修饰符中最低访问级别为_____。
10. 在 C#中，_____模式可以保证整个程序在运行期间只存在一个实例对象。

二、判断题

1. 如果类的成员被关键字 private 修饰，该成员不能在类的外部被直接访问。（　　）
2. C#中的每个类都至少有一个构造方法用来初始化类中的成员。（　　）
3. 声明构造方法时，不能使用关键字 private 修饰。（　　）
4. 被关键字 static 修饰的字段或方法，可以通过对象来访问。（　　）
5. 在嵌套类中不能访问外部类的成员。

三、选择题

1. 类的定义必须包含在以下哪种符号之间。（　　）
A. 中括号[ ]　　　　　B. 大括号{}　　　　　C. 双引号""　　　　　D. 小括号( )
2. 下面关于类的声明，正确的是（　　）。
A. public　void　HH｛…｝　　　　　B. public　void　HH（）｛…｝
C. public　class　void　number{}　　　D. public　class　Car｛…｝
3. 在以下什么情况下，构造方法会被调用（　　）。
A. 类定义时　　　B. 创建对象时　　　C. 调用对象方法时　　　D. 使用对象的变量时
4. 下面对于构造方法的描述，正确的有（　　）。(多选)
A. 方法名必须和类名相同
B. 方法名的前面没有返回值类型的声明
C. 在方法中不能使用 return 语句返回一个值
D. 当定义了带参数的构造方法，系统默认的不带参数的构造方法依然存在
5. 使用关键字 this 调用的构造方法，下面的说法正确的是（　　）。(多选)
A. 使用关键字 this 调用构造方法的格式为 this（[参数 1,参数 2…]）
B. 可以在构造方法中使用关键字 this 调用其他的构造方法

C.　使用关键字 this 调用其他构造方法的语句必须放在第一行

D.　在重载的构造方法中，不能使用关键字 this 互相调用

6.　下面选项中，哪些可以被关键字 static 修饰。（　　）(多选)

A.　字段　　　　　　　　B.　局部变量　　　　　C.　成员方法　　　　　D.　成员嵌套类

7.　关于嵌套类描述，正确的是（　　）。(多选)

A.　嵌套类是外部类的一个成员，可以访问外部类的成员

B.　外部类可以访问嵌套类的成员

C.　外部类与嵌套类的非静态成员可以重名

D.　在嵌套类中不能声明静态成员，但嵌套类中可以直接引用外部类的静态成员

8.　下面对于单例设计模式的描述，正确的是（　　）。(多选)

A.　类中的构造方法声明为私有

B.　定义静态变量用来引用该类的实例对象

C.　使用关键字 private 修饰静态变量，禁止外界直接访问

D.　定义返回该类实例的静态方法

9.　请先阅读下面的代码

```
class Test{
    public Test(){
        Console.Write ("构造方法一被调用了");
    }
    public Test(int x): this(){
        Console.Write ("构造方法二被调用了");
    }
    public Test(bool b): this(1){
        Console.Write ("构造方法三被调用了");
    }
}
public static void Main(string[] args){
    Test test = new Test(true);
}
```

上面程序的运行结果为下列（　　）。

A.　构造方法一被调用了

B.　构造方法二被调用了

C.　构造方法三被调用了

D.　构造方法一被调用了、构造方法二被调用了、构造方法三被调用了

10.　Outer 类中定义了一个嵌套类 Nesting，在该程序的 Program 类的 Main()方法中创建 Nesting 类实例对象时，以下代码正确的是（　　）？

A.　Nesting nesting= new Nesting ( );

B.　Outer. Nesting nesting = new Outer( ).new Nesting ( );

C.　Outer. Nesting nesting = new Outer. Nesting ( );

D.　Nesting nesting = new Outer. Nesting ( );

四、程序分析题

阅读下面的程序，分析代码是否能够编译通过，如果能编译通过，请列出运行的结果。否则请说明编译失败的原因。

代码一：

```
class A{
    private int secret = 5;
}
class Test1{
    public static void Main(string[] args){
```

```
        A a = new A();
        Console.WriteLine(a.secret++);
        Console.ReadKey();
    }
}
```

代码二：

```
class Test2{
    int x = 50;
    static int y = 200;
    public static void Method(){
        Console.WriteLine(x + y);
    }
}
class Program{
    public static void Main(string[] args){
        Test2.Method();
    }
}
```

代码三：

```
class Outer{
    public string name = "Outer";
    public class Nesting{
        public string name = "Nesting";
        void ShowName(){
            Console.WriteLine(name);
        }
    }
}
class Program{
    public static void Main(string[] args){
        Outer.Nesting nesting = new Outer.Nesting();
        Console.WriteLine(nesting.name);
        Console.ReadKey();
    }
}
```

五、问答题

1. 简述构造方法的特点。

2. 简述面向对象的三大特征。

六、编程题

1. 请按照以下要求设计一个学生类 Student，并进行测试。

要求如下：

（1）Student 类中包含姓名、成绩两个字段。

（2）分别给这两个字段定义自己的属性。

（3）Student 类中定义两个构造方法，其中一个是无参的构造方法，另一个是接收两个参数的构造方法，分别用于为姓名和成绩属性赋值。

（4）在 Main()方法中分别调用不同的构造方法创建两个 Student 对象，并为属性和性别赋值。

2. 编写一个程序实现单例模式。

要求如下：

（1）在类的内部创建一个该类的实例对象，并使用静态变量引用该对象。

（2）类的构造方法声明为私有。

（3）定义一个静态方法用于返回该类实例。

第 **4** 章

面向对象高级

学习目标

★ 掌握类的继承
★ 掌握多态的实现
★ 掌握抽象类和接口的用法
★ 掌握异常的处理
★ 了解命名空间与程序集

前面章节中介绍了面向对象的基础知识以及类的用法,下面将介绍面向对象的高级知识,包括类的继承、多态、接口、抽象类等。

4.1 类的继承

类的继承是面向对象一个非常重要的特征,在编写一个新类时可以通过继承一个类的方式来自动拥有该类中的所有成员,这种方式在程序的开发过程中可以极大地提高代码的复用性,同时也便于扩展程序的功能。下面将围绕类的继承进行详细讲解。

4.1.1 继承的概念

在现实生活中,继承一般是指子女继承父辈的财产。在程序中,继承描述的是事物之间的所属关系,例如,猫和狗都属于动物,它们继承了动物的一些共同特征,也有自己的一些特征,在程序中可以认为猫和狗继承自动物。同理,波斯猫和巴厘猫继承自猫,而沙皮狗和斑点狗继承自狗,这些动物之间会形成一个继承体系,具体如图 4-1 所示。

在C#中,类的继承是指在一个现有类的基础上去构建一个新的类,构建出来的新类被称作子类,现有的类被称作父类,子类会自动拥有父类所有可继承的属性和方法。例如,动物和狗的继承关系,可以用如下代码表示:

图4-1 动物继承关系图

```
class Animal{
}
class Dog : Animal{
```

```
    }
```

上述代码表示 Dog 类继承自 Animal 类，定义时在子类的后面添加冒号和需要继承的父类名，此时 Dog 类就可以自动拥有 Animal 类的属性和方法。

下面通过一个案例来学习如何实现类的继承，在解决方案 Chapter04 中创建一个项目名为 Program01 的控制台应用程序，具体代码如例 4-1 所示。

例 4-1　Program01\Program.cs

```
1  using System;
2  namespace Program01{
3      //定义 Animal 类
4      class Animal{
5          //定义 Name 属性
6          public string Name{
7              get;
8              set;
9          }
10          //定义动物叫的方法
11          public void Shout(){
12              Console.WriteLine("动物叫");
13          }
14      }
15      //定义 Dog 类继承自 Animal 类
16      class Dog: Animal{
17          //定义一个打印名字的方法
18          public void PrintName(){
19              Console.WriteLine("name=" + Name);
20          }
21      }
22      class Program{
23          static void Main(string[] args){
24              Dog dog = new Dog();    //创建一个 Dog 类的实例对象
25              dog.Name = "沙皮狗";    //为 Dog 类的 Name 属性赋值
26              dog.PrintName();        //调用 Dog 类的 PrintName()方法
27              dog.Shout();            //调用 Dog 类继承的 Shout()方法
28              Console.ReadKey();
29          }
30      }
31  }
```

运行结果如图 4-2 所示。

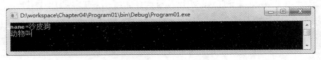

图4-2　例4-1运行结果

例 4-1 中，第 4～14 行代码定义了一个 Animal 类，在该类中定义了一个 string 类型的属性 Name 与一个方法 Shout( )。

第 16～21 行代码定义了一个 Dog 类，该类继承自 Animal 类，此时 Dog 类便是 Animal 类的子类，在 Dog 类中创建了一个打印属性 Name 的方法 PrintName( )。

第 24～27 行代码首先创建了 Dog 类的实例对象 dog，其次设置 Dog 类中的属性 Name 的值为"沙皮狗"，然后调用 PrintName( )方法打印属性 Name 的值，最后调用 Shout( )方法输出"动物叫"的信息。

根据图 4-2 所示的运行结果可知，子类 Dog 虽然没有定义 Name 属性与 Shout( )方法，但是却能访问这两个成员，说明子类在继承父类时，自动拥有父类中可继承的属性与方法。

注意：

在类的继承中，需要注意一些问题，具体如下。

（1）继承具有单一性，也就是说一个类只能有一个直接的父类。例如，下面的语句是错误的。

```
class A{}
class B{}
class C : A , B{}      //C类不可以同时继承A类和B类
```

（2）多个类可以继承同一个父类。例如下面的语句是正确的。

```
class A{}
class B : A{}
class C : A{}   //类B和类C都可以继承类A
```

（3）在C#中，多层继承是可以的，即一个类的父类可以再去继承其他类。例如，C 类继承自 B 类，B 类又继承自 A 类，此时 C 类也可称作 A 类的子类，下面的语句是正确的。

```
class A{}
class B : A{} //B类继承自A类，B类是A类的子类
class C : B{} //C类继承自B类，C类是B类的子类
```

4.1.2　构造方法的执行过程

由前面章节中学习的构造方法的定义与重载的知识点可知，构造方法可以用于初始化类的静态成员和实例成员。在继承关系中，构造方法的执行过程会有些不同，具体介绍如下。

如果一个类拥有父类，则该类在创建对象时，调用自身构造方法的同时也会调用父类的构造方法，其具体执行过程如图 4-3 所示。

由图 4-3 可知，子类在实例化对象时，首先会调用父类的构造方法，然后调用自身的构造方法。

为了让初学者能够熟知上述执行过程，下面通过一个案例来演示在子类实例化过程中，父类构造方法与子类构造方法的调用过程。在解决方案 Chapter04 中创建一个项目名为 Program02 的控制台应用程序，具体代码如例 4-2 所示。

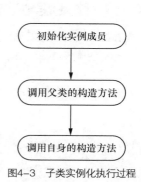

图4-3　子类实例化执行过程

例 4-2　Program02\Program.cs

```
1 using System;
2 namespace Program02{
3     //定义 Animal 类
4     class Animal{
5         //定义 Animal 类的构造方法
6         public Animal(){
7             Console.WriteLine("Animal 类的构造方法被执行");
8         }
9     }
10    //定义 Dog 类继承自 Animal 类
11    class Dog : Animal{
12        //定义一个 Dog 类的构造方法
13        public Dog(){
14            Console.WriteLine("Dog 类的构造方法被执行");
15        }
16    }
17    class Program{
18        static void Main(string[] args){
19            //实例化 Dog 类
20            Dog dog = new Dog();
21            Console.ReadKey();
22        }
23    }
24 }
```

运行结果如图 4-4 所示。

图4-4　例4-2运行结果

例4-2中，第4~9行代码定了一个Animal类，在该类中定义了一个Animal类的构造方法Animal()，接着在该方法中调用WriteLine()方法输出"Animal类的构造方法被执行"。

第11~16行代码定义了一个Dog类，该类继承于Animal类，在该类中定义了一个Dog类的构造方法Dog()，接着在该方法中调用WriteLine()方法输出"Dog类的构造方法被执行"。

第20行代码创建了Dog类的实例对象dog。

由图4-4可知，Animal类与Dog类的构造方法都被执行了，并且Animal类的构造方法先执行，说明子类对象被创建时，先调用父类的构造方法，再调用子类的构造方法。

4.1.3　隐藏基类方法

子类在继承父类时可以对父类的成员进行扩展，如果子类中出现与父类同名的方法，那么在调用该方法时程序就不能明确该方法是属于父类还是子类，这时编译器就会提示使用关键字new隐藏基类方法。

接下来通过一个案例来演示如何隐藏基类，在解决方案Chapter04中创建一个项目名为Program03的控制台应用程序，具体代码如例4-3所示。

例4-3　Program03\Program.cs

```
1 using System;
2 namespace Program03{
3    class Animal{
4       public void Shout(){
5          Console.WriteLine("动物的叫声");
6       }
7    }
8    class Dog : Animal{
9       public void Shout(){ //与父类方法重名
10          Console.WriteLine("汪汪....");
11       }
12    }
13    class Program{
14       static void Main(string[] args){
15          Dog dog = new Dog();
16          dog.Shout();
17          Console.ReadKey();
18       }
19    }
20 }
```

程序编译出现警告，如图4-5所示。

图4-5　例4-3错误列表

根据程序编译警告，在程序第9行代码中添加一个关键字new，修改后的代码片段如下所示。

```
class Dog : Animal{
   public new void Shout() {//与父类方法重名
   Console.WriteLine("汪汪......");
      }
}
```

程序修改后的运行结果如图4-6所示。

图4-6　例4-3运行结果

例4-3 中，第 3~7 行代码中定义了一个 Animal 类，该类中定义了一个 Shout() 方法用于输出"动物的叫声"信息。

第 8~12 行代码定义了一个 Dog 类继承自 Animal 类，在该类中定义了一个 Shout() 方法用于输出"汪汪……"信息。由于 Dog 类中存在与父类中相同的方法 Shout()，因此 Dog 类中的方法需要使用关键字 new 明确告诉编译器执行 Dog 类中的 Shout() 方法，从而解决继承关系中方法同名的问题。

4.1.4　装箱与拆箱

在实际开发过程中，某些方法的参数类型为引用类型，如果调用时传入的是数值类型，此时需要进行装箱操作。同样地，当一个方法的返回值类型为数值类型时，实际上该方法的返回值类型为引用类型，此时就需要进行拆箱操作。简单来说，装箱就是将数值类型转换为引用类型，拆箱就是将引用类型转换为数值类型。

下面通过一个案例来学习装箱与拆箱操作，在解决方案 Chapter04 中创建一个项目名为 Program04 的控制台应用程序，具体代码如例 4-4 所示。

例 4-4　Program04\Program.cs

```
1 using System;
2 namespace Program04{
3   class Program{
4     static void Main(string[] args){
5       int num = 100;
6       //将 int 类型变量 num 赋值给 object 类型的变量 obj，发生装箱操作
7       object obj = num;
8       Console.WriteLine("obj 对象的值为{0}", obj);
9       //将 object 类型的对象 obj 赋值给 int 类型的变量 num，发生拆箱操作
10      num = (int)obj;
11      Console.WriteLine("变量 num 的值为{0}", num);
12      Console.ReadKey();
13    }
14  }
15 }
```

运行结果如图 4-7 所示。

图4-7　例4-4运行结果

例 4-4 中，第 5~8 行代码首先定义了一个数值类型的变量 num，然后将变量 num 的值赋值给引用类型的变量 obj，此时系统会自动进行装箱操作。最后调用 WriteLine() 方法输出变量 obj 的值。

第 10~11 行代码首先将引用类型的变量 obj 的值赋给数值类型的变量 num，然后需要将变量 obj 强制转换为 int 类型，此时系统会自动进行拆箱操作。

需要注意的是，装箱与拆箱过程本质上是数据存储在栈与堆之间的变更，如果频繁进行装箱与拆箱操作势必会影响程序的运算效率，所以建议尽量减少相关操作。

4.2　关键字 sealed

关键字 sealed 可以修饰类也可以修饰方法，被关键字 sealed 修饰的类被称为密封类，被关键字 sealed 修

饰的方法在子类中不能被重写。下面将对关键字 sealed 修饰的类与方法进行详细讲解。

4.2.1　关键字 sealed 修饰类

在 C#中，使用关键字 sealed 修饰的类不可以被继承，也就是不能派生子类，这样的类通常被称为密封类。下面通过一个简单的例子来演示关键字 sealed 的用法，在解决方案 Chapter04 中创建一个项目名为 Program05 的控制台应用程序，具体代码如例 4-5 所示。

例 4-5　Program05\Program.cs

```
1  using System;
2  namespace Program05{
3      //使用 sealed 关键字修饰 Animal 类
4      sealed class Animal{
5          public void Shout(){
6              Console.WriteLine("动物叫");
7          }
8      }
9      //Dog 类继承自 Animal 类
10     class Dog : Animal{
11         public void Run(){
12             Console.WriteLine("狗在跑");
13         }
14     }
15     class Program{
16         static void Main(string[] args){
17             Dog dog = new Dog();
18             Console.ReadKey();
19         }
20     }
21 }
```

程序编译报错，如图 4-8 所示。

图4-8　例4-5错误列表

例 4-5 中，由于 Animal 类被关键字 sealed 修饰，因此当 Dog 类继承 Animal 类时，编译器中会出现"'Dog'：无法从密封类型'Animal 派生'"的错误。由此可见，被关键字 sealed 修饰的类不能被其他类继承。

4.2.2　关键字 sealed 修饰方法

当一个类中的方法被关键字 sealed 修饰后，这个类的子类将不能重写该方法。下面通过一个案例来演示被关键字 sealed 修饰的方法，在解决方案 Chapter04 中创建一个项目名为 Program06 的控制台应用程序，具体代码如例 4-6 所示。

例 4-6　Program06\Program.cs

```
1  using System;
2  namespace Program06{
3      //定义 Animal 类
4      class Animal{
5          //使用关键字 virtual 修饰 Shout()方法
6          public virtual void Shout(){
7              Console.WriteLine("动物的叫声");
8          }
9      }
```

```
10      //定义 Dog 类继承自 Animal 类
11      class Dog : Animal{
12          //重写 Animal 类的 Shout()方法
13          public sealed override void Shout(){
14              Console.WriteLine("狗的叫声");
15          }
16      }
17      //定义一个 BlackDog 类继承自 Dog 类
18      class BlackDog : Dog{
19          //重写 Dog 类中的 Shout()方法
20          public override void Shout(){
21              Console.WriteLine("黑色狗的叫声");
22          }
23      }
24      class Program{
25          static void Main(string[] args){
26              Dog dog = new Dog();//创建 Dog 类对象
27              dog.Shout();
28              Console.ReadKey();
29          }
30      }
31  }
```

程序编译报错，如图 4-9 所示。

图4-9　例4-6错误列表

例 4-6 中，定义了一个 BlackDog 类继承自 Dog 类，Dog 类继承自 Animal 类，Dog 类中重写了父类中的 Shout()方法，并使用关键字 sealed 来修饰。此时编译器已报错，报错信息为"'BlackDog.Shout()':继承成员 'Dog.Shout()'是密封的，无法进行重写"。说明 Dog 类中被关键字 sealed 修饰的 Shout()方法不能在 BlackDog 类中被重写。

需要注意的是，例 4-6 中第 6 行代码中的关键字 virtual 是虚拟的含义，将类中的成员定义为虚拟的，表示这些成员将会在继承后重写其中的内容。

4.3　多态

在设计一个方法时，通常希望该方法具备一定的通用性。例如要实现一个动物叫声的方法，由于每种动物的叫声是不同的，因此可以在方法中接收一个动物类型的参数，当传入猫类对象时就发出猫类的叫声，传入犬类对象时就发出犬类的叫声。此时，可以通过多态的方式来实现这种功能。所谓多态就是当调用同一个方法时，由于传入的参数类型不同而导致执行效果各异的现象。下面将对多态的相关知识进行详细讲解。

4.3.1　重写父类方法

在继承关系中，子类会自动继承父类中的方法，但有时父类的方法不能满足子类的需求，此时可以对父类的方法进行重写。当重写父类的方法时，要求子类的方法名、参数类型和参数个数必须与父类方法相同，而且父类方法必须使用关键字 virtual 修饰，子类方法必须使用关键字 override 修饰。

例 4-6 中，Dog 类从 Animal 类继承了 Shout()方法，该方法在被调用时会打印"动物发出叫声"。这明显不能描述一种具体动物的叫声，Dog 类对象表示犬类，发出的叫声应该是"汪汪"，为了解决这个问题，可以在 Dog 类中重写父类 Animal 中的 Shout()方法。在解决方案 Chapter04 中创建一个项目名为 Program07 的控制台应用程序，具体代码如例 4-7 所示。

例4-7　Program07\Program.cs

```
1 using System;
2 namespace Program07{
3    class Animal{
4        //定义动物叫声的方法,使用关键字virtual修饰该方法，表示其可被子类重写
5        public virtual void Shout(){
6            Console.WriteLine("动物发出叫声");
7        }
8    }
9    class Dog : Animal{
10       public override void Shout(){
11           Console.WriteLine("汪汪......");
12       }
13   }
14   class Program{
15       static void Main(string[] args){
16           Dog dog = new Dog();       //创建Dog类的实例对象
17           dog.Shout();               //调用dog重写的Shout()方法
18           Console.ReadKey();
19       }
20   }
21 }
```

运行结果如图4-10所示。

图4-10　例4-7运行结果

例4-7中，第3~8行代码定义了一个Animal类，在该类中定义了一个Shout()方法用于输出"动物发出叫声"信息。

第9~13行代码定义了一个Dog类继承于Animal类，在该类中重写了父类中的Shout()方法。该方法用于输出"汪汪......"信息。

第16~17行代码首先创建了Dog类的实例对象dog，然后调用dog对象的Shout()方法。

根据图4-10的运行结果可知，在调用Dog类的实例对象dog的Shout()方法时，程序只会调用子类重写的Shout()方法，并不会调用父类的Shout()方法。

注意：

子类重写父类方法时，不能使用比父类中被重写的方法更严格的访问权限，例如父类方法的访问修饰符是关键字public，子类方法的修饰符就不能是关键字private。

4.3.2　多态的实现

在C#中为了实现多态，允许使用一个父类类型的变量来引用一个子类对象，根据被引用子类对象特征的不同，得到不同的运行结果。实现多态的方式有多种，下面通过重写的方式来演示如何实现多态。在解决方案Chapter04中创建一个项目名为Program08的控制台应用程序，具体代码如例4-8所示。

例4-8　Program08\Program.cs

```
1 using System;
2 namespace Program08{
3    //定义接口Animal
4    class Animal{
5        public virtual void Shout(){
6            Console.WriteLine("动物叫......");
7        }
8    }
```

```
9      //定义 Cat 类实现 Animal 接口
10     class Cat : Animal{
11         //实现 Shout() 方法
12         public override void Shout(){
13             Console.WriteLine("喵喵......");
14         }
15     }
16     //定义 Dog 类实现 Animal 接口
17     class Dog : Animal{
18         public override void Shout(){
19             Console.WriteLine("汪汪......");
20         }
21     }
22     class Program{
23         static void Main(string[] args){
24             //创建 Cat 对象，使用 Animal 类型的变量 an1 引用
25             Animal an1 = new Cat();
26             //创建 Dog 对象，使用 Animal 类型的变量 an2 引用
27             Animal an2 = new Dog();
28             animalShout(an1);  //调用 animalShout() 方法，将 an1 作为参数传入
29             animalShout(an2);  //调用 animalShout() 方法，将 an2 作为参数传入
30             Console.ReadKey();
31         }
32         //定义静态的 animalShout() 方法，接收一个 Animal 类型的参数
33         public static void animalShout(Animal an){
34             an.Shout();       //调用实际参数的 Shout() 方法
35         }
36     }
37 }
```

运行结果如图 4-11 所示。

图4-11　例4-8运行结果

例 4-8 中，第 25、27 行代码实现了父类类型变量引用不同子类的对象。

第 28 ~ 29 行代码调用 animalShout( ) 方法时，将父类引用的两个不同子类对象分别传入，运行结果中输出了"喵喵......"和"汪汪......"。由此可见，多态不仅解决了方法同名的问题，而且还使程序变得更加灵活，从而有效提高程序的可扩展性和可维护性。

4.3.3　关键字 base

当子类重写父类的方法后，子类对象将无法直接调用父类被重写的方法。C#中提供了一个关键字 base，专门用于在子类中访问父类的成员，例如调用父类的字段、方法和构造方法等。下面分两种情况来演示关键字 base 的具体用法。

1. 调用父类的字段和方法

具体语法格式如下：

```
base.字段名
base.方法名([参数1,参数2,…])
```

为了让初学者更好地学习关键字 base 的使用方法，下面通过一个案例来演示如何调用父类的字段和方法。在解决方案 Chapter04 中创建一个项目名为 Program09 的控制台应用程序，具体代码如例 4-9 所示。

例 4-9　Program09\Program.cs

```
1 using System;
2 namespace Program09{
3   class Animal{
4       public string name = "动物类";
```

```
5          //定义动物叫声的方法
6          public virtual void Shout(){
7              Console.WriteLine("动物的叫声");
8          }
9      }
10    class Dog : Animal{
11        public override void Shout(){   //重写父类的 Shout()方法
12            base.Shout();               //调用父类的成员方法
13        }
14        public void PrintName(){    //定义打印名字的方法
15            Console.WriteLine("name=" + base.name); //访问父类的成员变量
16        }
17    }
18    class Program{
19        static void Main(string[] args){
20            Dog dog = new Dog(); //创建一个 dog 对象
21            dog.Shout();            //调用 dog 对象重写的 Shout()方法
22            dog.PrintName();        //调用 dog 对象的 PrintName()方法
23            Console.ReadKey();
24        }
25    }
26 }
```

运行结果如图 4-12 所示。

图4-12   例4-9运行结果

例 4-9 中，第 3～9 行代码定义了一个 Animal 类，在该类中定义了一个 string 类型的属性 name 与一个 Shout()方法。

第 10～17 行代码定义了一个 Dog 类继承自 Animal 类，在该类中重写了父类的 Shout()方法，并在该方法中通过关键字 base 调用父类中的 Shout()方法。同时，在 Dog 类中还定义了一个 PrintName()方法，在该方法中通过关键字 base 调用父类中的属性 name 并获取该属性的值，然后通过 WriteLine()方法输出属性 name 的值。

第 20～22 行代码首先创建了 Dog 类的对象 dog，然后调用该对象的 Shout()方法与 PrintName()方法。

由图 4-12 中的运行结果可知，子类通过关键字 base 可以成功调用父类中的字段和方法。

2. 调用父类的构造方法

关键字 base 不仅可以调用父类的字段和方法，还可以调用父类的构造方法，具体语法格式如下：

```
class A{ //父类
}
class B : A {//子类
  public B(): base(){//默认使用关键字 base 调用父类的构造方法
  }
}
```

根据前面的学习可知，在继承关系中，当创建子类的对象时，父类的构造方法是默认执行的。下面通过一个案例来演示关键字 base 如何调用父类的有参构造方法，在解决方案 Chapter04 中创建一个项目名为 Program10 的控制台应用程序，具体代码如例 4-10 所示。

例4-10   Program10\Program.cs

```
1 using System;
2 namespace Program10{
3    class Animal{
4        public Animal(){
5            Console.WriteLine("默认构造方法");
6        }
7        public Animal(string name){ //定义 Animal 类的有参构造方法
8            Console.WriteLine("Animal 类的有参构造方法被" + name);
9        }
```

```
10      }
11   class Dog : Animal{
12      public Dog(string name) : base(name){ //定义 Dog 类的有参构造方法
13         Console.WriteLine("Dog 类的有参构造方法被" + name);
14      }
15   }
16   class Program{
17      static void Main(string[] args){
18         Dog dog = new Dog("执行"); //实例化子类
19         Console.ReadKey();
20      }
21   }
22 }
```

运行结果如图 4-13 所示。

图4-13 例4-10运行结果

例 4-10 中，第 3 ~ 10 行代码定义了一个 Animal 类，在该类中定义了一个无参的构造方法 Animal( )和一个有参的构造方法 Animal(string name)。

第 11 ~ 15 行代码定义了一个 Dog 类继承自 Animal 类，在该类中通过关键字 base 调用父类的有参构造方法，由于此时使用关键字 base 指定了构造方法的类型，因此默认的构造方法将不会被执行。

第 18 行代码中在创建 Dog 类的对象时，Animal 类的有参构造方法被调用了。

由图 4-13 中的运行结果可知，通过关键字 base 可以调用父类的构造方法。

4.3.4 里氏转换原则

在现实生活中经常把某事物看作某类型，例如可以将猫和狗看作动物类型。在程序中也经常将子类对象当作父类类型来使用，这时子类与父类之间需要进行类型转换，在转换的过程中需要遵循里氏转换原则。下面通过两种情况来简要介绍里氏转换原则。

1. 子类对象可以直接赋值给父类变量

将子类对象赋值给父类变量时，可以直接赋值，具体代码如下所示。

```
Animal an1 = new Cat(); //将 Cat 类的对象赋值给 Animal 类的变量
Animal an2 = new Dog(); //将 Dog 类的对象赋值给 Animal 类的变量
```

上述示例中，Cat 类与 Dog 类都是 Animal 类的子类，在实例化对象时可以将子类对象赋值给父类变量。

下面通过一个具体的案例来演示这种情况，在解决方案 Chapter04 中创建一个项目名为 Program11 的控制台应用程序，具体代码如例 4-11 所示。

例 4-11 Program11\Program.cs

```
1 using System;
2 namespace Program11{
3    class Animal{
4       //使用关键字 virtual 使该方法在子类中可被重写
5       public virtual void Shout(){
6          Console.WriteLine("Animal 类中 Shout()方法被执行");
7       }
8    }
9    class Dog : Animal{
10      //使用关键字 override 重写父类中的 Shout()方法
11      public override void Shout(){
12         Console.WriteLine("Dog 类中的 Shout()方法被执行");
13      }
14   }
15   class Cat : Animal{
16      //使用关键字 override 重写父类中的 Shout()方法
```

```
17          public override void Shout(){
18              Console.WriteLine("Cat 类中的 Shout()方法被执行");
19          }
20      }
21      class Program{
22          static void Main(string[] args){
23              Animal animal = new Dog();//子类 Dog 的实例直接赋值给父类类型的变量
24              animal.Shout();              //调用子类 Dog 重写的 Shout()方法
25              animal = new Cat();          //子类 Cat 的实例直接赋值给父类类型的变量
26              animal.Shout();              //调用子类 Cat 重写的 Shout()方法
27              Console.ReadKey();
28          }
29      }
30  }
```

运行结果如图 4-14 所示。

图4-14   例4-11运行结果

例 4-11 中，第 3 ~ 20 行代码中分别定义了 Animal 类、Dog 类、Cat 类，Dog 类与 Cat 类继承自 Animal 类，并在这 2 个类中重写了 Animal 类中定义的 Shout()方法。

第 23 ~ 26 行代码首先将子类 Dog 的对象直接赋值给父类 Animal 类的变量 animal，然后调用子类 Dog 中重写的 Shout( )方法，接着将子类 Cat 类的对象直接赋值给父类 Animal 类的变量 animal，最后调用子类 Cat 中重写的 Shout( )方法。

由图 4-14 中的运行结果可知，子类对象可以直接赋值给父类变量，并通过父类变量调用子类中的方法。

2. 父类对象赋值给子类变量时需要进行强制类型转换

例 4-11 中将子类对象赋值给父类变量时，直接赋值即可，但是将父类对象赋值给子类变量时需要进行强制类型转换。例如，将 Animal 类的对象 animal 赋值给 Dog 类的变量时，需要在 animal 对象前面添加括号，括号中指定将父类类型转换为子类类型。

下面通过一个案例来演示将父类对象赋值给子类变量，在解决方案 Chapter04 中创建一个项目名为 Program12 的控制台应用程序，具体代码如例 4-12 所示。

例 4-12   Program12\Program.cs

```
1  using System;
2  namespace Program12{
3      class Animal{
4          public void Shout(){
5              Console.WriteLine("Animal 类中 Shout()方法被调用");
6          }
7      }
8      class Dog : Animal{
9          public void Run(){
10             Console.WriteLine("Dog 类中的 Run()方法被调用");
11         }
12     }
13     class Program{
14         static void Main(string[] args){
15             Animal animal = new Dog(); //子类 Dog 指向父类 Animal
16             animal.Shout();
17             Dog dog = (Dog)animal;      //父类对象 animal 强制转换为子类类型
18             dog.Run();
19             Console.ReadKey();
20         }
21     }
22 }
```

运行结果如图 4-15 所示。

图4-15 例4-12运行结果

例 4-12 中，第 3～12 行代码分别定义了 Animal 类与 Dog 类，在这 2 个类中分别定义了一个 Shout( )方法与一个 Run( )方法。

第 15～18 行代码首先将子类 Dog 的对象赋值给父类 Animal 的变量 animal，其次调用 Animal 类中的 Shout( )方法，再次将父类对象 animal 通过括号的方式强制转换为子类类型并赋值给 Dog 类的变量 dog，最后调用 Dog 类中的 Run( )方法。

由图 4-15 的运行结果可知，在继承关系中，当子类对象指向父类变量时，父类变量也可以通过强制类型转换的方式指向子类对象。

但是在不知道 Animal 类与 Dog 类之间是否存在继承关系的情况下，如果将 Dog 类转换为 Animal 类就可能会出现未知错误，所以 C#中提供了关键字 is 和关键字 as。关键字 is 和关键字 as 都可以用来判断父类对象是否指向子类，关键字 as 除了判断此关系外，还有直接进行类型转换的功能。如果判断成功就直接进行类型转换，如果判断失败则返回 null。

下面通过一个具体案例来演示通过关键字 is 与关键字 as 对父类与子类之间类型的转换进行判断与转换操作，在解决方案 Chapter04 中创建一个项目名为 Program13 的控制台应用程序，具体代码如例 4-13 所示。

例 4-13 Program13\Program.cs

```
1 using System;
2 namespace Program13{
3    class Animal{
4       public void Shout(){
5          Console.WriteLine("Animal 类中的 Shout()方法被调用");
6       }
7    }
8    class Dog : Animal{
9       public void Run(){
10          Console.WriteLine("Dog 类中的 Run()方法被调用");
11       }
12    }
13    class Program{
14       static void Main(string[] args){
15          Animal animal = new Dog(); //子类 Dog 指向父类 Animal
16          //使用关键字 is 判断 animal 变量是否可以转换为 Dog 类型
17          bool result = animal is Dog;
18          if (result){
19             Console.WriteLine("animal 变量能转换为 Dog 类型");
20          }else{
21             Console.WriteLine("animal 变量不能转换为 Dog 类型");
22          }
23          //使用关键字 as 判断 animal 变量是否可以转换为 Dog 类型
24          Dog dog = animal as Dog;
25          if (dog != null){
26             Console.WriteLine("animal 变量是 Dog 类型,
27                                          并可以转换为 Dog 类型对象");
28          }else{
29             Console.WriteLine("转换失败");
30          }
31          Console.ReadKey();
32       }
33    }
34 }
```

运行结果如图 4-16 所示。

图4-16　例4-13运行结果

例4-13中，第15行代码将子类Dog的对象赋值给父类Animal的变量animal。

第17行代码通过关键字is判断animal变量是否可以转化为Dog类型，接着将判断的结果赋值给bool类型的变量result。

第18～22行代码通过判断result的值，输出animal变量是否能转换为Dog类型的信息。当result的值为true时，说明animal变量能转换为Dog类型，否则，说明animal变量不能转换为Dog类型。

第24行代码通过关键字as判断animal变量是否可以转换为Dog类型，如果可以，就进行类型转换，如果不可以，则返回null。

第25～30行代码判断Dog变量是否为null，如果为null，则调用WriteLine( )方法输出"animal变量是Dog类型，并可以转换为Dog类型对象"，否则调用WriteLine( )方法输出"转换失败"。

需要注意的是，只有在子类对象指向父类变量时，才可以将父类变量指向子类对象。

4.3.5　Object 类

在C#中提供了一个Object类，它是所有类的父类，也就是每个类都直接或间接继承自该类。接下来通过一个例子来演示Object类是所有类的父类，在解决方案Chapter04中创建一个项目名为Program14的控制台应用程序，具体代码如例4-14所示。

例4-14　Program14\Program.cs

```
1 using System;
2 namespace Program14{
3    class Animal{
4       void Shout(){ //定义动物叫的方法
5          Console.WriteLine("动物叫");
6       }
7    }
8    class Program{
9       static void Main(string[] args){
10          Animal animal = new Animal();          //创建Animal类的对象
11          Console.WriteLine(animal.ToString());//调用ToString()方法并打印
12          Console.ReadKey();
13       }
14    }
15 }
```

运行结果如图4-17所示。

图4-17　例4-14运行结果

例4-14中，第3～7行代码定义了一个Animal类，在该类中定义了一个Shout( )方法用于输出"动物叫"信息。

第10～11行代码首先创建了Animal类的实例对象animal，然后通过animal对象调用ToString( )方法，最后通过WriteLine( )方法输出ToString( )方法打印的信息。

由图4-17可知，程序成功调用了Animal类中的ToString( )方法，虽然Animal类中没有定义该方法，但是程序并没有报错。这是因为Animal类默认继承自Object类，而Object类中有ToString( )方法，在该方法中输出了对象的基本信息。

在实际开发中，通常希望对象的ToString( )方法返回的不仅仅是基本信息，还有一些特有的信息，此时可以通过重写 Object 类的 ToString( )方法来实现。下面通过一个案例来演示通过重写 Object 类的 ToString( )方法返回一些特有的信息。在解决方案 Chapter04 中创建一个项目名为 Program15 的控制台应用程序，具体代码如例 4–15 所示。

例4-15　Program15\Program.cs

```
1  using System;
2  namespace Program15{
3     class Animal{
4        public override string ToString(){//重写 Object 类的 ToString()方法
5           return "动物叫";
6        }
7     }
8     class Program{
9        static void Main(string[] args){
10          Animal animal = new Animal(); //创建 animal 对象
11          //打印 animal 的 ToString()方法的返回值
12          Console.WriteLine(animal.ToString());
13          Console.ReadKey();
14       }
15    }
16 }
```

运行结果如图 4–18 所示。

图4-18　例4-15运行结果

例 4–15 中，第 3 ~ 7 行代码定义了一个 Animal 类，在该类中重写了 Object 类中的 ToString( )方法并返回 "动物叫" 信息。

第 10 ~ 12 行代码首先创建了 Animal 类的对象 animal，然后通过 animal 对象调用 ToString( )方法并输出。

由图 4–18 中的运行结果可知，可通过在 Animal 类中重写 Object 类中的 ToString( )方法来打印 "动物叫" 信息。

4.4　抽象类和接口

由关键字 abstract 修饰的类为抽象类，抽象类中的方法不用写方法体，抽象类中可以有抽象方法，也可以有非抽象方法。然而接口必须使用关键字 interface 来声明，接口中的方法都为抽象方法，抽象方法与接口是面向对象中必须要学习的内容，下面将对抽象类与接口进行详细讲解。

4.4.1　抽象类

当定义一个类时，常常需要定义一些方法来描述该类的行为特征，但有时这些方法的实现方式是无法确定的。例如在前文定义 Animal 类时，Shout( )方法用于表示动物的叫声，但是不同动物的叫声也是不同的，因此在 Shout( )方法中无法准确地描述具体是哪种动物的叫声。

针对上面描述的情况，C#允许在定义方法时不写方法体。不包含方法体的方法为抽象方法，抽象方法必须使用关键字 abstract 来修饰，具体示例如下：

```
abstract void Shout(); //定义抽象方法 Shout()
```

当一个类中包含了抽象方法，该类也必须使用关键字 abstract 来修饰，使用关键字 abstract 修饰的类为抽象类，具体示例如下：

```
//定义抽象类 Animal
abstract class Animal {
   abstract void Shout();//定义抽象方法 Shout()
}
```

需要注意的是，包含抽象方法的类必须声明为抽象类，但是抽象类可以不包含抽象方法。另外，抽象类是不可以被实例化的，因为抽象类中有可能包含抽象方法，抽象方法是没有方法体的，不可以被调用。如果想调用抽象类中定义的方法，则需要创建一个子类，在子类中实现抽象类中的抽象方法。

下面通过一个案例来演示如何实现抽象类中的方法，在解决方案 Chapter04 中创建一个项目名为 Program16 的控制台应用程序，具体代码如例 4-16 所示。

例4-16　Program16\Program.cs

```
1 using System;
2 namespace Program16{
3    abstract class Animal{
4        public abstract void Shout(); //定义抽象方法 Shout()
5    }
6    class Dog : Animal{
7        //实现抽象方法 Shout()
8        public override void Shout(){
9            Console.WriteLine("汪汪......");
10        }
11    }
12    class Program{
13        static void Main(string[] args){
14            Dog dog = new Dog(); //创建 Dog 类的实例对象
15            dog.Shout();
16            Console.ReadKey();
17        }
18    }
19 }
```

运行结果如图 4-19 所示。

图4-19　例4-16运行结果

例 4-16 中，第 3~5 行代码定义了一个抽象类 Animal，在该类中定义了一个抽象方法 Shout()。

第 6~11 行代码定义了一个 Dog 类继承 Animal 类，在该类中通过关键字 override 实现了 Animal 类中的抽象方法 Shout()。

第 14~15 行代码首先创建了 Dog 类的对象 dog，然后调用 Dog 类中的 Shout()方法。

由图 4-19 中的运行结果可知，子类 Dog 通过关键字 override 实现了父类 Animal 中的抽象方法后，可以进行正常的实例化，并通过实例化对象调用子类中重写的 Shout()方法。

4.4.2　接口

如果一个抽象类中的所有方法都是抽象的，则可以将这个类用另外一种方式来定义，即接口。在定义接口时，需要使用关键字 interface 来声明，具体示例如下：

```
interface Animal{
    void Breathe(); //定义抽象方法
    void Run();     //定义抽象方法
}
```

上述代码中，Animal 是一个接口，在该接口中，Breathe()方法和 Run()方法并没有方法体，也没有访问修饰符，这是因为接口中定义的方法与变量都包含一些默认的修饰符，接口中定义的方法默认使用"public"来修饰，定义的变量默认使用"public static final"来修饰。

由于接口中的方法都是抽象方法，因此不能通过实例化对象的方式来调用接口中的方法。此时需要定义一个类来实现接口中的所有方法。下面通过一个案例来演示如何调用接口中的抽象方法，在解决方案 Chapter04 中创建一个项目名为 Program17 的控制台应用程序，具体代码如例 4-17 所示。

例4-17　Program17\Program.cs

```
1 using System;
2 namespace Program17{
```

```
3       interface Animal{
4           void Breathe();
5           void Run();
6       }
7       class Dog : Animal{
8           //实现Breathe()方法
9           public void Breathe(){
10              Console.WriteLine("狗在呼吸");
11          }
12          //实现Run()方法
13          public void Run(){
14              Console.WriteLine("狗在跑");
15          }
16      }
17      class Program{
18          static void Main(string[] args){
19              Dog dog = new Dog(); //创建Dog类的实例对象
20              dog.Breathe();         //调用Dog类的Breathe()方法
21              dog.Run();             //调用Dog类的Run()方法
22              Console.ReadKey();
23          }
24      }
25  }
```

运行结果如图4-20所示。

图4-20　例4-17运行结果

例4-17中，第3～6行代码定义了一个Animal接口，在该接口中定义了两个抽象方法，分别是Breathe()方法与Run()方法。

第7～16行代码定义了一个Dog类，该类实现Animal接口，并重写了该接口中的Breathe()方法和Run()方法。

第19～21行代码首先创建了一个Dog类的实例对象dog，然后调用了Breathe()方法与Run()方法。

由图4-20中的运行结果可知，当调用Dog类中实现的Animal接口中的方法时，程序便会在控制台中输出"狗在呼吸"和"狗在跑"的信息。

例4-17中，描述的是类与接口之间的实现关系。在程序中，一个接口还可以去继承另一个接口，下面对例4-17稍加修改，演示接口之间的继承关系。在解决方案Chapter04中创建一个项目名为Program18的控制台应用程序，具体代码如例4-18所示。

例4-18　Program18\Program.cs

```
1 using System;
2 namespace Program18{
3    interface Animal{
4        void Breathe();
5        void Run();
6    }
7    interface LandAnimal : Animal{
8        void LiveOnLand();
9    }
10   class Dog : LandAnimal{
11       //实现Breathe()方法
12       public void Breathe(){
13           Console.WriteLine("狗在呼吸");
14       }
15       //实现Run()方法
16       public void Run(){
17           Console.WriteLine("狗在跑");
18       }
19       public void LiveOnLand(){
20           Console.WriteLine("狗是生活在陆地上的动物");
21       }
22   }
23   class Program{
```

```
24          static void Main(string[] args){
25              Dog dog = new Dog(); //创建 Dog 类的实例对象
26              dog.Breathe();          //创建 Dog 类的 Breathe()方法
27              dog.Run();             //调用 Dog 类的 Run()方法
28              dog.LiveOnLand();      //调用 Dog 类的 LiveOnLand()方法
29              Console.ReadKey();
30          }
31      }
32 }
```

运行结果如图 4-21 所示。

图4-21　例4-18运行结果

例 4-18 中，第 3 ~ 9 行代码定义了 2 个接口，分别是 Animal 接口与 LandAnimal 接口，其中，Animal 接口中定义了 2 个抽象方法，分别是 Breathe( )方法和 Run( )方法。LandAnimal 接口继承 Animal 接口，在该接口中定义了 1 个抽象方法 LiveOnLand( )。

第 10 ~ 22 行代码定义了一个 Dog 类，该类实现了 LandAnimal 接口中的 3 个方法，分别是 Breathe( )方法、Run( )方法和 LiveOnLand( )方法。

由图 4-21 中的运行结果可知，这 2 个接口中的 3 个方法都被执行了。

为了加深初学者对接口的认识，下面对接口的特点进行归纳，具体如下。

① 接口中的所有方法都是抽象的，因此接口不能被实例化。

② 一个类可以实现多个接口，被实现的多个接口之间要用逗号隔开，具体示例如下：

```
interface Run {
    程序代码......
}
interface Fly {
    程序代码......
}
class Bird :Run, Fly {
    程序代码......
}
```

③一个接口可以继承多个接口，接口之间用逗号隔开，具体示例如下：

```
interface Running {
    程序代码......
}
interface Flying {
    程序代码......
}
Interface  Eating :Running, Flying {
    程序代码......
}
```

4.5　异常

异常是错误发生的信号，一旦程序出错就会产生一个异常，如果该异常没有被应用程序处理，那么该异常就会被抛出，程序的执行也会随之终止。下面将讲解什么是异常、如何捕获异常、如何抛出异常等内容，从而阻止程序终止。

4.5.1　什么是异常

尽管人人希望自己身体健康，处理的事情都能顺利进行，但在实际生活中总会遇到各种状况，例如感冒发烧，工作时电脑蓝屏、死机等。程序运行过程中，也会发生这种非正常状况，例如程序运行时磁盘空间不足，网络连接中断，被操作的文件不存在。针对这种情况，C#程序引入了异常处理机制，通过异常处理机制对程序运行时出现的各种问题进行处理。

　　下面通过一个案例来演示什么是异常，在解决方案 Chapter04 中创建一个项目名为 Program19 的控制台应用程序，具体代码如例 4-19 所示。

例4-19　Program19\Program.cs

```
1 using System;
2 namespace Program19{
3    class Program{
4       static void Main(string[] args){
5          int num1 = 10;
6          int num2 = 0;
7          int num3 = num1 / num2; //除数为0,将抛出异常
8          Console.WriteLine("num3=" + num3);
9          Console.ReadKey();
10      }
11   }
12 }
```

　　运行程序时，程序出现异常，如图 4-22 所示。

　　由图 4-22 可知，程序中出现了未处理的异常 DivideByZeroException，这个异常是由除数为 0 引起的。

　　例 4-19 中产生的 DivideByZeroException 异常只是异常类中的一种，C#中提供了大量的异常类，这些类都继承自 Exception 类，下面通过一张图来展示 Exception 类的继承体系，如图 4-23 所示。

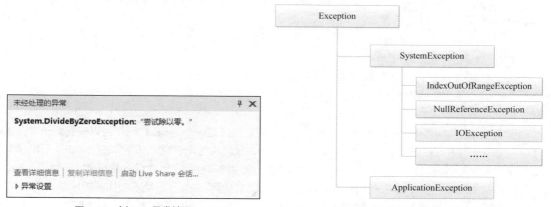

图4-22　例4-19异常结果　　　　　　　图4-23　Exception类的继承体系

　　由图 4-23 可知，异常类型有许多种，每个类都代表一个指定的异常类型，所有的异常类都继承自 Exception 类。其中，SystemException 异常类表示系统异常的基类，该异常类下面有许多子类，例如 NullReferenceException、IOException 等；ApplicationException 异常类表示应用程序中非致命异常的基类，该异常类并不常用。

　　为了更好地展示异常信息，每个异常对象中都包含一些只读属性，这些属性可以描述异常信息，通过这些属性可以更准确地找到异常出现的原因，具体如表 4-1 所示。

表 4-1　异常对象的常用属性

属性	类型	描述
Message	string	此属性含有解释异常原因的消息
StackTrace	string	此属性含有描述异常发生的位置信息
InnerException	Exception	如果当前异常是由另一个异常引起的，此属性包含前一个异常的引用
HelpLink	string	此属性为异常原因信息提供 URN 或者 URL
Source	string	此属性含有异常起源所在的程序集的名称

4.5.2　try…catch 和 finally

例 4-19 中，由于发生了异常，程序立即终止，无法继续向下执行。为了解决这样的问题，C#程序中提供了一种对异常进行处理的方式——异常捕获。异常捕获通常使用 try…catch 语句，具体语法格式如下：

```
try{
    //程序代码块
}catch(ExceptionType e) {//可以是 Exception 类及其子类
    //对异常的处理
}
```

上述语法格式中，try 代码块中用于处理可能发生的异常语句，catch 代码块中是对异常进行处理的语句。当 try 代码块中的语句发生了异常，该异常就会交给 catch 代码块进行匹配处理。

C#中的 catch 代码块有多种形式，不同形式的代码块用于处理不同级别的异常，具体如下。

（1）一般的 catch 代码块

catch 后面没有任何内容，可以匹配 try 代码块中任意类型的异常，具体语法格式如下：

```
catch{
    //对异常的处理
}
```

（2）特定 catch 代码块

catch 后面带有异常类型，它可以匹配该类型的所有异常，具体语法格式如下：

```
catch(Exception type){
    //对异常的处理
}
```

（3）特定对象的 catch 代码块

catch 后面不仅带有异常类型，还带有异常对象，通过异常对象可以获取异常信息，具体语法格式如下：

```
catch(Exceptiontype InstID){
    //对异常的处理
}
```

在程序中可以使用多个 catch 代码块对异常进行捕获，但只有一个 catch 代码块可以捕获到异常，并对异常进行处理。因为当程序发生异常时，系统会按照 catch 代码块的先后顺序对异常进行捕获，所以就需要将带有异常对象的 catch 代码块放在第一位，让其获取最准确的异常信息，然后将带有异常类型的 catch 代码块放在第二位，将一般的 catch 代码块放在最后，用于处理前面 catch 代码块不能捕获的异常。

下面使用 try…catch 语句对例 4-19 中出现的异常进行捕获，在解决方案 Chapter04 中创建一个项目名为 Program20 的控制台应用程序，具体代码如例 4-20 所示。

例 4-20　Program20\Program.cs

```
1 using System;
2 namespace Program20{
3    class Program{
4       static void Main(string[] args){
5          try{
6             int num1 = 10;
7             int num2 = 0;
8             int num3 = num1 / num2;
9             Console.WriteLine("num3=" + num3);
10         }catch (DivideByZeroException e){
11            //Message 属性用于解释异常原因
12            Console.WriteLine("已处理异常信息 : " + e.Message);
13            Console.ReadKey();
14         }catch (SystemException){
15            Console.WriteLine("已处理系统异常");
16         }catch{
17            Console.WriteLine("已处理异常");
18         }
19      }
20   }
21 }
```

运行结果如图 4-24 所示。

图4-24　例4-20运行结果

由图 4-24 可知，当 try 代码块中的代码抛出异常之后，被第一个 catch 代码块捕获，并执行该代码块中的代码，异常不再被抛出。

在程序中，如果希望某些语句无论程序是否发生异常都要被执行，此时就可以在 try…catch 语句后加一个 finally 代码块。下面对例 4-20 进行修改，演示 finally 代码块的用法。在解决方案 Chapter04 中创建一个项目名为 Program21 的控制台应用程序，具体代码如例 4-21 所示。

例 4-21　Program21\Program.cs

```
1 using System;
2 namespace Program21{
3    class Program{
4       static void Main(string[] args){
5          try{
6             int num1 = 10;
7             int num2 = 0;
8             int num3 = num1 / num2;
9             Console.WriteLine("num3=" + num3);
10         }catch (DivideByZeroException e){
11            Console.WriteLine("已处理异常信息：" + e.Message);
12            return;
13         }catch (SystemException){
14            Console.WriteLine("已处理系统异常");
15            return;
16         }catch{
17            Console.WriteLine("已处理异常");
18            return;
19         }finally{
20            Console.WriteLine("finally 块被执行");
21            Console.ReadLine();
22         }
23      }
24   }
25 }
```

运行结果如图 4-25 所示。

图4-25　例4-21运行结果

例 4-21 中，所有 catch 代码块中都增加了一个 return 语句，用于结束当前方法，而 finally 代码块中的语句仍会被执行，并不会被 return 语句影响，也就是说无论程序是否发生异常，finally 代码块中的语句都会被执行。正是由于 finally 代码块的这种特殊性，在程序设计时，经常会在 try…catch 语句后使用 finally 代码块来完成必须做的事情，例如释放系统资源。

注意：

在程序中使用异常语句时，try 代码块是必须有的，而 catch 代码块和 finally 代码块必须要有一个，否则会出现编译错误。

4.5.3　关键字 throw

当程序中出现异常时，不仅可以通过 try…catch 语句捕获异常，而且可以使用关键字 throw 抛出异常对象。抛出的异常对象可以被上层的 try…catch 语句捕获处理，也可以不做处理。

下面通过实例化一个异常对象来演示关键字 throw 的用法，在解决方案 Chapter04 中创建一个项目名为
Program22 的控制台应用程序，具体代码如例 4-22 所示。

例4-22   Program22\Program.cs

```
1 using System;
2 namespace Program22{
3    class Program{
4       static void Main(string[] args){
5          //创建一个异常对象并抛出
6          throw new Exception("这是一个异常");
7       }
8    }
9 }
```

运行结果如图 4-26 所示。

由图 4-26 可知，程序抛出了一个未处理的异
常，这是因为程序中的关键字 throw 不会对异常进行
处理，只会抛出一个异常对象。关键字 throw 经常被
用于将异常抛给上层代码处理，如果一直没有被处
理，最后就会被操作系统捕捉到，而 try…catch 语句
会将程序抛出的异常直接进行处理。在实际开发中，
可以将关键字 throw 和 try…catch 语句配合使用。

图4-26   例4-22运行结果

4.6   命名空间与程序集

在C#程序中，如果需要引用不同程序中的类，就需要引入该类的命名空间，命名空间也就是程序定义的
一个目录，可以避免类名的冲突问题。如果想要引用自定义的多个类，可以将要引用的类存放在一个程序集
中，然后将该程序集引入到项目中使用。下面将对命名空间和程序集进行详细讲解。

4.6.1   命名空间

在实际开发过程中，除了自己编写的程序中的类外，还存在引用其他程序中类的情况，这时可能会碰到
类名相同的情况。为此，C#中引入了命名空间这个概念，可以将命名空间理解为程序定义的一个目录，使用
命名空间可以有效避免类名冲突的问题，定义命名空间的示例代码如下所示。

```
namespace Example{
   Class Animal{
      void Shout(){
         Console.WriteLine("动物的叫声");
      }
   }
}
```

上述代码中，namespace 表示命名空间的关键字，Example 表示命名空间的名称，在实际开发中，命名
空间是以公司名或项目名为前缀的，例如 Itcast.Example。

当程序中需要调用其他命名空间的类时，可以在程序中使用完整的限定名，在实例化对象、调用方法、
属性时都要使用"命名空间名.成员"的方式来引用，具体示例代码如下：

```
static void Main(string[] args){
   Example.Animal animal= new Example.Animal();
   Console.ReadKey();
}
```

由于使用完全限定名的方式不利于程序代码的阅读，而且会导致代码的冗余，因此 C#中还可以使用关
键字 using 添加对命名空间的引用，这样在程序中调用其他命名空间下的类时，就无须使用完整的限定名，
直接调用即可。下面通过一段代码来演示如何使用关键字 using 引入 Example 命名空间，具体代码如下所示。

```
1 using System;
2 using System.Collections.Generic;
3 using System.Linq;
4 using System.Text;
5 using Example;    //引用命名空间
6 namespace Test{
7     class Test{
8         static void Main(string[] args){
9             Animal = new Animal();
10             Console.ReadKey();
11         }
12     }
13 }
```

4.6.2　程序集

目前所有程序使用的都是自己的类，但是在许多项目中可能会用到其他程序中的类，此时就需要使用程序集（扩展名为.dll）。所谓的程序集就是包含一个或多个类型的定义文件和资源文件的集合，该程序集中的文件可以被其他程序使用。

程序集文件可分为 4 个部分，分别是程序集清单、元数据、CIL、资源集，具体说明如下。

（1）程序集清单：包含描述该程序集中各元素彼此如何关联的数据集合，还包含指定该程序集的版本信息、安全标识所需的元数据、定义该程序集的范围以及解析对资源和类应用所需的元数据。

（2）元数据：提供有关程序集中定义的类型信息，包括类型的名称、基类和类型所实现的接口等。

（3）CIL：程序类型中所有的中间代码。

（4）资源集：例如位图、指针、静态文本等。

为了让初学者更好地学习如何使用程序集，下面通过具体步骤演示程序集的生成过程以及如何引入程序集，具体如下。

1. 创建类库

在解决方案 Chapter04 中新建一个项目，项目类型为类库，并将其命名为 Program23，如图 4-27 和图 4-28 所示。

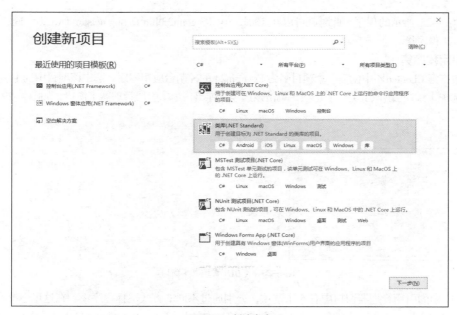

图4-27　创建类库

图4-28　配置类库

2. 编写代码

创建类库与创建其他项目类似，不同之处是在创建类库时需要确定项目类型为"类库"，创建项目之后，项目中的默认类名为 Class1.cs，在类 Class1 中添加一段代码，如例 4-23 所示。

例 4-23　Program23\Class1.cs

```
1 using System;
2 namespace Program23{
3    public class Class1{
4       public void Print(){
5          Console.WriteLine("引用程序集program23.dll");
6          Console.ReadKey();
7       }
8    }
9 }
```

运行例 4-23 所示的程序，此时就可以在 Chapter04\Program23\bin\Debug\netstandard2.0 目录中生成一个 Program23.dll 程序集。

3. 引用程序集

在解决方案 Chapter04 中创建一个项目名为 Program24 的控制台应用程序，选中该项目中的【引用】选项，右键单击选中【添加引用（R）…】选项，单击该选项，弹出一个【引用管理器】窗口，如图 4-29 所示。

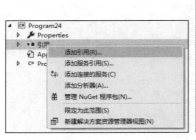

图4-29　【引用管理器】窗口

图 4-29 中的引用管理器窗口中有 5 个选项，分别通过不同的方式选择程序集，在这里选择【浏览】选项，然后单击【浏览（B）…】按钮，在 Program23 项目中的 bin\Debug\netstandard2.0 目录中找到该程序集，如图 4-30 所示。

图4-30　引用程序集

4. 使用程序集中的类

单击图 4-30 中的【确定】按钮，程序集就被添加到 Program24 项目中。在 Program24 项目中通过关键字 using 引入 Program23.dll 程序集，此时在 Program24 项目中就可以调用 Class1 类，如例 4-24 所示。

例 4-24　Program24\Program.cs

```
1 using System;
2 using Program23;
3 namespace Program24{
4    class Program{
5       static void Main(string[] args){
6          Class1 test = new Class1();//Program23项目中的类
7          test.Print();
8          Console.ReadKey();
9       }
10   }
11 }
```

运行结果如图 4-31 所示。

图4-31　例4-24运行结果

由图 4-31 中的运行结果可知，在 Program24 项目中成功引入了程序集 Program23.dll，并调用了该程序集中类 Class1 中的 Print( )方法，然后将结果输出到控制台。

4.7　本章小结

本章详细讲解了类的继承、多态、抽象类和接口等面向对象的核心内容，同时还介绍了关键字 sealed、异常、命名空间和程序集的用法。熟练掌握本章内容，能够更快速、更高效地学习其他章节。

4.8　习题

一、填空题

1. 在 C#语言中，允许使用已存在的类作为基础创建新的类，这种特性称为_____。

2. 一个类如果实现一个接口，那么它就需要实现接口中定义的全部_____，否则该类就必须定义成_____。

3. 在程序开发中，要想将一个程序集引用到当前程序中，可以使用关键字_____。

4. 一个类可以从其他的类派生出来，派生出来的类称为_____。

5. 在程序开发中，子类重写了父类的方法后，可以通过关键字_____调用父类方法。

6. 定义一个 C#类时，如果前面使用关键字_____修饰，那么该类不可以被继承。

7. 在 C#语言中，用于解决子类中的方法与父类中的方法同名的关键字是_____。

8. 在 C#语言中，所有的类都直接或间接继承自_____类。

9. 异常的捕获通常由 try 代码块、catch 代码块两个部分组成，_____代码块用来存放可能发生异常，_____代码块用来处理产生的异常。

10. 在 C#语言中，子类需要重写父类方法时，父类方法使用关键字_____修饰，子类方法使用关键字_____修饰。

二、判断题

1. 抽象类中一定有抽象方法。（　　）

2. 不存在继承关系的情况下，也可以实现方法重写。（　　）

3. 关键字 using 声明语句应当为 C#源文件中的第一条语句。（　　）

4. 接口中只能定义常量和抽象方法。（　　）

三、选择题

1. 在类的继承关系中，需要遵循以下哪个继承原则?（　　）

A. 多重　　　　　　　　B. 单一　　　　　　　　C. 双重　　　　　　　　D. 不能继承

2. 在 C#语言中，以下哪个关键字用于隐藏基类方法?（　　）

A. virtual　　　　　　　B. abstract　　　　　　　C. new　　　　　　　　D. base

3. 关于关键字 base 以下说法哪些是正确的?（　　）（多选）

A. 关键字 base 可以调用父类的构造方法。

B. 关键字 base 可以调用父类的普通方法。

C. 关键字 base 与关键字 this 不能同时存在于同一个构造方法中。

D. 关键字 base 与关键字 this 可以同时存在于同一个构造方法中。

4. 以下说法哪些是正确的?（多选）（　　）

A. C#程序中允许一个类实现多个接口。

B. C#程序中不允许一个类继承多个类。

C. C#程序中允许一个类同时继承一个类并实现一个接口。

D. C#程序中允许一个接口继承一个接口。

5. 类中的一个成员方法被下面哪个修饰符修饰，该方法只能在本类被调用?（　　）

A. public　　　　　　　B. protected　　　　　　C. private　　　　　　　D. default

6. 关于抽象类的说法哪些是正确的?（　　）（多选）

A. 抽象类中可以有非抽象方法。

B. 如果父类是抽象类，则子类必须重写父类所有的抽象方法。

C. 不能用抽象类去创建对象。

D. 接口和抽象类是同一个概念。

7. 在 C#语言中，如果想让一个类不能被继承，可以使用以下哪个关键字?（　　）

A. const　　　　　　　B. private　　　　　　　C. sealed　　　　　　　D. abstract

8. 已知类的继承关系如下：

class Employee;

class Manager : Employee;

class Director : Employee;

则以下语句能通过编译的有哪些?（　　）

A. Employee e=new Manager( );　　　　　　　B. Director d=new Manager( );

C. Director d=new Employee( );　　　　　　D. Manager m=new Director( );

9. 编译运行下面的程序，结果是什么？（　　）

```
class A{
    static void Main(string[] args){
        B b = new B();
        b.test();
        Console.ReadKey();
    }
    public void test(){
        Console.WriteLine("A");
    }
}
class B : A{
    new void test(){
        base.test();
        Console.WriteLine("B");
    }
}
```

A. 产生编译错误　　　　　　　　　　B. 代码可以编译运行，并输出结果 A

C. 代码可以编译运行，但没有输出　　D. 编译没有错误，但会产生运行时异常

四、程序分析题

阅读下面的程序，分析代码是否能编译通过，如果能编译通过，请列出运行的结果。如果不能编译通过，请说明原因。

代码一：

```
class Animal{
}
class Dog:Animal{
}
class Cat : Animal{
}
class Test01{
    static void Main(string[] args){
        Animal animal = new Dog();
        Dog dog = new Cat();
        Console.ReadKey();
    }
}
```

代码二：

```
class Animal{
    public virtual void shout(){
        Console.WriteLine("I'm a Animal");
    }
}
class Dog:Animal{
    public sealed override void shout(){
        Console.WriteLine("I'm a Dog");
    }
}
class BlackDog : Dog{
    public override void shout(){
        Console.WriteLine("I'm a BlackDog");
    }
}
class Test02{
    static void Main(string[] args){
        Dog dog = new Dog();
    }
}
```

代码三：

```
class Animal{
```

```
    public virtual void shout(){
        Console.WriteLine("动物叫! ");
    }
}
class Dog:Animal{
    public override void shout(){
        base.shout();
        Console.WriteLine("汪汪......");
    }
}
class Test03{
    static void Main(string[] args){
        Animal animal = new Dog();
        animal.shout();
        Console.ReadKey();
    }
}
```

代码四：

```
interface Animal{
    void breathe();
    void run();
    void eat();
}
class Dog:Animal{
    public void breathe(){
        Console.WriteLine("会呼吸");
    }
    public void eat(){
        Console.WriteLine("会吃饭");
    }
}
class Test04{
    static void Main(string[] args){
        Dog dog = new Dog();
        dog.breathe();
        dog.eat();
        Console.ReadKey();
    }
}
```

五、问答题

1. 请说明什么是方法重写。

2. 请简要描述什么是多态。

3. 请简述抽象类和接口的区别。

六、编程题

请按照题目的要求编写程序并给出运行结果。

1. 设计一个学生类 Student 和它的一个子类 Undergraduate，并进行测试。

提示：

（1）Student 类有 Name（姓名）属性和 Age（年龄）属性和两个方法，一个包含两个参数的构造方法，用于给 Name 属性和 Age 属性赋值，一个 Show()方法打印 Student 类的属性信息。

（2）本科生类 Undergraduate 增加一个 Degree(学位)属性。一个包含 3 个参数的构造方法，前两个参数用于给继承的 Name 属性和 Age 属性赋值，第三个参数用于给 Degree 属性赋值；一个 Show( )方法用于打印 Undergraduate 的属性信息。

（3）在测试类中分别创建 Student 对象和 Undergraduate 对象，调用它们的 Show()方法。

2. 设计一个 Shape 接口和它的两个实现类 Square 和 Circle，并进行测试。

提示：

（1）Shape 接口中有一个抽象方法 Area( )，该方法接收一个 double 类型的参数，返回一个 double 类型的结果。

（2）实现类 Square 和实现类 Circle 中实现了 Shape 接口的 Area( )抽象方法，分别求正方形和圆形的面积并返回。

（3）在测试类中创建 Square 对象和 Circle 对象，计算边长为 2 的正方形面积和半径为 3 的圆形面积。

第 5 章

集 合

学习目标

★ 了解集合的继承体系

★ 掌握 ArrayList 集合的用法

★ 掌握 foreach 循环的用法

★ 掌握 Hashtable 集合的用法

★ 掌握 List<T>泛型集合的用法

★ 掌握 Dictionary<TKey，TValue>泛型集合的用法

★ 了解自定义泛型的用法

拓展阅读

学习 C#，就必须学习使用 C#中的集合。C#中的集合就像一个容器专门用于存储 C#类的对象。下面将对集合的相关知识进行详细讲解。

5.1 集合概述

在前面的章节中讲解过数组可以保存多个对象，但在某些情况下无法确定到底需要保存多少个对象，此时数组将不再适用，因为数组的长度不可变。例如，要保存一个学校的学生信息，由于不停有新生来报到，同时也有学生离开学校，这时学生的数目很难确定。为了保存这些数目不确定的对象，C#中提供了一系列特殊的类，这些类可以存储任意类型的对象，并且长度可变，统称为集合。

C#中集合可分为泛型集合和非泛型集合，二者均间接实现了 IEnumerable 接口。泛型集合位于 System.Collections.Generic 命名空间中，它只能存储同一种类型的对象，其中最常用的是 List<T>泛型集合和 Dictionary<TKey,TValue>泛型集合。非泛型集合位于 System.Collections 命名空间中，它可以存储多种类型的对象，其中最常用的是 ArrayList 集合和 Hashtable 集合。

从上面的描述可以看出，C#中提供了丰富的集合。为了便于初学者对集合进行系统的学习，下面通过一个图例来描述整个集合的继承体系，如图 5-1 所示。

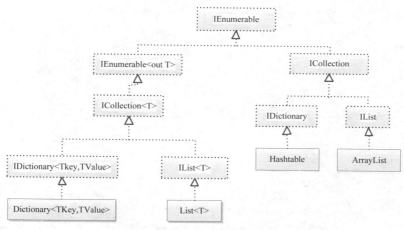

图5-1 集合的继承体系

图 5-1 列出了程序中常用的一些集合。其中，虚线框里填写的都是接口类型，而实线框里填写的都是具体的实现类。下面介绍 ArrayList、Hashtable、List<T>、Dictionary<TKey,TValue>这 4 种常见集合。

5.2 非泛型集合

ICollection 接口下的实现类属于非泛型集合，下面对非泛型集合中的 ArrayList 集合和 Hashtable 集合进行详细讲解。

5.2.1 ArrayList 集合

ArrayList 集合就像是一个收纳盒，它可以容纳不同类型的对象。例如，可以将 int、string、object 等类型的对象同时加入到 ArrayList 集合中。ArrayList 集合提供了一系列方法，该集合的常用方法如表 5-1 所示。

表 5-1 ArrayList 常用方法

方法	说明
int Add(object value)	将元素添加到 ArrayList 集合
void AddRange(ICollection c)	将集合或者数组添加到 ArrayList 集合
void Clear( )	从 ArrayList 集合中移除所有元素
bool Contains(object item)	判断某个元素是否在 ArrayList 集合中
int IndexOf(object value)	查找指定元素，并返回该元素在 ArrayList 集合中第一个匹配项的索引
void Insert(int index,object value)	将元素插入 ArrayList 集合的指定索引处
int LastIndexOf(object value)	查找指定元素，并返回该元素在 ArrayList 集合中最后一个匹配项的索引
void Remove(object obj)	从 ArrayList 集合中移除指定元素的第一个匹配项
void RemoveAt(int index);	从 ArrayList 集合中移除指定索引处的元素
void Reverse( )	将整个 ArrayList 集合中元素的顺序反转
void Sort( )	对整个 ArrayList 集合中的元素进行排序

表 5-1 中的方法可以对集合中的元素进行添加、删除、修改和查询等操作，下面对这些操作进行详细讲解。

1. 添加元素

ArrayList 集合最常见的操作就是添加元素，在添加元素时可以调用 ArrayList 对象的 Add( )方法、AddRange( )方法、Insert( )方法，下面通过一个具体的案例来演示如何添加集合中的元素，在解决方案 Chapter05

中创建一个项目名为 Program01 的控制台应用程序，具体代码如例 5-1 所示。

例5-1   Program01\Program.cs

```
1 using System;
2 using System.Collections;
3 namespace Program01{
4    class Program{
5       static void Main(string[] args){
6          ArrayList arr1 = new ArrayList();//创建 ArrayList 集合 arr1
7          //使用不同方法向集合添加多个元素
8          arr1.Add(134);
9          arr1.AddRange(new ArrayList() { "张三", "李四" });
10          arr1.Insert(2, 'a');
11          ErgoArr(arr1);
12          //使用 Count 属性获取集合中元素的个数
13          Console.WriteLine("arr1 的实际长度为:" + arr1.Count);
14          //使用 Capacity 属性获取集合的容量
15          Console.WriteLine("arr1 的容量为:" + arr1.Capacity);
16          Console.ReadKey();
17       }
18       //定义一个 ErgoArr() 方法，在该方法中使用 for 循环遍历集合中的所有元素
19       static void ErgoArr(ArrayList arr){
20          for (int i = 0; i < arr.Count; i++){
21             Console.WriteLine(arr[i]);
22          }
23          Console.WriteLine();
24       }
25    }
26 }
```

运行结果如图 5-2 所示。

图5-2   例5-1运行结果

例 5-1 中，第 6 行代码创建了 ArrayList 集合 arr1。

第 8 ~ 10 行代码分别调用 Add( )方法、AddRange( )方法、Insert( )方法向 arr1 集合中添加多个元素。其中，AddRange( )方法添加的是一个数组或集合对象。

第 11 行代码调用 ErgoArr( )方法循环输出集合中的所有元素。

第 13、15 行代码分别调用集合 arr1 的属性 Count 与 Capacity，获取集合 arr1 中元素的个数与容量信息。

第 19 ~ 24 行代码定义了一个静态方法 ErgoArr( )，在该方法中使用 for 循环遍历集合中的所有元素并输出到控制台。

需要注意的是，集合的长度就是元素的个数，集合的容量是随集合长度变化而变化的。如果集合的长度在 1 ~ 4 之间，容量的值就是 4。如果集合的实际长度在 5 ~ 8 之间，那容量的值就变为 8。以此类推，ArrayList 集合的容量值总是以 4 为基本单位递增或递减。

▌▌脚下留心：索引超出范围

在 Insert（int index, object value）方法中，第一个参数 index 表示元素的索引值，第二个参数 value 表示添加的元素。使用 Insert( )方法向集合中添加元素时，允许插入元素的索引值比集合的最大索引值大 1，如果元素的索引值超过集合的最大索引值且两者差值大于 1，编译时就会报异常，修改例 5-1 的第 11 行代码，如下所示。

```
arr1.Insert(arr1.Count+1,"2");
```

此时，元素的索引值比集合最大索引值大 2，运行后弹出索引超出范围的异常提示，如图 5-3 所示。

2. 删除元素

ArrayList 集合除了可以增加元素外，还可以调用 Remove( ) 方法、RemoveAt( ) 方法和 Clear( ) 方法删除元素。下面通过具体的案例来演示如何删除 ArrayList 集合中的元素，在解决方案 Chapter05 中创建一个项目名为 Program02 的控制台应用程序，具体代码如例 5-2 所示。

图5-3 索引超出范围的异常提示

例5-2 Program02\Program.cs

```
1  using System;
2  using System.Collections;
3  namespace Program02{
4    class Program{
5      static void Main(string[] args){
6        ArrayList arr1 = new ArrayList();
7        //将新建的集合对象添加到 arr1 集合的末尾
8        arr1.AddRange(new ArrayList() { "张三", "李四", "王五" });
9        ErgoArr(arr1); //遍历集合
10       arr1.Remove("张三"); //从集合中移除指定元素的第一个匹配项
11       ErgoArr(arr1); //遍历集合
12       arr1.RemoveAt(0); //从集合中移除指定索引位置的元素
13       ErgoArr(arr1);
14       arr1.Clear();//删除集合中所有的元素
15       Console.WriteLine("arr1 的实际长度为:" + arr1.Count);
16       Console.ReadKey();
17     }
18     //定义一个 ErgoArr()方法，在该方法中使用 for 循环遍历集合中的所有元素
19     static void ErgoArr(ArrayList arr1){
20       for (int i = 0; i < arr1.Count; i++){
21         Console.WriteLine(arr1[i]);
22       }
23       Console.WriteLine();
24     }
25   }
26 }
```

运行结果如图 5-4 所示。

图5-4 例5-2运行结果

例 5-2 中，第 6 行代码创建了一个 ArrayList 集合 arr1。

第 8～9 行代码首先调用 AddRange( ) 方法向集合 arr1 中添加一个集合对象，然后调用 ErgoArr( ) 方法遍历并输出集合 arr1 中的所有元素。

第 10～11 行代码首先调用 Remove( ) 方法删除指定元素的第一个匹配项，该方法中传递的参数是需要删除的元素，然后调用 ErgoArr( ) 方法遍历并输出集合 arr1 中的所有元素。

第 12～13 行代码首先调用 RemoveAt( ) 方法删除指定索引位置的元素，该方法中传递的参数是需要删除元素的索引，然后调用 ErgoArr( ) 方法遍历并输出集合 arr1 中的所有元素。

第 14～15 行代码首先调用 Clear( )方法删除集合 arr1 中的所有元素，然后调用 WriteLine( )方法输出集合的实际长度信息。由图 5-4 可知，调用 Clear( )方法后，集合的长度为 0。

3. 修改元素

学习完如何添加与删除 ArrayList 集合中的元素后，下面通过一个案例来学习如何通过集合中的索引修改 ArrayList 集合中的元素。在解决方案 Chapter05 中创建一个项目名为 Program03 的控制台应用程序，具体代码如例 5-3 所示。

例 5-3　Program03\Program.cs

```
1  using System;
2  using System.Collections;
3  namespace Program03{
4      class Program{
5          static void Main(string[] args){
6              //创建 ArrayList 集合 arr1
7              ArrayList arr1 = new ArrayList(new ArrayList() { "张三",
8                                                  "李四", "王五" });
9              Console.WriteLine("修改前集合中的元素:");
10             ErgoArr(arr1);
11             arr1[0] = 1;
12             arr1[1] = 2;
13             arr1[2] = 3;
14             Console.WriteLine();
15             Console.WriteLine("修改后集合中的元素:");
16             ErgoArr(arr1);
17             Console.ReadKey();
18         }
19         //定义一个 ErgoArr()方法,在该方法中使用 for 循环遍历集合中的所有元素
20         static void ErgoArr(ArrayList arr1){
21             for (int i = 0; i < arr1.Count; i++){
22                 Console.Write(arr1[i] + " ");
23             }
24             Console.WriteLine();
25         }
26     }
27 }
```

运行结果如图 5-5 所示。

图5-5　例5-3运行结果

由图 5-5 可知，集合中的元素已经被修改了。

例 5-3 中，第 7～10 行代码首先创建了一个 ArrayList 集合 arr1，在定义该集合时，向其中添加了另一个集合对象，存入了 3 个元素，分别是张三、李四、王五。然后调用 ErgoArr( )方法遍历并输出集合 arr1 中的所有元素。

第 11～13 行代码通过索引的形式修改集合 arr1 中的所有元素，将原来的 3 个元素分别修改为 1、2、3。

第 16 行代码调用 ErgoArr( )方法遍历并输出修改元素后集合 arr1 中的所有元素。

4. 查询元素

在 ArrayList 集合中不仅可以遍历所有元素，还可以调用 IndexOf( )方法或 LastIndexOf( )方法查询指定元素的索引，调用 Contains( )方法判断集合中是否存在某个元素。

下面通过一个案例来演示如何查询集合中的元素和判断集合中是否存在某个元素，在解决方案 Chapter05 中创建一个项目名为 Program04 的控制台应用程序，具体代码如例 5-4 所示。

例 5-4　Program04\Program.cs

```
1  using System;
2  using System.Collections;
3  namespace Program04{
4     class Program{
5        static void Main(string[] args){
6           ArrayList arr1 = new ArrayList(new ArrayList() { 1, 2, 3, 1 });
7           ErgoArr(arr1);
8           //查找指定元素，并返回该元素在集合中第一个匹配项的索引
9           int index = arr1.IndexOf(1);
10          Console.WriteLine("集合中第一个1的索引值为: " + index);
11          //查找指定元素，并返回该元素在集合最后一个匹配项的索引
12          int lastIndex = arr1.LastIndexOf(1);
13          Console.WriteLine("集合中最后一个1的索引值为: " + lastIndex);
14          //判断某元素是否在集合中
15          bool result = arr1.Contains(2);
16          Console.WriteLine("集合中是否包含元素2: " + result);
17          //对集合中的元素按照默认的顺序进行排序
18          arr1.Sort();
19          ErgoArr(arr1);
20          Console.ReadKey();
21       }
22       //定义一个ErgoArr()方法,在该方法中使用for循环遍历集合中的所有元素
23       static void ErgoArr(ArrayList arr1){
24          for (int i = 0; i < arr1.Count; i++){
25             Console.Write(arr1[i] + " ");
26          }
27          Console.WriteLine();
28       }
29    }
30 }
```

运行结果如图 5-6 所示。

图5-6　例5-4运行结果

例 5-4 中，第 6 ~ 7 行代码首先创建了一个 ArrayList 集合 arr1，在该集合中传递了一个 ArrayList 集合对象，该集合中存放了 4 个元素，分别是 1、2、3、1，然后调用 ErgoArr() 方法遍历集合 arr1 中的元素。

第 9 ~ 10 行代码首先调用了 IndexOf() 方法查询该方法中传递的元素 1 的索引,该方法的返回值就是元素 1 的索引，然后调用 WriteLine() 方法输出获取的索引值。

第 12 ~ 13 行代码首先调用 LastIndexOf() 方法查询集合中最后一个元素 1 的索引，该方法的返回值为集合中最后一个元素 1 的索引，然后调用 WriteLine() 方法输出获取的索引值。

第 15 ~ 16 行代码首先调用 Contains() 方法判断该方法中传递的元素 2 是否存在集合 arr1 中，该方法的返回值是一个布尔值，当返回值为 true 时，说明集合中包含该元素，否则，不包含该元素，然后调用 WriteLine() 方法输出 Contains() 方法的返回值。

第 18 ~ 19 行代码首先调用 Sort() 方法对集合中的元素按照默认顺序（从小到大）进行排序，然后调用 ErgoArr() 方法遍历排序后集合中的元素。

多学一招：通过foreach循环遍历ArrayList集合

虽然 for 循环可以用于遍历集合中的元素,但写法上比较烦琐,为了简化代码的书写,C# 中提供了 foreach

循环，foreach 循环在遍历集合时语法非常简单，无须循环条件，循环的次数由元素个数决定。每次循环时都通过变量记录当前循环中的元素，进而将集合中的元素遍历输出，具体语法格式如下：

```
foreach (var item in collection){
    执行语句;
}
```

上述语法格式中，item 变量用于存储每次遍历的元素，默认情况下 item 为 var 类型，in 为关键字，collection 表示被遍历的集合。

需要注意的是，foreach 循环只能对遍历的元素进行读操作，而且只能单向遍历，即一个元素在整个 foreach 循环中只能被访问一次，因此在遍历集合中的元素时可以优先选择 foreach 循环，当需要修改或多次访问集合中某个元素时，再考虑使用 for 循环。

下面通过一个案例来演示 foreach 循环的用法，在解决方案 Chapter05 中创建一个项目名为 Program05 的控制台应用程序，具体代码如例 5-5 所示。

例 5-5　Program05\Program.cs

```
1 using System;
2 using System.Collections;
3 namespace Program05{
4    class Program{
5      static void Main(string[] args){
6          ArrayList arr1 = new ArrayList();
7          arr1.Add(1);
8          arr1.Add("张三");
9          arr1.Add('男');
10         //使用 foreach 循环对集合进行遍历
11         foreach (object item in arr1){
12             Console.WriteLine(item);
13          }
14          Console.ReadKey();
15      }
16    }
17 }
```

运行结果如图 5-7 所示。

图5-7　例5-5运行结果

例 5-5 中，第 6~9 行代码首先创建了一个 ArrayList 集合 arr1，然后调用 Add( )方法向集合 arr1 中分别添加元素 1、张三、男。

第 11~13 行代码调用 foreach 循环遍历集合 arr1 中的元素并调用 WriteLine( )方法输出。

需要注意的是，foreach 循环除了可以遍历集合外，还可以遍历数组，遍历数组的代码与遍历集合的代码是类似的。

5.2.2　Hashtable 集合

在 ArrayList 集合中查询某个元素时，是从索引为 0 的元素开始逐一查询的，这就好像是在一本没有目录的字典中查询某个汉字一样，这样的查询效率是很低的。为了解决这个问题，C#中提供了一个 Hashtable 集合，该集合又被称为键值对集合。所谓键就类似于字典中的目录，值就类似于字典中的具体汉字信息，键与值是一一对应的关系，通过唯一的键能找到对应的值。Hashtable 集合的这种特性极大提高了查询元素的效率。Hashtable 集合中的常用方法如表 5-2 所示。

表 5-2 Hashtable 集合中的常用方法

方法	说明
void Add(object key,object value)	将带有指定键和值的元素添加到 Hashtable 集合中
void Clear( )	从 Hashtable 集合中移除所有元素
bool Contains(object key)	判断 Hashtable 集合中是否包含指定的键
bool ContainsValue(object value)	判断 Hashtable 集合是否包含指定的值
void Remove(object key)	从 Hashtable 集合中移除带有指定键的元素

表 5-2 中列出的常用方法主要是对 Hashtable 集合中的元素进行添加、删除等操作的，下面通过一个案例来演示如何使用这些方法，在解决方案 Chapter05 中创建一个项目名为 Program06 的控制台应用程序，具体代码如例 5-6 所示。

例 5-6　Program06\Program.cs

```
1 using System;
2 using System.Collections;
3 namespace Program06{
4    class Program{
5       static void Main(string[] args){
6          Hashtable ht = new Hashtable();//创建 Hashtable 集合 ht
7          //调用 Hashtable 集合的 Add()方法添加元素
8          ht.Add(1, "张三");
9          ht.Add('A', "李四");
10          ht.Add("BB", "王五");
11          ErgoHash(ht);
12          ht.Remove("BB");  //移除键为"BB"的元素
13          ErgoHash(ht);
14          ht.Clear(); //移除 Hashtable 集合中所有元素
15          Console.WriteLine("集合 ht 中的元素个数:" + ht.Count);
16          Console.ReadKey();
17       }
18       static void ErgoHash(Hashtable ht){
19          foreach (object key in ht.Keys){
20             Console.Write(key + ":" + ht[key] + "\n");
21          }
22          Console.WriteLine();
23       }
24    }
25 }
```

运行结果如图 5-8 所示。

图5-8　例5-6运行结果

例 5-6 中，第 6 ~ 11 行代码首先创建了一个 Hashtable 集合 ht，然后调用 Add()方法向集合 ht 中分别添加 3 个元素，这 3 个元素的 key 值分别为 1、A、BB，value 值分别为张三、李四、王五，最后调用 ErgoHash()方法遍历集合 ht 中的元素并输出。

第 12 ~ 13 行代码首先调用 Remove()方法移除集合 ht 中键 "BB" 对应的元素，然后调用 ErgoHash()方法遍历集合 ht 中的元素并输出。

第 14 ~ 15 行代码首先调用 Clear()方法移除集合 ht 中的所有元素，然后通过集合的属性 Count 获取集合中元素的个数，最后通过 WriteLine()方法输出集合 ht 中元素的个数。

需要注意的是，Hashtable 集合中的键和值的默认类型都是 object，因此可以向该集合的键和值中添加任意类型的对象。

多学一招：Hashtable集合的多种遍历方式

在遍历 Hashtable 集合时，除了可以通过键来获取对应的值外，还可以直接遍历集合中的值或集合中的对象。下面通过一个例子来演示这两种遍历方式，在解决方案 Chapter05 中创建一个项目名为 Program07 的控制台应用程序，具体代码如例 5-7 所示。

例 5-7　Program07\Program.cs

```
1  using System;
2  using System.Collections;
3  namespace Program07{
4     class Program{
5        static void Main(string[] args){
6           Hashtable ht = new Hashtable();
7           //调用 Hashtable 集合的 Add()方法来添加元素
8           ht.Add(1, "张三");
9           ht.Add(2, "李四");
10          ht.Add(3, "王五");
11          //使用 foreach 语句来循环遍历集合中的值
12          foreach (object value in ht.Values){
13             Console.WriteLine("当前遍历到的值为:" + value);
14          }
15          Console.WriteLine();
16          //使用 foreach 语句来循环遍历集合对象本身
17          foreach (DictionaryEntry dicEn in ht){
18             Console.Write(dicEn.Key + ":" + dicEn.Value + "\n");
19          }
20          Console.ReadKey();
21       }
22    }
23 }
```

运行结果如图 5-9 所示。

图5-9　例5-7运行结果

由图 5-9 可知，Hashtable 集合中的值和对象都遍历成功了。

需要注意的是，在遍历集合对象时，集合对象的类型是 DictionaryEntry，通过该类型的对象 dicEn 可以获取集合中的键，也可以获取集合中的值。

5.3　泛型集合

前面介绍的 ArrayList 集合与 Hashtable 集合可以存储多种类型的元素，由于集合中的元素类型不一致，在很多情况下，使用 foreach 循环获取集合中的元素时，需要对它们进行强制类型转换，这种操作极大降低了程序的执行效率。为了解决这个问题，C#中提出了泛型集合的概念，泛型集合相当于为集合制定了某个限制条件，这个条件使集合中只能存储一种类型的元素。下面将针对泛型集合进行详细讲解。

5.3.1　List<T>泛型集合

C#提供了一个 List<T>泛型集合，该集合不仅具备 ArrayList 集合的功能，而且还可以保证 List<T>泛型集合只能添加同类型元素，不会出现类型转换的问题。下面通过一个案例来演示 List<T>泛型集合的用法，在解决方案 Chapter05 中创建一个项目名为 Program08 的控制台应用程序，具体代码如例 5-8 所示。

例 5-8 Program08\Program.cs

```
1 using System;
2 using System.Collections.Generic;
3 namespace Program08{
4    class Program{
5       static void Main(string[] args){
6          //创建一个 List<string>泛型集合
7          List<string> list = new List<string>();
8          //向 List<string>集合中添加 3 个 string 类型元素
9          list.Add("Apple");
10         list.Add("Banana");
11         list.Add("Orange");
12         //使用 foreach 循环遍历 List<string>泛型集合中的元素
13         foreach (string item in list){
14            Console.WriteLine(item + " ");
15         }
16         Console.ReadKey();
17      }
18   }
19 }
```

运行结果如图 5-10 所示。

图5-10 例5-8运行结果

例 5-8 中，第 7 行代码创建了一个 List<string>泛型集合的对象 list，该集合中已规定只能存入 string 类型的元素。

第 9 ~ 11 行代码调用 Add( )方法向 list 集合中存入 3 个 string 类型的元素，分别是 Apple、Banana、Orange。

第 13 ~ 15 行代码调用 foreach 循环遍历 list 集合中的所有元素并输出。

5.3.2　Dictionary<TKey, TValue>泛型集合

通过前面的学习可知，Hashtable 集合中的键与值在默认情况下都是 object 类型，这使得用户在取值时不可避免地会遇到类型转换的问题。为了解决这个问题，C#中提供了 Dictionary<Tkey,TValue>泛型集合，该集合中的键与值都只能是一种类型。

下面通过具体的案例来演示 Dictionary<TKey,TValue>泛型集合的用法，在解决方案 Chapter05 中创建一个项目名为 Program09 的控制台应用程序，具体代码如例 5-9 所示。

例 5-9 Program09\Program.cs

```
1 using System;
2 using System.Collections.Generic;
3 namespace Program09{
4    class Program{
5       static void Main(string[] args){
6          Dictionary<int, string> dic = new Dictionary<int, string>();
7          dic.Add(1, "张三");
8          dic.Add(2, "李四");
9          dic.Add(3, "王五");
10         //通过遍历集合中的键获取对应的值
11         foreach (int key in dic.Keys){
12            Console.WriteLine(key + ":" + dic[key]);
13         }
14         Console.WriteLine();
15         //从集合中移除指定的键与值
```

```
16          dic.Remove(2);
17          //通过遍历键值对的方式来获取键与值
18          foreach (KeyValuePair<int, string> kv in dic){
19             Console.WriteLine(kv.Key + ":" + kv.Value);
20          }
21          Console.WriteLine();
22          Console.ReadKey();
23       }
24    }
25 }
```

运行结果如图5-11所示。

图5-11　例5-9运行结果

例5-9中，第6行代码创建了一个 Dictionary<int, string>泛型集合 dic，该集合中的键为 int 类型，值为 string 类型。

第7～13行代码首先调用 Add( )方法向集合 dic 中添加3个元素，然后调用 foreach 循环遍历集合 dic 中的键，最后通过索引器的方式来获取键对应的值。

第16～20行代码首先调用 Remove( )方法移除集合 dic 中"2"键对应的元素，然后调用 foreach 循环遍历集合 dic 中的键值对。

需要注意的是，Dictionary<TKey,TValue>泛型集合中的键值对类型为 KeyValuePair< int,string>，通过该类型的对象就可以获取集合中的键和值。

5.3.3　自定义泛型

在程序开发中，如果 List<T>泛型集合和 Dictionary<TKey,TValue>泛型集合都不能满足实际需求，此时还可以自定义泛型。自定义泛型可以根据用户的不同需求，灵活地设计集合中的属性和方法。自定义泛型的语法格式如下：

```
[修饰符] class 类名<类型占位符>{
    程序代码
}
```

通过自定义泛型格式可以看出，自定义泛型与普通类的语法格式相似，唯一的区别是多了一个类型占位符。类型占位符通常用 T 来表示，初学者可以自行修改，但要遵循变量的命名规范。

下面通过一个案例来演示如何自定义泛型并输出其中的元素，在解决方案 Chapter05 中创建一个项目名为 Program10 的控制台应用程序，具体代码如例5-10所示。

例5-10　Program10\Program.cs

```
1 using System;
2 namespace Program10{
3    class Program{
4       static void Main(string[] args){
5          //创建自定义泛型对象myClass
6          MyClass<string> myClass = new MyClass<string>();
7          myClass.Add("张三"); //调用Add()方法添加一个元素
8          Console.WriteLine("自定义泛型中的元素:" + myClass.Get());
9          Console.ReadKey();
10       }
11    }
12    //自定义泛型MyClass<T>
13    class MyClass<T>{
14       T myElement;  //定义一个T类型字段
```

```
15        public void Add(T elem){//创建 Add()方法,指定参数类型为 T
16            this.myElement = elem;
17        }
18        public T Get(){//创建 Get()方法，指定返回类型为 T
19            return this.myElement;
20        }
21    }
22 }
```

运行结果如图 5-12 所示。

图5-12　例5-10运行结果

例 5-10 中，第 13 ~ 21 行代码自定义了一个泛型类 MyClass<T>，其占位符设置为 T，在该类中创建了一个 Add( )方法用于向泛型中添加元素，该元素的类型为 T，创建了一个 Get( )方法用于获取泛型中的元素，该方法的返回类型为 T。

第 6 行代码实例化了泛型类 MyClass<T>，在实例化时将类型占位符 T 指定为 string 类型，此时泛型类 MyClass<string>中添加的元素只能是 string 类型的数据。

第 7 ~ 8 行代码首先调用 Add( )方法将 string 类型的元素 "张三" 添加到泛型类 myClass 中，然后调用 Get( ) 方法获取泛型类中的元素，并通过 WriteLine( )方法输出。

5.4　本章小结

本章详细讲解了几种常用的集合，重点讲解了 ArrayList 集合、Hashtable 集合、List<T>泛型集合、Dictionary<TKey,TValue>泛型集合，以及它们之间的区别。通过学习本章的内容，可以掌握各种集合的使用场景和需要注意的细节。

5.5　习题

一、填空题

1. C#中提供了一系列可以存储任意对象的类，统称为_____。
2. 向 ArrayList 集合中添加集合或数组的方法是_____。
3. 移除 Hashtable 集合中所有元素的方法是_____。
4. 在 C#中，常用的非泛型集合有_____和_____。
5. foreach 循环的次数是由集合中元素的_____决定的。
6. 获取集合长度的属性是_____。
7. 将 List<int>泛型集合中的元素按照由小到大进行排序的方法是_____。
8. Hashtable 集合中的元素是以_____、_____的映射关系存在。
9. 向 List<T>泛型集合中添加一个元素的方法为_____。
10. List<T>泛型集合中用于获取元素最大值的方法是_____，获取元素最小值的方法是_____。

二、判断题

1. List<T>泛型集合中的元素可以有多种类型。（　　）
2. 元素在整个 foreach 循环内只能被访问一次。（　　）
3. Hashtable 集合是通过键值对的方式存储对象的。（　　）
4. ArrayList 集合比 Hashtable 集合的查询效率高。（　　）

5. Insert(int index,object value)方法可以在 ArrayList 集合任意位置插入元素。（   ）

三、选择题

1. 下面哪一个方法能够向 ArrayList 集合添加多个元素？（   ）

A. Add（object value）   B. Remove(objec（obj）

C. RemoveAt（int index）   D. AddRange（ICollection c）

2. 下面哪个方法可以对 List<T>泛型集合中的元素进行排序？（   ）

A. Max()   B. Sort()   C. Min()   D. Sum()

3. 要想保存具有键值对应关系的数据，可以使用以下哪些集合？（多选）（   ）

A. ArrayList   B. Hashtable   C. List<T>   D. Dictionary<TKey,TValue>

4. 关于泛型集合的描述，以下说法错误的是（   ）。

A. 泛型集合相当于为集合制定了某个限制条件

B. 泛型集合继承自 ICollection 接口

C. 泛型集合中只能存储一种类型的元素

D. 泛型集合可以使用 foreach 循环遍历

5. 关于 foreach 循环的特点，以下说法哪些是正确的?（多选）（   ）

A. foreach 循环遍历集合时，无须获得集合的长度。

B. foreach 循环遍历集合时，无须循环条件。

C. foreach 循环遍历集合时，非常烦琐。

D. foreach 循环的语法格式为 foreach (var item in collection){}。

6. 下面关于 List<T>泛型集合的描述，正确的是（   ）。（多选）

A. List<T>泛型集合中的元素是键值对类型。

B. List<T>泛型集合中的元素都是同一种类型。

C. List<T>泛型集合不可以使用 foreach 语句进行遍历。

D. List<T>泛型集合的长度可变。

7. 获取 ArrayList 集合中元素的个数可以使用以下哪个属性？（   ）

A. Count   B. Capacity   C. Length   D. Add

8. 下面哪个方法可以删除 Dictionary<TKey,TValue>泛型集合指定键的元素？（   ）

A. RemoveAt（TKey k）   B. Remove()

C. Remove（TKey k）   D. Clear()

9. 关于 ArrayList 集合的描述，说法错误的是（   ）。（多选）

A. ArrayList 集合可以存储任意类型元素。

B. ArrayList 集合可以存储多个元素。

C. ArrayList 集合可以存储键值映射关系。

D. ArrayList 集合只能存储同种类型元素。

10. 下面关于 Dictionary<TKey,TValue>泛型集合的描述，正确的是（   ）。

A. Dictionary<TKey,TValue>泛型集合的元素可以不是键值对类型。

B. 可以使用 AddRange()方法来为 Dictionary<TKey,TValue>泛型集合添加键值对。

C. Dictionary<TKey,TValue>泛型集合可以使用 for 语句进行循环遍历。

D. Dictionary<TKey,TValue>泛型集合的键与值可以是任意一种类型。

四、程序分析题

阅读下面的程序，分析代码是否能够编译通过，如果能编译通过，请列出运行的结果。否则请说明编译失败的原因。

代码一：

```
class Test1{
    static void Main(string[] args){
        List<string> list = new List<string>();
        list.Add("1");
        list.Add("2");
        list.Add(3);
        foreach (string item in list){
            Console.WriteLine(item);
        }
        Console.ReadKey();
    }
}
```

代码二：

```
class Test2{
    static void Main(string[] args){
        Dictionary<int, string> dic = new Dictionary<int, string>();
        dic.Add(1, "张三");
        dic.Add(2, "李四");
        dic.Add(3, "王五");
        foreach (KeyValuePair<int, string> kv in dic){
            Console.WriteLine(kv.Key + ":" + kv.Value);
        }
        Console.ReadKey();
    }
}
```

代码三：

```
class Test04{
    static void Main(string[] args){
        Hashtable hash = new Hashtable();
        hash.Add(3, "王五");
        hash.Add(2, "李四");
        hash.Add(1, "张三");
        hash.Sort();
        foreach (object key in hash.Keys){
            Console.Write(key + ":" + hash[key] + "\n");
        }
    }
}
```

五、问答题

1. 简述 ArrayList 集合与 List<T>泛型集合之间的异同。

2. 简述什么是集合，并列举集合中常用的类和接口。

3. 请简要说明 Hashtable 集合的特点。

六、编程题

1. 请按照要求定义一个 List<T>泛型集合，并进行测试。

提示：

（1）List<T>泛型集合中的元素为 int 类型的值，依次为 1、3、5、2、4、6。

（2）调用 Sort()方法对集合进行排序并在控制台输出。

（3）使用 RemoveAt()方法删除集合中的元素 5，并输出删除后的结果。

2. 请按照要求定义一个 Dictionary<TKey,TValue>泛型集合，并进行测试。

提示：

（1）Dictionary<TKey,TValue>泛型集合的键与值都为 string 类型。

（2）向集合中添加任意的 5 个键值对。

（3）调用 foreach 语句对集合的键值对进行遍历，输出集合的键与值。

第 <big>6</big> 章

WinForm窗体

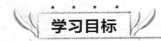学习目标

★ 掌握如何创建 WinForm 窗体应用程序
★ WinForm 窗体应用程序的结构
★ 掌握 WinForm 窗体的属性与事件
★ 掌握如何设置与排列 MDI 窗体

拓展阅读

在前面章节中，程序都是在控制台模板下编写的，这种程序为控制台应用程序。控制台应用程序的运行结果都是通过控制台输出的，用户体验不是很好。为此，C#提供了可视化的 WinForm 窗体，下面将针对 WinForm 窗体进行详细讲解。

6.1 创建 WinForm 窗体

WinForm 窗体也称为窗口，它是向用户显示信息的可视化界面，是 Windows 窗体应用程序的基本单元。创建 WinForm 窗体应用程序的具体步骤如下。

1. 创建项目

启动 Visual Studio 2019，出现 Visual Studio 2019 的首页窗口，如图 6-1 所示。

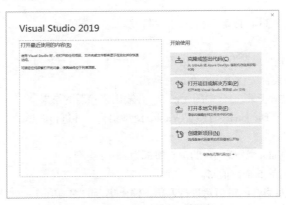

图6-1　Visual Studio 2019首页窗口

在图 6–1 所示的窗口中，单击【创建新项目（<u>N</u>）】按钮，进入【创建新项目】窗口，如图 6–2 所示。

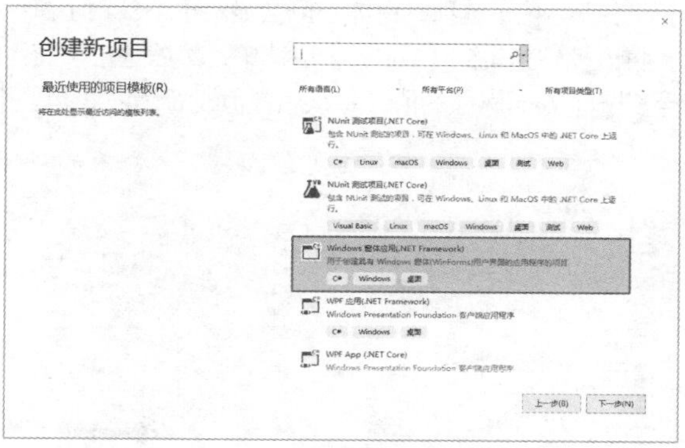

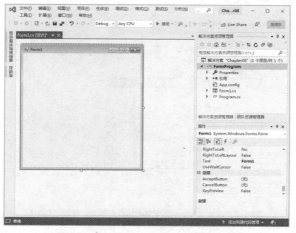

图6-2 【创建新项目】窗口

在图 6–2 中，选择【Windows 窗体应用（.NET Framework）】选项，单击【下一步（N）】按钮，进入【配置新项目】窗口，在该窗口中从上到下依次输入项目名称、项目存储的位置、解决方案的名称，然后选择项目需要使用的框架（使用默认框架.NET Framework 4.7.2），如图 6–3 所示。

图6-3 【配置新项目】窗口

单击图 6–3 中【创建（<u>C</u>）】按钮，即可进入 Visual Studio 2019 的窗体界面，如图 6–4 所示。

图6-4 Visual Studio 2019的窗体界面

2. 向窗体中添加控件

选中导航栏中的【视图】→【工具箱】选项，窗体左侧会显示【工具箱】窗口。在【工具箱】窗口中选择公共控件中的【Label】控件，将该控件拖曳到【Form1】窗体中，然后选中该窗体中 Label 控件，即可在窗体右下角的【属性】窗口中设置该控件 Text 属性的值，将该属性值设置为"我是一个窗体"，如图6-5所示。

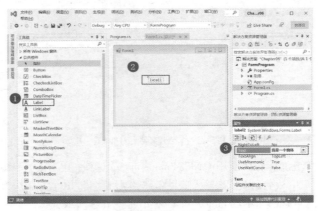

图6-5　设置窗体中控件的属性

3. 运行结果

单击工具栏中的 ▶ 启动 按钮或按【F5】键启动程序，显示窗体的运行结果，如图6-6所示。

之所以出现图6-6所示的结果，是因为当程序运行时，系统首先查找 Program.cs 文件中的 Application.Run( )方法，该方法就是窗体程序的入口，该方法中传递的参数是运行程序后首先出现的窗体对象。

图6-6　运行结果

6.2　Windows 窗体应用程序结构

创建完 Windows 窗体应用程序后，Visual Studio 2019 就为其构建了基本结构，设计者可以在此结构基础上开发应用程序。下面以 6.1 节创建的 Windows 窗体应用程序——FormProgram 为例，介绍 Windows 窗体应用程序的主要组成结构，如图6-7所示。

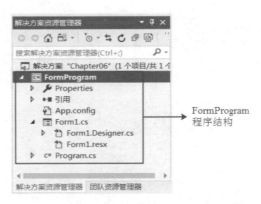

图6-7　FormProgram窗体应用程序的主要组成结构

图6-7所示的窗体应用程序主要由以下部分组成。

- Properties：用于设置项目的属性。
- 引用：用于设置对其他项目命名空间的引用。
- App.config：用于设置数据库的配置信息。
- Form1.cs：用于设置窗体界面以及编写逻辑代码。
- Form1.Designer.cs：用于在窗体类中自动生成控件的初始化代码。
- Form1.resx：只有在创建控件对象或为控件注册事件时才会出现，它用于存放窗体中使用的资源信息。
- Program.cs：用来设置项目运行时的主窗体。

在 WinFrom 窗体应用程序中，最常用的文件为 Form1.cs、Form1.Designer.cs 和 Program.cs，下面对这 3 个文件进行详细讲解。

1. Form1.cs 文件

Form1.cs 文件本身由 Form1.cs[设计]与 Form1.cs 逻辑代码两个部分构成，其中，Form1.cs[设计]用于设计窗体，Form1.cs 逻辑代码用于存放交互功能的逻辑代码。

（1）Form1.cs[设计]

双击解决方案窗口中的 Form1.cs 文件，编辑器切换到【Form1.cs[设计]】界面，效果如图 6-8 所示。

图6-8　【Form1.cs[设计]】界面

图 6-8 中，Form1 是【Form1.cs[设计]】界面中系统初始化的窗体。默认情况下，该窗体上没有任何控件，用户可以通过拖曳工具箱中的控件对窗体界面进行设计。

（2）Form1.cs 逻辑代码

Windows 窗体应用程序除了向用户展示友好的界面外，还可以与用户进行交互，而实现交互功能的逻辑代码都被放在 Form1.cs 逻辑代码中。在图 6-8 中的 Form1 窗体空白处右键单击，会弹出快捷菜单，在快捷菜单中单击【查看代码】选项，进入 Form1.cs 逻辑代码界面，如图 6-9 所示。

图6-9　Form1.cs逻辑代码界面

在图 6-9 中右键单击，会弹出快捷菜单，在快捷菜单中单击【查看设计器】选项，可以切换到【Form1. cs[设计]】界面。这种设计界面与逻辑代码分开的设计模式，使文件结构清晰，易于维护。

2. Form1.Designer.cs 文件

Form1.Designer.cs 文件用于在窗体类中自动生成控件的初始化代码，例如，将 Button 按钮拖曳到 Form1.cs 窗体中，会在 Form1.Designer.cs 文件中自动生成一段代码，如图 6-10 所示。

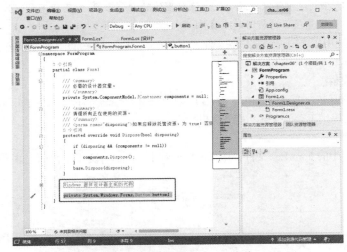

图6-10　Form1.Designer.cs文件

从图 6-10 中可以看出，在文件 Form1.Desingner.CS 的末尾，自动生成了一行代码，该行代码表示 Form1 窗体中添加了一个名称为 button1 的按钮。

3. Program.cs 文件

每一种可执行程序都有自己的主入口，例如，控制台模板中的 Main( ) 方法就是程序的入口。默认情况下，Program.cs 文件是 Windows 窗体应用程序的主入口，Program.cs 文件如图 6-11 所示。

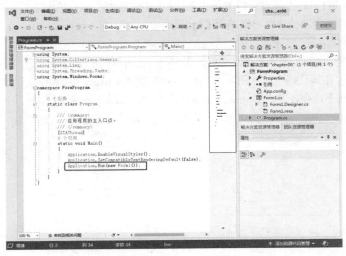

图6-11　Program.cs文件

在图 6-11 所示的 Program.cs 文件中，Application.Run( ) 方法中的参数就是窗体对象。如果要执行某个窗体，就需要将该窗体对象传入。例如，当前方法的参数为 new Form1( )，表示运行程序后首次执行的窗体为 Form1，如果要执行 Form2 窗体，需要将 Run( ) 方法中的参数修改为 new Form2( )。

6.3　WinForm 窗体属性

窗体包含一些基本的组成要素，包括图标、边框、标题栏、标题等，这些要素可以通过窗体的属性进行设置，窗体常用的属性如表 6-1 所示。

表6-1　窗体常用的属性

属性	说明
Size	通过设置窗体的宽高指定窗体的大小
MinimumSize	通过设置窗体的宽高将窗体调整到最小
MaximumSize	通过设置窗体的宽高将窗体调整到最大
Name	指示代码中用来标识该对象的名称
Text	设置窗体的标题栏上显示的内容
StartPosition	确定窗体第一次出现的位置
FormBorderStyle	指示窗体的边框和标题栏的外观和行为
Icon	指示窗体的系统菜单框中显示的图标
IsMdiContainer	确定该窗体是否为 MDI 容器
BackgroundImage	设置窗体的背景图像
BackgroundImageLayout	设置窗体的背景布局
MaximizeBox	是否显示窗体最大化按钮，该属性有 True 和 Flase 共两个属性值，分别表示显示和取消最大化按钮，默认为 True
MinimizeBox	是否显示窗体最小化按钮，该属性有 True 和 Flase 共两个属性值，分别表示显示和取消最小化按钮，默认为 True
Cursor	确定鼠标在窗体上的形状

以图 6-12 所示的窗体为例，讲解如何使用 WinForm 窗体属性设置窗体的显示样式。

1. 创建项目

在解决方案 Chapter06 中创建一个项目名为 Greeting CardProgram 的 Windows 窗体应用程序。

2. 设置窗体大小

选中 Form1 窗体，按快捷键【F4】键打开【属性】窗口，单击【属性】窗口的 图标，会显示出窗体的所有属性。在【属性】窗口中找到 Size 属性，将 Size 属性中的 Width 属性、Height 属性的值分别设置为 500、300。

图6-12　新年贺卡窗体

3. 设置窗体的位置

选中 Form1 窗体，找到【属性】窗口中的 StartPosition 属性，该属性的属性值有 5 个，分别为 CenterParent、CenterScreen、Manual、WindowsDefaultBounds、WindowsDefaultLocation，各属性值的说明如下。

- CenterParent：设置窗体在父窗体中居中显示。
- CenterScreen：设置窗体在当前显示窗口中居中，其尺寸在窗体大小中指定。
- Manual：窗体的位置由 Location 属性指定。
- WindowsDefaultBounds：设置窗体定位在 Windows 系统默认位置，其边界是 Windows 系统设置好的默认值。
- WindowsDefaultLocation：不可调整大小的工具窗口边框。

这里，将 StartPosition 属性的属性值设置为 CenterScreen。

4. 设置窗体的标题栏样式

窗体创建完成后，窗体的标题栏默认带有系统图标、标题名称、最大化按钮、最小化按钮。下面通过设置窗体的属性修改标题栏的样式，具体步骤如下。

（1）设置标题栏图标

选中 Form1 窗体，在【属性】窗口中找到 Icon 属性，单击 Icon 属性就会出现 ⋯ 按钮，如图 6-13 所示。

单击图 6-13 中的 ⋯ 按钮，打开选择图标文件的窗口，选中图片 logo.ico，如图 6-14 所示。

图6-13　窗体【属性】窗口　　　　　　　图6-14　打开选择图标文件的窗口

在图 6-14 中，单击【打开（O）】按钮，窗体的标题栏图标即可设置成功。

需要注意的是，标题栏图标资源的格式必须为.ico。

（2）修改标题名称

选中 Form1 窗体，在【属性】窗口中将 Text 属性的值设置为"新年贺卡"，此时 Form1 窗体的标题会更改为"新年贺卡"。

（3）取消窗体最大化、最小化按钮的显示

选中 Form1 窗体，在【属性】窗口中将 MaximizeBox 属性、MinimizeBox 属性值设置为"False"，即可取消窗体最大化、最小化按钮的显示。

5. 设置窗体的背景图片

为了使窗体更加美观，通常会在项目中设置窗体的背景，窗体的背景是通过 BackgroundImage 属性实现的，具体步骤如下。

选中图 6-13 中的 BackgroundImage 属性，就会出现 ⋯ 按钮，单击该按钮，就会打开【选择资源】窗口，如图 6-15 所示。

图 6-15 中，选择资源有两种方式，分别为【本地资源】和【项目资源文件】。这里选择【项目资源文件】选项，单击【导入（M）…】按钮，进入选择图片的窗口，如图 6-16 所示。

图6-15　【选择资源】窗口　　　　　　　图6-16　选择图片窗口

选好图片资源后，单击图 6-16 中的【打开（O）】按钮，回到【选择资源】窗口中，在该窗口的右侧可以看到背景的预览图，如图 6-17 所示。

在图 6-17 中，单击【确定】按钮完成窗体背景图片的设置。此时，在项目 GreetingCardProgram 的根目录中会出现一个 Resources 文件夹，刚刚设置的窗体背景图片将会保存在该文件夹中。

从本地资源和项目资源文件导入图片的方式一样，区别在于，项目资源文件导入的图片保存到项目资源文件 Resources 文件夹中，而本地资源方式设置的背景图片保存在 Form1.resx 文件中。

6. 项目运行结果

运行程序，结果如图 6-18 所示。

图6-17　选中背景的【选择资源】窗口

图6-18　GreetingCardProgram项目运行结果

6.4　WinForm 窗体的事件

Windows 是事件驱动的操作系统，对 Form(窗体)类的任何交互都是基于事件来实现的，Form 类中提供了很多窗体事件，用于实现 Windows 对窗体执行的各种操作，常用的窗体事件如表 6-2 所示。

表 6-2　常用的窗体事件

事件	说明
Load	窗体加载时被触发
MouseClick	鼠标单击事件
MouseDoubleClick	在窗体中双击鼠标触发该事件
MouseMove	在窗体中移动鼠标触发该事件
KeyDown	键盘键按下时触发该事件
KeyUp	键盘键释放时触发该事件
FormClosing	当窗体关闭时触发该事件

下面将实现在 GreetingCardProgram 项目中关闭窗体时弹出对话框，并询问用户是否关闭当前窗体的功能，具体步骤如下。

1. 设置 FormClosing 事件

选中 GreetingCardProgram 项目中新年贺卡窗体，在【属性】窗口中单击 ⚡ 图标，会将该窗体的所有事件显示出来，如图 6-19 所示。

在图 6-19 中，选中【FormClosing】，在其右侧的输入框中输入该事件的名称，命名为 "Form1Closing"，双击 FormClosing 事件即可进入到新年贺卡窗体的 Form1Closing( )方法中。当关闭 Form1 窗体时，就会执行

Form1Closing( )方法，在该方法中弹出一个对话框，提示用户"是否关闭窗体？"，具体代码如例6-1所示。

例6-1　Form1.cs

```
1 using System.Windows.Forms;
2 namespace GreetingCardProgram{
3    public partial class Form1 : Form{
4        public Form1(){
5            //初始化窗体组件
6            InitializeComponent();
7        }
8        private void Form1Closing(object sender, FormClosingEvent Args e){
9            if (MessageBox.Show("是否关闭窗体？", "询问",
10               MessageBoxButtons.YesNo) == DialogResult.Yes){
11                e.Cancel = false;            //关闭窗体
12            }else{
13                e.Cancel = true;             //取消关闭窗体
14            }
15        }
16    }
17 }
```

图6-19　【属性】窗口中的事件

上述代码中，第8～15行代码定义了一个Form1Closing (object sender, FormClosingEventArgs e)方法，该方法中传递了2个参数，第1个参数sender表示事件源，这里指代的是发起该事件的对象关闭按钮，第2个参数表示事件所携带的信息。

第9～14行代码首先通过MessageBox对话框的Show( )方法显示具有文本、标题和按钮的消息框，该方法中传递了3个参数，第1个参数表示对话框显示的文本信息，第2个参数表示对话框的标题，第3个参数表示对话框是否包含【是】按钮和【无】按钮。然后通过if语句判断该对话框的返回值是否为Yes。如果是，则将Cancel属性的值设置为false，关闭窗体，否则，将Cancel属性的值设置为true，取消关闭窗体。

2. 项目运行结果

运行项目，单击新年贺卡窗体中的 ▣ 按钮，会弹出【询问】对话框，询问用户是否关闭窗体，如图6-20所示。

图6-20　【询问】对话框

脚下留心：删除事件的方法

如果将Form1.cs逻辑代码中的Form1Closing( )方法删除，而没有删除Form1.Designer.cs中的注册代码，则程序在编译时会报错，如图6-21所示。

图6-21　错误列表

从图6-21中可以看出，提示的错误信息表明Form1类中没有定义Form1Closing( )方法，这是因为窗体或者控件注册事件后，相应的注册代码会自动在Form1.Designer.cs文件中生成。因此，当删除Form1.cs文件中的处理方法时，需要将Form.Designer.cs文件中相应的注册代码也删除。删除Form.Designer.cs文件中的FormClosing事件注册的Form1Closing( )方法的步骤如下。

（1）找到 Form1 注释信息，该注释为窗体的 Name 属性值，表示接下来的代码为 Form1 窗体的注册代码，如图 6-22 所示。

图6-22 Form.Designer.cs文件

（2）在图 6-22 中，删除 Form1 注释信息下方注册的 FormClosing 事件。

6.5　MDI 窗体

6.5.1　MDI 窗体的概念

前文使用到的所有窗体都为单文档窗体（Single Document Interface，SDI），SDI 窗体只能在窗体中显示一个文档，这就意味着打开多个文档需要具有能够同时处理多个显示文档的窗体。如果需要在一个窗体中打开多个文档，则需要使用多文档窗体（Multiple-Document Interface，MDI）。MDI 窗体用于在一个窗体中同时显示多个文档，每个文档显示在各自的窗体中，MDI 窗体如图 6-23 所示。

图6-23　MDI窗体

图 6-23 中，用户反馈窗体中包含了 4 个反馈表窗体。

6.5.2　如何设置 MDI 窗体

在 MDI 窗体中，包含多个文档窗体的窗体被称为 "父窗体"，这些多个文档窗体被称为"子窗体"，也称为 MDI 子窗体。一个 WinForm 窗体应用程序中只能有一个父窗体，可以包含多个子窗体。下面详细介绍如何将窗体设置为父窗体或子窗体。

1. 设置父窗体

如果要将某个窗体设置为父窗体，只要在窗体的【属性】窗口中将 IsMdiContainer 属性的值设置为 "True" 即可，如图 6-24 所示。

2. 设置子窗体

父窗体设置完成后，通过设置窗体的 MdiParent 属性将该窗体设置为子窗体。例如，Form1 为父窗体，在 Form1 窗体中将 Form2、Form3 设置为子窗体，示例代码如下：

图6-24　设置父窗体

```
Form2 form2 = new Form2();          //创建 Form2 的窗体对象
form2.MdiParent = this;             //将 Form2 窗体设置为子窗体
form2.Show();                       //调用 Show()方法显示 Form2 窗体
Form3 form3 = new Form3();
form3.MdiParent = this;
form3.Show();
```

6.5.3　MDI 子窗体的排列

在默认情况下，如果在 MDI 窗体中同时打开多个子窗体，界面会非常混乱，而且不易浏览。此时可以使用 Form 类的 LayoutMdi()方法排列多文档界面父窗体中的子窗体，以便使其更有序地显示。LayoutMdi()方法的具体语法格式如下：

```
public void LayoutMdi (MdiLayout value)
```

参数 value 用来定义 MDI 子窗体的布局，它的值是 MdiLayout 枚举值之一。MdiLayout 枚举用于指定 MDI 父窗体中子窗体的布局，其枚举成员及说明如表 6-3 所示。

表 6-3　MdiLayout 枚举成员及说明

枚举成员	说明
Casade	所有 MDI 子窗体均层叠在 MDI 父窗体的工作区内
TileHorizontal	所有 MDI 子窗体均水平平铺在 MDI 父窗体的工作区内
TileVertical	所有 MDI 子窗体均垂直平铺在 MDI 父窗体的工作区内

下面创建一个项目，在这个项目中实现对 MDI 窗口中的子窗口进行排序的功能，具体步骤如下。

1. 创建程序

在解决方案 Chapter06 中创建一个项目名为 MDISort 的 Windows 窗体应用程序。

2. 设置父窗体

选中窗体 Form1，将该窗体的 Text 属性和 Name 属性的值都设置为 "Form_MDIParent"。将该窗体的 IsMdiContainer 属性的值设置为 "True"，即可将该窗体设置为父窗体。

3. 在父窗体 Form_MDIParent 中添加菜单栏

打开工具箱，找到【菜单和工具栏】选项下的【MenuStrip】控件（该控件会在第 7 章中进行详细讲解），该控件用于显示菜单栏，将【MenuStrip】控件添加到【Form_MDIParent】窗体中。然后将菜单栏中的 4 个横向菜单项的文本分别设置为 "显示子窗体" "水平平铺" "垂直平铺" "层叠平铺"，这些菜单项的 Name 属性值分别设置为 "ShowSubform" "HorizontalTile" "VerticalTile" "StackedTiling"，设置菜单栏的父窗体如图 6-25 所示。

4. 在项目中添加子窗体

右键单击 MDISort 项目名称，在弹出的快捷菜单中选择【添加（D）】按钮，弹出添加新窗体的菜单，如图 6-26 所示。

图6-25　显示父窗体中的菜单项

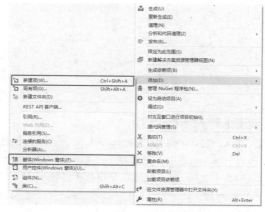

图6-26　添加新窗体的菜单

单击图 6-26 中【新建项(W)…】或者【窗体(Windows 窗体)(F)…】选项后，打开【添加新项】界面，如图 6-27 所示。

图6-27　【添加新项】界面

在图 6-27 中，首先选中【窗体（Windows 窗体）】，并在【名称（N）】对应的输入框中输入窗体的名称，然后单击【添加（A）】按钮，即可在项目中添加一个新的窗体。

按照上述步骤，在项目中添加 3 个子窗体，分别命名为 Form_ChildOne.cs、Form_ChildTwo.cs 和 Form_ChildThree.cs。

5. 实现【显示子窗体】菜单项功能

通过设置父窗体 Form_MDIParent 中的【显示子窗体】菜单项的 Click 单击事件，进入 ShowSubform_Click( ) 方法中，在该方法中实现在父窗体中显示 3 个子窗体的功能，具体代码如例 6-2 所示。

例6-2　Form_MDIParent.cs

```
1 using System;
2 using System.Windows.Forms;
3 namespace MDISort{
4   public partial class Form_MDIParent : Form{
5     public Form_MDIParent(){
6       InitializeComponent();
7     }
8     private void ShowSubform_Click(object sender, EventArgs e){
9       //显示 Form_ChildOne 窗体
10      Form_ChildOne form_ChildOne = new Form_ChildOne();
11      form_ChildOne.MdiParent = this;
12      form_ChildOne.Show();
13      //显示 Form_ChildTwo 窗体
```

```
14          Form_ChildTwo form_ChildTwo = new Form_ChildTwo();
15          form_ChildTwo.MdiParent = this;
16          form_ChildTwo.Show();
17          //显示 Form_ChildThree 窗体
18          Form_ChildThree form_ChildThree = new Form_ChildThree();
19          form_ChildThree.MdiParent = this;
20          form_ChildThree.Show();
21      }
22  }
23 }
```

6. 实现排列子窗体的功能

通过设置父窗体 Form_MDIParent 中【水平平铺】、【垂直平铺】和【层叠排列】的菜单项的 Click 单击事件，分别进入 HorizontalTile_Click()方法、VerticalTile_Click()方法和 StackedTiling_Click()方法，在这些方法中调用 LayoutMdi()方法设置子窗体在父窗体中的排列方式。具体代码如下所示：

```
1 private void HorizontalTile_Click(object sender, EventArgs e){
2     //调用 LayoutMdi()方法,实现在 MDI 父窗体内排列子窗体的功能
3     LayoutMdi(MdiLayout.TileHorizontal);
4 }
5 private void VerticalTile_Click(object sender, EventArgs e){
6     LayoutMdi(MdiLayout.TileVertical);
7 }
8 private void StackedTiling_Click(object sender, EventArgs e){
9     LayoutMdi(MdiLayout.Cascade);
10 }
```

7. 项目运行结果

运行程序，结果如图 6-28 所示。

单击图 6-28 中的【显示子窗体】菜单项，结果如图 6-29 所示。

单击图 6-29 中的【水平平铺】菜单项，结果如图 6-30 所示。

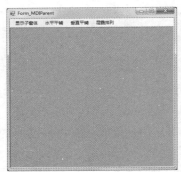  

图6-28　设置父窗体　　　　　图6-29　显示子窗体的界面　　　　图6-30　子窗体水平平铺的界面

单击图 6-30 中的【垂直平铺】菜单项，结果如图 6-31 所示。

单击图 6-31 中的【层叠排列】菜单项，结果如图 6-32 所示。

图6-31　子窗体垂直平铺的界面　　　　　图6-32　子窗体层叠排列的界面

6.6　本章小结

本章主要讲解了如何创建 WinForm 窗体应用程序、程序的文件结构、窗体的属性和事件以及 MDI 窗体，窗体是开发 Windows 窗体应用程序的基本单元，熟练掌握 Form 窗体的应用，可为快速开发 C#窗体应用程序打下坚实的基础。希望初学者能够熟练掌握本章内容。

6.7　习题

一、填空题

1. Form1.cs 文件本身由_____与_____两个部分构成的。
2. Program.cs 文件中通过_____方法运行指定的窗体。
3. Form1 窗体中控件的初始化代码默认生成在_____。
4. 窗体在加载或运行时，可以通过_____文件把资源导入到项目中。
5. 默认情况下，WinForm 程序的主入口在_____中。
6. 当 Form 窗体加载时，首先会触发的事件是_____。
7. 窗体关闭时触发的事件为_____。
8. 排列多文档界面父窗体中的子窗体的方法为_____。
9. 键盘键按下时触发的事件为_____。
10. 设置窗体的标题栏上显示内容的属性为_____。

二、选择题

1. 下列关于窗体的描述，错误的是（　　）。
A. 窗体的设计与运行是在 WinForm 模板下进行的。
B. Form.Designer.cs 文件用于存储资源。
C. App.config 文件用于设置数据库的配置信息。
D. 在 Form.cs 文件下进行交互逻辑代码的编写。
2. 在 WinForms 程序中，创建一个窗体的后缀名为（　　）。
A. .cs　　　　　　B. .aspx　　　　　　C. .xml　　　　　　D. .wsdl
3. 以下选项中，不属于 MdiLayout 枚举成员的是（　　）。
A. Casade　　　　B. TileHorizontal　　C. Tile　　　　　　D. TileVertical
4. 用于设置窗体系统菜单框中图标的属性为（　　）。
A. Icon　　　　　B. BackgroundImage　C. BackgroundImageLayout　D. Text
5. 以下选项中，属于窗体中鼠标单击事件的是（　　）。
A. MouseClick　　B. KeyClick　　　　C. Click　　　　　　D. MouseDoubleClick

第 7 章

WinForm控件

学习目标

★ 掌握 WinForm 简单控件的用法

★ 掌握 WinForm 列表和数据控件的用法

★ 掌握菜单、工具栏与状态栏的用法

几乎每一个 WinForm 窗体都是通过 WinForm 控件与用户进行交互的，WinForm 提供了一系列丰富的控件，借助这些控件，可以很方便地开发窗体。下面对 WinForm 中的常用控件进行详细讲解。

7.1 WinForm 简单控件

WinForm 中提供了很多简单控件，例如，表示文本框的 TextBox 控件、表示复选框的 CheckBox 控件等。每一种控件都有各自不同的功能，下面将对 WinForm 中的简单控件进行详细讲解。

7.1.1 控件的常用属性与事件

在 C#中，所有的控件都直接或间接继承自 Control 类, Control 类中提供了许多属性, 其常用属性如表 7-1 所示。

表 7-1　Control 类的常用属性

属性	说明
Name	代码中用来标识该对象的名称
Text	与控件关联的文本
Visible	确定该控件是可见的还是隐藏的
BackColor	控件的背景颜色
Cursor	指针移过该控件时显示的指针
Dock	定义要绑定到容器的控件边框
Enabled	是否启用该控件
Font	用于显示控件中文本的字体
ForeColor	此控件的前景色，用于显示文本
Size	控件的大小（以像素为单位）

续表

属性	说明
Tag	与对象关联的用户定义数据
TextAlign	将在控件上显示的文本的对齐方式

表 7–1 中所列举的 Control 类的常用属性都是控件共同的特征。在编写程序时，熟练掌握这些常用属性可以起到事半功倍的效果。

在 Control 类中，除了定义属性外，还定义了事件，用户在窗体中的操作会引发相应的事件，开发人员可以根据不同的事件来编写具体的处理方法，Control 类的常用事件如表 7–2 所示。

表 7-2　Control 类的常用事件

事件	说明
Click	单击控件时发生
MouseEnter	在鼠标进入控件的可见部分时发生
MouseLeave	在鼠标离开控件的可见部分时发生
BackColorChanged	在控件的 BackColor 属性值更改时引发的事件
FontChanged	在控件的 Font 属性值更改时引发的事件

7.1.2　Button 控件、TextBox 控件、Label 控件

如果需要登录一个网站，应在网站登录页面输入用户名和密码，然后单击【登录】按钮即可。如果想要在 WinForm 窗体中设计一个登录窗体，该使用什么控件来显示用户名与密码的输入框与文本信息以及登录按钮呢？

在 WinForm 中，提供了登录界面经常会用到的控件，包括 Button 控件、TextBox 控件和 Label 控件，其中，Button 控件用于显示按钮，TextBox 控件用于显示输入框，Label 控件用于显示文本信息。

下面通过一个登录的案例来演示 Button 控件、TextBox 控件和 Label 控件的用法，具体步骤如下。

1. 创建项目

在解决方案 Chapter07 中创建一个项目名为 Login 的 Windows 窗体应用程序。

2. 认识工具箱窗口

选中导航栏中的【视图】→【工具箱】选项，在窗体左侧会显示【工具箱】窗口，如图 7–1 所示。

图7–1　【工具箱】窗口

【工具箱】窗口中包含了 WinForm 窗体的所有控件，为了方便查找控件，【工具箱】窗口对 WinForm 的所有控件进行了分类，包括【所有 Windows 窗体】、【公共控件】、【容器】、【菜单和工具栏】、【数据】、【组件】、【打印】、【对话框】、【WPF 互操作性】等控件。本节中所讲的 WinForm 简单控件存放在【公共控件】和【容器】的下拉框中。

3. 设计登录窗体

（1）修改文件名与窗体标题名称

在 Login 项目中右键单击 Form1.cs 文件，在弹出的界面中选择【重命名（M）】选项，将 Form1.cs 文件的名称修改为 LoginForm.cs，通过重命名的方式可以将程序中与 Form1 窗体相关的所有源代码文件名修改为 LoginForm。然后将 Form1 窗体的 Text 属性的值设置为"登录"。

（2）添加窗体控件

在【工具箱】窗口的【公共控件】下拉框中将 2 个 Label 控件、2 个 TextBox 控件、1 个 Button 控件拖曳到【登录】窗体中。

（3）设置控件属性

首先选中窗体中需要设置属性的控件，然后按【F4】键打开该控件的【属性】窗口，单击【属性】窗口的 🔲 图标，会显示出被选中控件的所有属性。【属性】窗口如图 7-2 所示。

在控件的【属性】窗口中，将 2 个 Label 控件的 Text 属性的值分别设置为"用户名："与"密　码："，2 个 TextBox 控件的 Name 属性的值分别设置为"txtName"与"txtPassword"，1 个 Button 控件的 Text 属性的值设置为"登录"。设计完成的【登录】窗体效果如图 7-3 所示。

图7-2　【属性】窗口

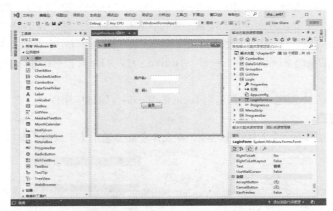

图7-3　设计完成的【登录】窗体效果

（4）设置【登录】按钮的单击事件

选中图 7-3 窗体中的【登录】按钮，在【属性】窗口中选中事件图标 ⚡，此时在【属性】窗口中显示的就是【登录】按钮的事件，找到 Click 事件，设置该事件的名称为 btnLogin_Click。双击该事件，会在 LoginForm.cs 文件中生成【登录】按钮的单击事件方法 btnLogin_Click( )。

4. 实现登录的功能

在 LoginForm.cs 文件的 btnLogin_Click( )方法中实现【登录】按钮的单击事件，具体代码如例 7-1 所示。

例7-1　LoginForm.cs

```
1  using System;
2  using System.Windows.Forms;
3  namespace Login{
4      public partial class LoginForm: Form{
5          public LoginForm(){
```

```
6                InitializeComponent();
7        }
8        private void btnLogin_Click(object sender, EventArgs e){
9            //判断输入的用户名和密码是否为空
10           if (!string.IsNullOrEmpty(txtName.Text) && !
11                     String.IsNullOrEmpty(txtPassword.Text)){
12              //如果用户名为itcast,密码为123,则登录成功
13              if (txtName.Text == "itcast" && txtPassword.Text == "123"){
14                 MessageBox.Show("登录成功!");
15              }else{
16                 MessageBox.Show("用户名或密码有错!");
17                 txtPassword.Text = "";
18              }
19           }else{
20              MessageBox.Show("用户名或者密码不能为空!");
21           }
22       }
23    }
24 }
```

上述代码中，第 8～22 行代码定义了 btnLogin_Click() 方法，用于执行【登录】按钮的单击事件。

第 10～11 行代码调用 IsNullOrEmpty( ) 方法判断表示用户名和密码的文本框是否为空。如果都不为空，则判断用户名是否等于"itcast"，密码是否等于"123"，如果是，则弹出对话框，提示"登录成功!"，否则提示"用户名或密码有错!"，并将密码文本框中的文本设置为空。当用户名或密码为空时，则弹出对话框提示用户"用户名或者密码不能为空!"。

5. 运行程序，验证登录功能

运行程序，此时会显示【登录】窗体界面，如图 7-4 所示。

单击图 7-4 所示的【登录】按钮，会弹出一个对话框，提示用户"用户名或者密码不能为空!"，如图 7-5 所示。

图7-4　【登录】窗体界面　　　　　　　图7-5　提示用户"用户名或者密码不能为空!"

当在图 7-4 所示的窗体中填写错误的用户名或密码后单击【登录】按钮，则会弹出一个对话框，提示用户"用户名或密码有错!"。如图 7-6 所示。

当在图 7-4 所示的窗体中填写正确的用户名"itcast"和密码"123"后单击【登录】按钮，则会弹出对话框，提示用户"登录成功!"，如图 7-7 所示。

图7-6　提示用户"用户名或密码有错!"　　　图7-7　提示用户"登录成功!"

7.1.3　RichTextBox 控件

RichTextBox 控件允许用户输入和编辑文本，同时提供了比普通的 TextBox 控件更高级的格式属性，这些属性用于在控件中控制文本的显示样式。RichTextBox 控件的属性及相关说明如表 7–3 所示。

表 7-3　RichTextBox 控件的属性及相关说明

属性	说明
Multiline	控制文本是否可以跨行显示
ScrollBars	设置滚动条的显示样式，必须将 Multiline 属性的值设置为 true，才会显示滚动条的样式
SelectionFont	获取或设置字体大小和样式
SelectionColor	获取或设置字体的颜色
SelectionBullet	将选定的段落设置为项目符号列表的格式
SelectionIndent	获取或设置以像素为单位的长度作为缩进量，对所选内容缩进排版

表 7–3 中的 ScrollBars 属性有 7 个属性值，其属性值及相关说明如表 7–4 所示。

表 7-4　ScrollBars 属性值及相关说明

属性值	说明
Both	当文本超过控件的宽度或长度时，显示水平滚动条或垂直滚动条，或两个滚动条都显示
None	不显示任何类型的滚动条
Horizontal	当文本超过控件的宽度时，显示水平滚动条，必须将 WordWrap 属性（多行编辑控件是否自动换行）的值设置为 false，才会出现这种情况
Vertical	只有当文本超过控件的高度时，才显示垂直滚动条
ForcedHorizontal	当 WordWrap 属性的值设置为 false 时，显示水平滚动条，在文本未超过控件的宽度时，该滚动条显示为浅灰色
ForcedVertical	始终显示垂直滚动条，在文本未超过控件的长度时，该滚动条显示为浅灰色
ForcedBoth	始终显示垂直滚动条，当 WordWrap 属性的值设置为 false 时，显示水平滚动条，在文本未超过控件的宽度或长度时，两个滚动条均显示为灰色

RichTextBox 控件中不仅可以显示普通的文本，还可以显示超链接，且超链接的样式为下划线形式。为 RichTextBox 控件设置 LinkClicked（单击文本中的超链接时发生）事件后，单击该控件中的超链接，可以使用 Process 类的 Start() 方法来打开该链接对应的网页。Start() 方法有很多重载的方法，常用的 Start() 方法具体语法格式如下：

```
public static Start(string fileName)
```

Start() 方法中包含了 fileName 参数，表示需要打开的超链接。

为了帮助初学者更好地理解 RichTextBox 控件的用法，下面通过向 RichTextBox 控件中添加超链接文本信息来了解 RichTextBox 控件的用法，具体步骤如下。

1. 创建项目

在解决方案 Chapter07 中创建一个项目名为 RichTextBox 的 Windows 窗体应用程序。

2. 设计项目的窗体

首先将 Form1.cs 文件名修改为 RichTextBoxForm.cs，然后将窗体的 Text 属性的值设置为"有格式文本框"。在【有格式文本框】窗体中添加 1 个 RichTextBox 控件，用于显示文本框，将 RichTextBox 控件

图7-8　【有格式文本框】窗体

的 Multiline 属性的值设置为 true，ScrollBars 属性的值设置为"Both"，最后将 WordWrap 属性值设置为 false。设计完成的【有格式文本框】窗体如图 7-8 所示。

3. 在 RichTextBox 控件中添加超链接

通过设置 RichTextBoxForm 窗体的 Load 事件，进入 RichTextBoxForm.cs 文件的 RichTextBoxForm_Load() 方法中，在该方法中为 RichTextBox 控件添加需要显示的超链接以及设置超链接文本显示的样式，具体代码如例 7-2 所示。

例 7-2　RichTextBoxForm.cs

```
1  using System;
2  using System;
3  using System.Drawing;
4  using System.Windows.Forms;
5  namespace RichTextBox{
6      public partial class RichTextBoxForm : Form{
7          public RichTextBoxForm(){
8              InitializeComponent();
9          }
10         private void RichTextBoxForm_Load(object sender, EventArgs e){
11             Font font1 = new Font("宋体", 8, FontStyle.Bold);
12             richTextBox1.SelectionFont = font1;
13             richTextBox1.SelectionColor = Color.Red;
14             richTextBox1.AppendText(
15                 "百度: http://www.baidu.com\n" +
16                 "CSDN: http://www.csdn.net\n" +
17                 "网易: http://www.163.com\n");
18             Font font2 = new Font("楷体", 9, FontStyle.Bold);
19             richTextBox1.SelectionFont = font2;
20             richTextBox1.SelectionColor = Color.Green;
21             richTextBox1.AppendText(
22                 "腾讯: http://www.qq.com\n" +
23                 "qq 空间: http://www.qzone.com");
24         }
25     }
26 }
```

上述代码中，第 11 行代码通过关键字 new 创建了 font1 对象，并在构造方法中传入 3 个参数，第 1 个参数表示字体的样式为宋体，第 2 个参数表示字体的大小为 8，第 3 个参数表示文本显示为粗体。

第 12 行代码将 font1 对象赋值给 SelectionFont 属性，用于设置文本的字体大小和样式。

第 13 行代码调用 SelectionColor 属性设置了字体的颜色为红色。

第 14 ~ 17 行代码调用 AppendText() 方法为 richTextBox1 控件添加了需要显示的超链接字符串。

4. 开启超链接

通过设置 RichTextBox 控件的 LinkClicked（单击文本中的超链接时发生）事件，进入到 RichTextBoxForm.cs 文件的 richTextBox1_LinkClicked() 方法中，在该方法中调用 Process 类的 Start() 方法开启被单击文本的链接。具体代码如下所示。

```
1  using System.Diagnostics;
2  public partial class RichTextBoxForm : Form
3      ......
4      private void richTextBox1_LinkClicked(object sender,
5                                  LinkClickedEventArgs e){
6          Process.Start(e.LinkText);
7      }
8  }
```

5. 运行程序，验证窗体事件

运行程序，结果如图 7-9 所示。

从图 7-9 中可以看出，窗体中出现了水平和垂直的滚动条。当单击百度的超链接时，会跳转到浏览器的百度界面，结果如图 7-10 所示。

图7-9　运行结果　　　　　　　　　　　　图7-10　浏览器的百度界面

7.1.4　CheckBox 控件、RadioButton 控件

当用户注册账户时，需要填写注册信息，该信息包括爱好和性别，通常情况下，爱好可以选择多个，而性别只能选择一个。针对这种多选和单选的操作，WinForm 提供了两个控件，分别是 CheckBox（复选框）和 RadioButton（单选按钮）。

CheckBox 控件用于多项选择，它只有选中和未选中两种状态，当被选中时，其 Checked 属性的值为 true，否则为 false。一个窗体可以包含多个 CheckBox 控件，并且这些控件可以被同时选中。

RadioButton 控件用于单项选择，它与 CheckBox 控件类似，包括选中和未选中两种状态，当被选中时，其 Checked 属性的值为 true，否则为 false。不同的是，若一个窗体中的多个 RadioButton 控件位于同一组，此时，只能有一个 RadioButton 控件被选中。

对 CheckBox 控件和 RadioButton 控件有所了解后，下面通过一个用户注册的案例来演示这两个控件的用法，具体步骤如下。

1. 创建项目

在解决方案 Chapter07 中创建一个项目名为 Register 的 Windows 窗体应用程序。

2. 设计注册窗体

（1）修改 Form1.cs 文件名与窗体标题名

首先将 Form1.cs 文件名修改为 RegisterForm.cs，然后将窗体的 Text 属性的值设置为"注册"。

（2）添加 4 个 Label 控件

在【注册】窗体中添加 4 个 Label 控件，将它们的 Text 属性的值分别设置为"账户:""密码:""性别:""爱好:"。

（3）添加 2 个 TextBox 控件

在【注册】窗体中添加 2 个 TextBox 控件，用于输入账号和密码。

（4）添加 2 个 RadioButton 控件

在"性别"对应的行中添加 2 个 RadioButton 控件，将它们的 Text 属性的值设置为"男""女"，Name 属性的值分别设置为"rbMan""rbWoman"。

（5）添加 3 个 CheckBox 控件

在"爱好"对应的行中添加 3 个 CheckBox 控件，将它们的 Text 属性的值分别设置为"篮球""游泳""看书"。

（6）添加 2 个 Button 控件

在"爱好"下方添加 2 个 Button 控件，分别将它们的 Text 属性的值设置为"注册""重置"，Click 事件的值分别设置为"Register""Reset"，该【注册】窗体如图 7-11 所示。

3. 实现窗体的加载事件

通过设置【注册】窗体的 Load 事件，进入 RegisterForm.cs
文件的 RegisterForm_Load()方法，该方法用于实现窗体的加载
事件，具体代码如例 7-3 所示。

例 7-3　RegisterForm.cs

图 7-11　【注册】窗体

```
1  using System;
2  using System.Windows.Forms;
3  namespace Register{
4      public partial class RegisterForm : Form{
5          public RegisterForm(){
6              InitializeComponent();
7          }
8          private void RegisterForm_Load(object sender,
EventArgs e){
9              //窗体在加载时设置 rdMale 的值为 true
10             rbMan.Checked = true;
11         }
12     }
13 }
```

上述代码中，第 10 行代码将 rbMan 单选按钮的 Checked 属性值设置为 true，表示当前单选按钮为选中
状态。

4. 实现用户注册功能

通过设置注册按钮的 Click 事件，进入 RegisterForm.cs 文件的 Register_Click( )方法中，在该方法中实现
用户注册的功能，具体代码如下所示。

```
1  private void Register_Click(object sender, EventArgs e){
2      //设置标记变量
3      bool flag = false;
4      //遍历窗体中所有控件
5      foreach (Control item in this.Controls){
6          //判断当前控件内容是否为空
7          if (string.IsNullOrEmpty(item.Text)){
8              flag = true;
9          }
10     }
11     if (flag == true){
12         MessageBox.Show("请确定已填写全部信息！");
13     }else{
14         MessageBox.Show("注册成功！");
15     }
16 }
```

上述代码中，第 3 行代码定义 bool 类型的 flag 变量，并将该变量的初始值设置为 false，表示控件中的内
容为空。

第 5 ~ 10 行代码通过 foreach 的语句遍历窗体中所有控件，在 foreach 语句中，通过在 if 语句中调用
IsNullOrEmpty()方法判断当前遍历到的控件内容是否为空，如果为空，则将 flag 变量设置为 true。

第 11 ~ 15 行代码通过判断 flag 变量是否为 true，弹出对应的对话框。如果 flag 变量为 true，则提示用户
"请确定已填写全部信息！"，如果不为 true，则弹出对话框提示用户"注册成功！"。

5. 实现重置用户信息的功能

通过设置重置按钮的 Click 事件，进入到 RegisterForm.cs 文件的 Reset_Click()方法中，实现重置用户信
息的功能，具体代码如下所示。

```
1  private void Reset_Click(object sender, EventArgs e){
2      //遍历窗体中的所有控件
3      foreach (Control item in this.Controls){
4          if (item is TextBox){
5              item.Text = "";
6          }else if (item is RadioButton){
```

```
7              rbWoman.Checked = false;
8              rbMan.Checked = true;
9          } else if (item is CheckBox){
10             CheckBox check = (CheckBox)item;
11             check.Checked = false;
12         }
13     }
14 }
```

上述代码中，第3行代码通过 foreach 语句遍历窗体中所有的控件。

第4~5行代码判断当前遍历的控件 item 是否为 TextBox 控件，如果是，则将该控件的 Text 属性值设置为空字符串。

第6~8行代码判断当前遍历的控件 item 是否为 RadioButton，如果是，则将 rbWoman 的 Checked 属性值设置为 false，rbMan 的 Checked 属性值设置为 true。

第9~12行代码判断当前遍历的控件 item 是否为 CheckBox，如果是，则将控件 item 中的 Checked 属性值设置为 false，即不选中的状态。

6. 运行程序，验证注册和重置功能

运行项目，【注册】窗体如图 7-12 所示。

直接单击图 7-12 中的【注册】按钮，或者当用户信息填写不完整时，单击【注册】按钮，都会弹出对话框，提示用户"请确定已填写全部信息！"，如图 7-13 所示。

在【注册】窗体中填写完整的用户名信息，单击【注册】按钮，弹出注册成功对话框，如图 7-14 所示。

图7-12　【注册】窗体　　　　图7-13　弹出的错误提示信息　图7-14　注册成功对话框

在【注册】窗体中填写用户信息后，单击【重置】按钮，结果如图 7-15 所示。

图7-15　重置成功窗体

7.1.5　GroupBox 容器

有时为了使窗体的布局整齐、美观，需要对窗体中的控件进行统一管理，这时，可以使用 GroupBox 容器来实现，该容器不仅可以对控件进行分组，还可以在一组控件周围显示一个带有可选标题的边框。

为了便于初学者更好地理解 GroupBox 容器的作用，先来看一个窗体，如图 7-16 所示。

在图 7-16 中，由于窗体中所有的 RadioButton 控件只能被选中一个，因此，用户无法同时完成这两个题的解答。

为了解决上述的问题，可以使用 GroupBox 容器来实现，下面通过一个案例演示 GroupBox 容器的用法，具体步骤如下。

1. 创建 GroupBox 项目

在解决方案 Chapter07 中创建一个项目名为 GroupBox 的 Windows 窗体应用程序。

2. 设计容器窗体

（1）修改文件名与窗体标题名

首先将 Form1.cs 文件名称修改为 GroupBoxForm.cs，然后将窗体的 Text 属性的值设置为"容器"。

（2）添加"题目一"容器

在【容器】窗体中添加 1 个 GroupBox 容器，将其 Text 属性的值设置为"题目一"，效果如图 7-17 所示。

图7-16　Form4窗体　　　　图7-17　"题目一"GroupBox容器

（3）在容器中添加控件

在 GroupBox 容器中添加 1 个 Label 控件，将 Label 控件的 Text 属性值设置为"下列选项中，不属于植物的是？"，然后在 GroupBox 容器中添加 4 个 RadioButton 控件，并将 4 个 RadioButton 控件的 Text 属性的值分别设置为"花""草""树""羊"，如图 7-18 所示。

（4）添加"题目二"容器

在窗体中添加 1 个 GroupBox 容器并将 Text 属性的值设置为"题目二"，然后在"题目二"容器中添加 Label 控件和 4 个 RadioButton 控件，其 Text 属性的值分别设置为"下列选项中，不属于动物的是？""猫""狗""牛""草"，效果如图 7-19 所示。

图7-18　GroupBox容器中添加控件　　　　图7-19　"题目二"GroupBox容器

3. 运行程序，验证 GroupBox 容器的分组功能

运行程序，显示的窗体会默认选择第 1 个单选按钮，此时显示的窗体如图 7-20 所示。

在图 7-20 所示的窗体中，完成两个单选题的解答，结果如图 7-21 所示。

图7-20　【容器】窗体

图7-21　作答完成窗体

从图 7-21 中可以看出，用户可以同时选中两个单选按钮。由此可见，使用 GroupBox 容器对窗体中的控件分组后，每组控件都是互相独立的。

7.1.6　TreeView 控件

在程序开发中，经常需要设计树状结构的目录，例如 Windows 中的资源管理器目录。为此，WinForm 提供了一个 TreeView（树视图）控件，它以树状结构的方式来显示数据。在 TreeView 控件中，目录的每个节点都有一个与之相关的 TreeNode 对象，每个 TreeNode 对象都包含一个 Nodes 属性和一个 Level 属性，其中，Nodes 属性用于表示 TreeNode 对象的集合，Level 属性用于获取 TreeNode 对象在 TreeView 控件中的深度（深度是从 0 开始的）。

为了帮助初学者更好地理解 TreeView 控件的用法，下面通过传智播客.NET 学院的组成结构来演示 TreeView 控件的用法，具体步骤如下。

1. 创建项目

在解决方案 Chapter07 中创建一个项目名为 TreeView 的 Windows 窗体应用程序。

2. 设计【树视图】窗体

（1）修改文件名和窗体标题名

首先将 Form1.cs 文件名称修改为 TreeViewForm.cs，然后将窗体的 Text 属性的值设置为"树视图"。

（2）添加 TreeView 控件

在【树视图】窗体中添加 1 个 TreeView 控件，选中该控件，通过单击该控件【属性】窗口中 Nodes 属性后的 ... 图标，进入到【TreeNode 编辑器】界面，如图 7-22 所示。

（3）添加根节点

首先单击图 7-22 左侧的【添加根（R）】按钮添加 TreeView 控件的根节点，然后在右侧的属性框中设置该根节点的 Text 属性值为".NET 学院"，如图 7-23 所示。

单击图 7-23 所示的【确定】按钮，会在窗口中生成一个根节点".NET 学院"。

（4）添加子节点

添加子节点的方式与添加根节点的方式类似，在【TreeNode 编辑器】界面单击左侧的【添加子级（C）】按钮，即可在根节点".NET 学院"中添加一个子节点。选中该子节点，然后在右侧的属性框中设置 Text 属性的值为"基础班"。按照上述步骤添加另一个子节点"就业班"，添加完成后的窗口如图 7-24 所示。

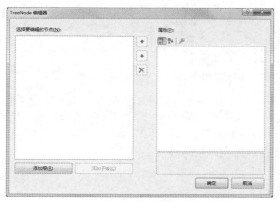

图7-22　【TreeNode编辑器】界面

图7-23　添加根节点

　　同理，按照上述添加子节点的方式，在"基础班"和"就业班"下添加子节点，添加完成后.NET 学院
结构如图 7-25 所示。

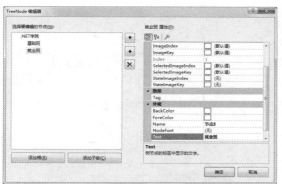

图7-24　添加完子节点后的窗口

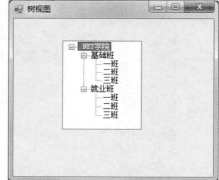

图7-25　.NET学院结构

3. 实现【树视图】窗体的加载功能

　　通过设置【树视图】窗体的 Load 事件，进入到 TreeViewForm.cs 文件中的 TreeViewForm_Load( )方法中，
在该方法中实现窗体的 Load 事件，具体代码如例 7-4 所示。

例7-4　TreeViewForm.cs

```
1  using System;
2  using System.Windows.Forms;
3  namespace TreeView{
4      public partial class TreeViewForm : Form{
5          public TreeViewForm(){
6              InitializeComponent();
7          }
8          private void TreeViewForm_Load(object sender, EventArgs e){
9              //ExpandAll()方法用于展开所有树节点
10             treeView1.ExpandAll();
11         }
12     }
13 }
```

4. 实现 TreeView 控件更改选定内容的功能

　　通过设置 TreeView 控件的 AfterSelect（更改选定内容）事件，进入到 TreeViewForm.cs 文件中的
treeView1_AfterSelect( )方法中，用于实现更改选定内容后，弹出对话框提示用户所选择的节点的功能。具体
代码如下所示。

```
1 private void treeView1_AfterSelect(object sender, TreeViewEventArgs e){
2     if (treeView1.SelectedNode.Level != 0){
3         //获取当前TreeView控件中被选中的树节点的Text属性
4         string text = treeView1.SelectedNode.Text;
5         string parentText = treeView1.SelectedNode.Parent.Text;
6         MessageBox.Show("您现在单击到的是:" + parentText + text);
7     }
8 }
```

上述代码中，第 2～7 行代码首先调用 SelectedNode 属性获取在 TreeView 控件中选定的树节点，并调用 Level 属性获取从零开始的树节点的深度，然后判断该节点的深度是否等于 0。如果不等于 0，则获取到当前被选中树节点的文本，然后弹出对话框提示用户当前被选中的树节点。

5. 运行结果

运行程序，结果如图 7-26 所示。

单击图 7-26 中"就业班"子节点中的"二班"子节点，会弹出一个对话框提示选中的子节点的名称，结果如图 7-27 所示。

图7-26   【树视图】窗体运行结果

图7-27   显示被选中的子节点名称

7.1.7   Timer 控件

在日常生活中，某些操作是周期性进行的，例如，幻灯片可以自动定时播放。为此 WinForm 专门提供了 Timer 控件，它可以周期性地执行某个操作，这些操作都是通过引发 Timer 控件的 Tick 事件完成的，Tick 事件触发的频率是由 Interval 属性控制的。Timer 控件的常用属性及说明如表 7-5 所示。

表7-5   Timer 控件的常用属性及说明

属性	说明
Enabled	获取或者设置计时器是否正在运行
Interval	用于设置 Timer 控件执行一次的间隔时间（以毫秒为单位）

Timer 控件的常用方法及说明如表 7-6 所示。

表7-6   Timer 控件的常用方法及说明

方法	说明
Start	启动计时器
Stop	停止计时器

为了帮助初学者更好地理解 Timer 控件的作用，下面通过一个双色球彩票选号器的案例来学习 Timer 控

件的用法，具体步骤如下。

1. 创建 Timer 项目

在解决方案 Chapter07 中创建一个项目名为 Timer 的 Windows 窗体应用程序。

2. 设计窗体界面

（1）修改文件名以及窗体标题名

首先将 Form1.cs 文件名称修改为 TimerForm.cs，然后将窗体的 Text 属性的值设置为"双色球选号器"。

（2）添加 9 个 Label 控件

在【双色球选号器】窗体中添加 9 个 Label 控件，其中 2 个 Label 控件用于显示"红球："与"蓝球："这两条文本信息；另外 7 个 Label 控件用于显示双色球号码，它们的 padding 属性的值都设置为"10,10,10,10"，Text 属性的值都设置为"00"。

（3）添加 2 个 Button 控件

在【双色球选号器】窗体中添加 2 个 Button 控件，分别作为【开始】按钮和【停止】按钮。

（4）添加 Timer 控件

在【双色球选号器】窗体中添加 1 个 Timer 控件，可以发现 Timer 控件并不是直观显示在窗体中的，而是显示在窗体下方，选中 Timer 控件并将 Interval 属性值设置为"200毫秒"。添加控件显示的窗体界面如图7-28所示。

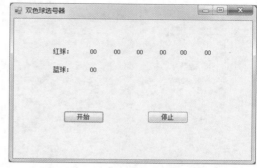

图7-28　【双色球选号器】窗体

3. 实现双色球选号的功能

首先设置【双色球选号器】窗体中【开始】按钮、【停止】按钮的 Click 事件，进入 TimerForm.cs 文件的 button1_Click( ) 方法、button2_Click( ) 方法中，分别实现开始计时器和停止计时器的功能。然后通过设置 timer1 控件的 Tick 事件，进入 TimerForm.cs 文件的 timer1_Tick( ) 方法中，实现双色球数据变化的功能。具体代码如例 7-5 所示。

例 7-5　TimerForm.cs

```
1  using System;
2  using System.Windows.Forms;
3  namespace Timer{
4     public partial class TimerForm: Form{
5        public TimerForm(){
6            InitializeComponent();
7        }
8        //【开始】按钮的单击事件
9        private void button1_Click(object sender, EventArgs e){
10           timer1.Start();
11       }
12       private void timer1_Tick(object sender, EventArgs e){
13           Random random = new Random();
14           label2.Text = random.Next(1, 33).ToString("00");
15           label3.Text = random.Next(1, 33).ToString("00");
16           label4.Text = random.Next(1, 33).ToString("00");
17           label5.Text = random.Next(1, 33).ToString("00");
18           label6.Text = random.Next(1, 33).ToString("00");
19           label7.Text = random.Next(1, 33).ToString("00");
20           label19.Text = random.Next(1, 33).ToString("00");
21       }
22       //【停止】按钮的单击事件
23       private void button2_Click(object sender, EventArgs e){
24           timer1.Stop();
25       }
```

```
26    }
27 }
```

上述代码中，第10行代码通过调用Start()方法启动计时器。当启动计时器之后，就会触发timer1_Tick()方法，在该方法中，首先创建随机数生成器Random对象，然后调用Next()方法获取在指定范围内的任意整数，最后调用ToString()方法转换为"00"指定格式的字符串，并将获取到的字符串赋值给Label对象的Text属性。

第24行代码调用Stop()方法停止计时器。

4．运行程序

运行程序，如图7-29所示。

单击图7-29的【开始】按钮，红球和蓝球同时开始滚动，当单击【停止】按钮的时候，红球和蓝球停止滚动，当前显示的数字就是程序选中的双色球的号码，结果如图7-30所示。

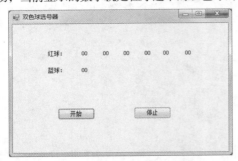

图7-29　【双色球选号器】窗体的运行结果图

图7-30　双色球选择的结果

7.1.8　ProgressBar 控件

通常情况下，当下载文件时，下载界面会有一个进度条，用于显示下载的进度。在WinForm中，提供了一个ProgressBar控件，用来表示进度，该控件中的Value属性用来表示进度条的当前位置，Minimum表示进度条的范围下限，Maximum表示进度条的范围上限。

为了帮助初学者更好地掌握ProgressBar控件的使用，下面通过ProgressBar控件来实现"英雄血条"，具体步骤如下。

1．创建项目

在解决方案Chapter07中创建一个项目名为ProgressBar的Windows窗体应用程序。

2．设计"英雄血条"窗体

（1）修改文件名与窗体标题名称

首先将Form1.cs文件名称修改为ProgressBarForm.cs，然后将窗体的Text属性的值设置为"英雄血条"。

（2）添加窗体控件

在【英雄血条】窗体中首先添加1个Label控件，将该控件的Text属性值设置为"英雄血条"。其次添加1个ProgressBar控件，用于显示血条，将该控件的Name属性值设置为"pbBlood"，Minimum属性值设置为"0"，Maximum属性值设置为"100"。然后添加1个Label控件，将该控件的Text属性值设置为"血量"，Name属性值设置为"laBlood"。最后添加2个Button控件，其Text属性值分别设置为"加血""减血"。【英雄血条】窗体如图7-31所示。

图7-31　【英雄血条】窗体

3. 实现窗体的加载功能

通过设置【英雄血条】窗体的 Load 事件，进入 ProgressBarForm.cs 文件中的 ProgressBarForm_Load()方法中，在该方法中实现窗体的加载功能。具体代码如例 7-6 所示。

例 7-6　ProgressBarForm.cs

```
1  using System;
2  using System.Windows.Forms;
3  namespace ProgressBar{
4      public partial class ProgressBarForm : Form{
5          public ProgressBarForm(){
6              InitializeComponent();
7          }
8          private void ProgressBarForm_Load(object sender, EventArgs e){
9              //窗体加载时获取当前的血量值
10             laBlood.Text = pbBlood.Value.ToString();
11         }
12     }
13 }
```

4. 实现加血功能

通过设置【英雄血条】窗体中的【加血】按钮的 Click 事件，进入 ProgressBarForm.cs 文件中的 button1_Click()方法中，在该方法中实现血条的加血功能。具体代码如下所示。

```
1  private void button1_Click(object sender, EventArgs e){
2      //当血条的值小于最大值时,血量增加 5
3      if (pbBlood.Value < pbBlood.Maximum){
4          pbBlood.Value = pbBlood.Value + 5;
5      } else{
6          MessageBox.Show("英雄血已加满!");
7      }
8      laBlood.Text = pbBlood.Value.ToString();
9  }
```

上述代码中，第 3～7 行代码首先通过 Value 获取当前血条的进度值，然后通过 Maximum 属性获取血条的最大值，最后通过 if 语句判断当前血条的值是否小于进度条的最大值。如果小于，则将血条的进度加 5；如果不小于，则弹出对话框提示用户"英雄血已加满!"。

第 8 行代码将获取的 pbBlood 进度条的 Value 值显示到 laBlood 控件上。

5. 实现减血功能

通过设置【英雄血条】窗体中的【减血】按钮的 Click 事件，进入 ProgressBarForm.cs 文件中的 button2_Click()方法中，在该方法中实现血条的减血功能。具体代码如下所示。

```
1  private void button2_Click(object sender, EventArgs e){
2      //如果血条没有超出 Value 范围,则执行括号内的代码
3      if (pbBlood.Value > pbBlood.Minimum){
4          //当血条的值大于最小值时,血量减 5
5          pbBlood.Value = pbBlood.Value - 5;
6      }else{
7          MessageBox.Show("英雄已死!");
8      }
9      //将当前血条的值赋给 lbBlood 标签
10     laBlood.Text = pbBlood.Value.ToString();
11 }
```

上述代码中 button2_Click()方法的逻辑代码和 button1_Click()方法类似，这里不再过多进行讲解。

6. 运行程序，对窗体进行操作

运行程序，显示的窗体如图 7-32 所示。

在图 7-32 中，每单击一次【加血】按钮，pbBlood 进度条的 Value 值会加 5，单击 13 次【加血】按钮后的效果如图 7-33 所示。

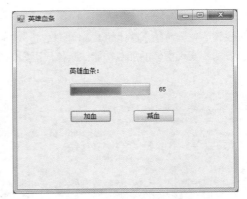

图7-32　【英雄血条】窗体的运行结果　　　　图7-33　加血后的窗体界面

当 pbBlood 进度条的 Value 值大于或等于 Maximum 值时，会弹出一个对话框，显示"英雄血已加满!"，如图 7-34 所示。

同理，每单击一次【减血】按钮，pbBlood 进度条的 Value 值会减 5，当 pbBlood 进度条的 Value 值小于等于 Minimum 值时，会弹出一个对话框，显示"英雄已死!"，如图 7-35 所示。

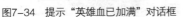

图7-34　提示"英雄血已加满"对话框　　图7-35　提示"英雄已死"对话框

7.2　WinForm 列表和数据控件

在实际开发中，大家会发现窗体中经常会显示多项数据，并且每项的布局风格一致，这些数据的展示就需要使用到 WinForm 中的列表和数据控件。下面将对 ListBox（列表框）、ComboBox（下拉列表框）、ListView（列表）等列表控件和 DataGridView 数据控件进行详细的讲解。

7.2.1　ListBox 控件

ListBox 控件用于显示选项列表，用户可以从中选择一项或多项，如果列表中选项的总数超过可以显示的总数，则控件会自动添加滚动条。下面对 ListBox 控件的用法进行详细的讲解。

1. 在 ListBox 控件中添加和移除项

在 ListBox 控件中选项的集合通过 Items 属性表示，该属性提供了一个 Add( )方法，用于向 ListBox 控件中添加数据。另外，Items 属性也提供了一个 RemoveAt( )方法，用于删除在 ListBox 控件中选中的数据。例如，在 Form2 窗体中添加一个 ListBox 控件，在窗体的 Load 事件中使用 ListBox 控件的 Items 属性的 Add( )方法，实现向控件中添加项，示例代码如下：

```
listBox1.Items.Add("华为手机");
listBox1.Items.Add("小米手机");
listBox1.Items.Add("Oppo手机");
listBox1.Items.Add("荣耀手机");
listBox1.Items.Add("魅族手机");
listBox1.Items.Add("Vivo手机");
```

运行项目，列表框界面如图 7-36 所示。

在 Form2 窗体中添加一个 Button 控件，并将该控件的 Text 属性设置为"删除"，在 Button 控件的 Click
事件中，实现删除 ListBox 控件中选中项的功能。示例代码如下：

```
//获取到ListBox控件中被选中项的从零开始的索引
int index = listBox1.SelectedIndex;
listBox1.Items.RemoveAt(index);
```

运行项目后，选中"小米手机"，单击【删除】按钮，运行结果如图 7-37 所示。

图7-36　列表框界面

图7-37　删除列表框中选定项界面

2. 创建显示滚动条的列表控件

通过设置 ListBox 控件的 HorizontalScrollbar 属性和 ScrollAlwaysVisible 属性的值可以使列表框显示滚动条。
如果将 HorizontalScrollbar 属性的值设置为 true，则显示水平滚动条；如果设置为 false，则不显示水平滚动条。
如果将 ScrollAlwaysVisible 属性的值设置为 true，则显示垂直滚动条；
如果设置为 false，则不显示垂直滚动条。

例如，将 HorizontalScrollbar 属性和 ScrollAlwaysVisible 属性的值
都设置为 true，使 ListBox 控件显示水平和垂直方向的滚动条。示例
代码如下所示：

```
listBox1.HorizontalScrollbar = true;   //使列表框水平滑动
listBox1.ScrollAlwaysVisible = true;   //使列表框垂直滑动
```

实现的效果如图 7-38 所示。

3. 在 ListBox 控件中选择多个选项

在 ListBox 控件中选择多个选项的操作是通过设置 Selection
Mode 属性的值实现的，SelectionMode 属性值是 SelectionMode 枚举
成员之一，默认为 SelectionMode.One。SelectionMode 枚举成员及说
明如表 7-7 所示。

图7-38　列表框滚动条

表 7-7　SelectionMode 枚举成员及说明

事件	说明
MultiExtended	可以选择多项，并且用户可使用【Shift】键、【Ctrl】键和方向键以选择内容
MultiSimple	可以选择多项
None	无法选择项
One	只能选择一项

例如，通过设置 ListBox 控件的 SelectionMode 属性值为 SelectionMode 枚举成员的 MultiExtended，实现在
控件中选择多个选项，并且用户可使用【Shift】键、【Ctrl】键和方向键选择内容，示例代码如下：

```
listBox1.SelectionMode = SelectionMode.MultiExtended;
```

实现的效果如图 7-39 所示。

7.2.2　ComboBox 控件

与 ListBox 控件相比，ComboBox 控件也是用来显示列表的，不同之处在于，它主要用于在下拉组合框中显示数据，并且该列表框中的选项只能被选中一个。ComboBox 控件提供了两个属性，分别是 SelectedIndex 和 Items，其中，SelectedIndex 属性用于获取或设置指定当前选中项的索引，Items 属性用于表示列表框中项的集合，Items 属性中的 AddRange( )方法用于向 ComboBox 控件的列表中添加选项。

下面通过一个模拟省市选择的案例来学习 ComboBox 控件的用法，具体步骤如下。

图7-39　选择多个选项的列表框

1. 创建项目

在解决方案 Chapter07 中创建一个项目名为 ComboBox 的 Windows 窗体应用程序。

图7-40　【省市选择】窗体

2. 设计省市选择窗体

（1）修改文件名与窗体标题名

将 Form1.cs 文件名称修改为 ComboBoxForm.cs，然后将窗体的 Text 属性值设置为"省市选择"。

（2）添加窗体控件

在【省市选择】窗体中添加 1 个 Label 控件，将其 Text 属性的值设置为"请选择所在城市："，添加 2 个 ComboBox 控件，放置在 Label 控件下方横向排列，分别将它们的 Name 属性的值设置为"cmbProvince""cmbCity"，用于表示省、市的下拉列表框。【省市选择】窗体如图 7-40 所示。

3. 实现窗体的加载事件

通过设置【省市选择】窗体的 Load 事件，进入 ComboBoxForm.cs 文件中的 ComboBoxForm_Load( )方法中，在该方法中实现窗体加载数据的功能，具体代码如例 7-7 所示。

例 7-7　ComboBoxForm.cs

```
1  using System;
2  using System.Windows.Forms;
3  namespace ComboBox{
4      public partial class ComboBoxForm : Form{
5          public ComboBoxForm(){
6              InitializeComponent();
7          }
8          private void ComboBoxForm_Load(object sender, EventArgs e){
9              //向 cmbProvince 中添加下拉列表项河北省、湖北省
10             cmbProvince.Items.AddRange(new string[] { "河北省", "湖北省" });
11             //设置当前选定项的索引
12             cmbProvince.SelectedIndex = 0;
13         }
14     }
15 }
```

上述代码中，第 10 行代码通过调用 Items 属性的 AddRange( )方法，为 cmbProvince 添加选项。

第 12 行代码通过将 SelectedIndex 属性值设置为"0"，将下拉列表框中默认显示的文本内容设置为"河北省"。

4. 实现更改下拉列表框的选项功能

通过设置 cmbProvince 下拉列表框的 SelectedIndexChange（更改选项）事件，进入 ComboBoxForm.cs 文件中的 cmbProvince_SelectedIndexChanged()方法中，在该方法中实现用户更改下拉列表框的选项后，改变 cmbCity 下拉列表框中内容，显示当前省所对应市的功能。具体代码如下所示。

```
1  private void cmbProvince_SelectedIndexChanged(object sender, EventArgs e){
2      //清除下拉列表中的选项
3      cmbCity.Items.Clear();
4      //选中项的索引为 0 时展开河北省下的子节点
5      if (cmbProvince.SelectedIndex == 0){
6          //向 cmbCity 的 Tag 属性中添加所需数据
7          cmbCity.Tag = "0";
8          cmbCity.Items.AddRange(new string[] { "唐山市", "石家庄市", "邯郸市" });
9          cmbCity.SelectedIndex = 0;
10     }
11     //选中项的索引为 1 时展开湖北省下的子节点
12     if (cmbProvince.SelectedIndex == 1){
13         cmbCity.Tag = "1";
14         cmbCity.Items.AddRange(new string[] { "武汉市", "荆州市", "十堰市" });
15         cmbCity.SelectedIndex = 0;
16     }
17 }
```

5. 运行程序，验证省市选择功能

运行程序，显示出【省市选择】窗体。默认情况下，窗体显示的是"河北省""唐山市"，如图 7-41 所示。

在图 7-41 所示的窗体左边的 ComboBox 控件中选择"湖北省"，窗体右侧的下拉框中会出现"武汉市"，如图 7-42 所示。

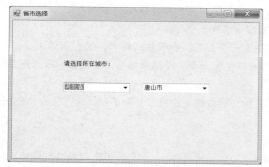
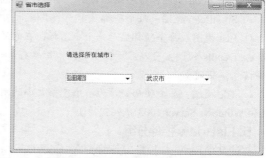

图7-41　【省市选择】窗体的运行结果　　　图7-42　【选择省市】窗体选择不同省显示出对应市的运行结果

7.2.3　ListView 控件

ListView 控件又称为列表视图控件，它主要用于显示带图标的项列表，项列表中可以显示大图标、小图标和数据。下面对 ListView 控件的用法进行详细讲解。

1. 在 ListView 控件中添加项

在 ListView 控件中添加项时需要使用 Items（控件中所有项的集合）属性的 Add()方法，该方法主要用于将项添加到 Items 集合中，其语法格式如下所示：

```
public virtual ListViewItem Add(ListViewItem value)
```

关于 Add()方法参数和返回值的相关介绍如下。

- 参数 value：表示 ListView 控件中的一项。
- 返回值：已添加到 ListView 控件的 ListViewItem 数据项的引用。

2. 在 ListView 控件中移除项

移除 ListView 控件中的项时可以使用 Items 属性的 RemoveAt()方法或者 Clear()方法，它们的作用及用法

具体如下。

（1）RemoveAt( )方法用于移除集合中指定索引处的项，其语法格式如下所示：

```
public virtual void RemoveAt(int index)
```

RemoveAt( )方法中 index 参数表示从 0 开始的索引。

例如，调用 ListView 控件的 Items 属性的 RemoveAt( )方法移除指定索引处的项，示例代码如下：

```
listView1.Items.RemoveAt(2);
```

（2）Clear( )方法用于从集合中移除所有项，其语法格式如下所示：

```
public virtual void Clear()
```

例如，调用 Clear( )方法移除 ListView 控件中所有的项，示例代码如下：

```
listView1.Items.Clear();
```

需要注意的是，如果要移除 ListView 控件的所有行和列，需要使用 ListView 控件的 Clear( )方法，而 Items 属性的 Clear( )方法只能移除 Items 集合中的所有项。

3. 选择 ListView 控件中的项

选择 ListView 控件中的项时可以使用 Selected 属性，该属性主要用于获取或设置一个值，该值指示是否选定此项。其语法格式如下所示：

```
public bool Selected{get;set;}
```

Selected 属性是一个 bool 类型的，如果选定一个项，则设置为 true，否则为 false。例如，将 ListView 控件的第 2 项设置为选中项，示例代码如下：

```
listView1.Items[1].Selected = true; //调用 Selected 属性选中 ListView 的第2项
```

4. ListView 控件的 5 种视图

ListView 控件显示的列表一共有 5 种视图，分别为 LargeIcon 视图、SmallIcon 视图、List 视图、Details 视图和 Tile 视图。这 5 种视图的特点具体如下。

- LargeIcon 视图：每个项都显示一个最大化图标，在它的下面有一个标签。
- SmallIcon 视图：每个项都显示一个小图标，在它的右边有一个标签。
- List 视图：每个项都显示一个小图标，在它的右边有一个标签。各项按列排列，没有列标头。
- Details 视图：可以显示任意的列，但只有第一列可以包含一个小图标和标签，其他的列项只能显示文字信息，有列表头。
- Tile 视图：每个项都显示为一个完整大小的图标，在它的右边显示项标签和子项信息（只有 Window XP 和 Windows Server 2003 系列支持）。

5. ListView 控件分组

通过设置 ListView 控件中各项的 System.Windows.Forms.ListViewItem.Group 属性，可以向组分配项或在组移动项。例如，将 ListView 控件的第一项分配到第一个组中，代码如下：

```
listView1.Items[0].Group = listView1.Groups[0];
```

对 ListView 控件有所了解后，下面通过一个案例来显示 ListView 控件的 4 种视图和分组的功能，具体步骤如下。

1. 创建项目

在解决方案 Chapter07 中创建一个项目名为 ListView 的 Windows 窗体应用程序。

2. 设计窗体

（1）修改文件名与窗体标题名称

将 Form1.cs 文件名称修改为 ListViewForm.cs，然后将窗体的 Text 属性的值设置为 "列表视图"。

（2）添加窗体控件

在【列表视图】窗体中，添加 1 个 ListView 控件，用于显示列表视图，添加 1 个 ImageList 控件，用于管理由其他控件（例如 ListView、TreeView）使用的图像集合。添加 5 个 Button 控件，将它们的 Text 属性的值分别设置为 "Details"、"SmallIcon"、"List"、"LargeIcon" 和 "分组"。该【列表视图】如图 7-43 所示。

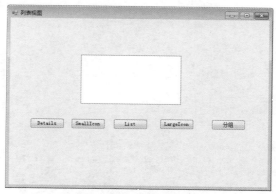

图7-43　【列表视图】窗体

3. 在 ImageList 控件中添加图片

选中【列表视图】窗体下方的 imageList1 控件，单击该按钮框上的 ▶ 按钮，如图 7-44 所示。

图7-44　设置imageList1控件

单击图 7-44 中的【选择图像】超链接，弹出【图像集合编辑器】窗口，如图 7-45 所示。

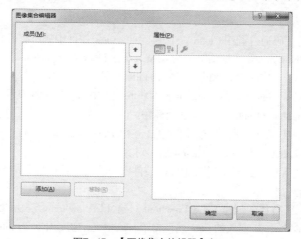

图7-45　【图像集合编辑器】窗口

单击图 7-45 的【添加（A）】按钮，跳转到计算机本地窗口选择需要添加的 10 个图片。添加完成后，单击图 7-45 中的【确定】按钮，即可将选中的图片添加到 ImageList 控件中。

4. 实现 Details 视图功能

通过设置【Details】按钮的 Click 事件，进入到 ListViewForm.cs 文件的 button1_Click( ) 方法中，在该方法中实现 ListView 控件的 Details 视图。具体代码如例 7-8 所示。

例 7-8　ListViewForm.cs

```
1 using System;
2 using System.Drawing;
3 using System.Windows.Forms;
```

```
 4 namespace ListView{
 5    public partial class ListViewForm: Form{
 6       public ListViewForm(){
 7          InitializeComponent();
 8       }
 9       private void button1_Click(object sender, EventArgs e){
10          listView1.Clear();
11          listView1.ShowGroups = false;
12          //设置项在 ListView 控件中的显示方式为 Details 视图
13          this.listView1.View = View.Details;
14          //添加列标题
15          this.listView1.Columns.Add("列标题 1",100,
16                                     HorizontalAlignment.Center);
17          this.listView1.Columns.Add("列标题 2",100,
18                                     HorizontalAlignment.Center);
19          this.listView1.Columns.Add("列标题 3",100,
20                                     HorizontalAlignment.Center);
21          listView1.SmallImageList = imageList1;
22          //添加数据项
23          //数据更新，UI 暂时挂起，直到 EndUpdate 绘制控件
24          //可以有效避免闪烁并大大提高加载速度
25          this.listView1.BeginUpdate();
26          for (int i = 0; i < 10; i++){  //添加 10 行数据
27             ListViewItem item = new ListViewItem();
28             item.Text = "subitem" + i;
29             item.SubItems.Add("第 2 列,第" + i + "行");
30             item.SubItems.Add("第 3 列,第" + i + "行");
31             item.ImageIndex = i;
32             this.listView1.Items.Add(item);
33          }
34          this.listView1.EndUpdate();  //结束数据处理，UI 界面一次性绘制。
35       }
36    }
37 }
```

　　上述代码中，第 10 行代码通过调用 Clear( )方法移除 ListView 控件中的所有行和列。

　　第 11 行代码通过将 ShowGroups 属性值赋值为 false，设置 ListView 控件不以分组形式显示项。

　　第 13 行用于设置 ListView 控件中显示的视图为 Details 视图。

　　第 15～20 行代码通过 ListView 控件的 Columns 属性获取控件中所有列标题显示的集合，并通过调用 Add("列标题 1",100,HorizontalAlignment.Center)方法添加列标题。该方法包含 3 个参数，其中，参数"列标题 1"表示列标题的文本信息；参数 100 表示标题的初始化宽度；参数 HorizontalAlignment.Center 表示列的对齐方式，对齐方式有 3 种，分别为 Left（左对齐）、Center（居中对齐）、Right（右对齐）。

　　第 25～33 行代码实现了添加数据项到 ListView 控件中的功能，其中第 26 行代码使用 for 循环语句在 ListView 控件中添加 10 行数据项。

　　在 for 循环语句中，第 27 行代码创建了 ListViewItem 对象，ListViewItem 类表示 ListView 控件中的一个项，第 28 行代码通过调用 ListViewItem 对象的 item 属性将第一列单元格初始化为"subitem" + i。

　　第 29 行代码调用 SubItems 属性获取子项中的集合，并调用 Add( )方法添加子项到集合中。

　　第 31 行代码调用 ImageIndex 属性设置该项显示 ImageList 控件中图片的索引，该图片显示在第一列的最左侧。

　　第 32 行代码调用 Items 属性获取所有项的集合，并调用 Add( )方法将现有的 ListViewItem 项添加到所有项的 Items 集合中。至此，完成列表中一行的设置。

5. 实现 SmallIcon 视图功能

　　通过设置【SmallIcon】按钮的 Click 事件，进入到 ListViewForm.cs 文件的 button2_Click( )方法中，在该方法中实现 ListView 控件的 SmallIcon 视图，具体代码如下所示。

```
1 private void button2_Click(object sender, EventArgs e){
2    listView1.Items.Clear();
```

```
3      listView1.ShowGroups = false;
4      this.listView1.View = View.SmallIcon;
5      this.listView1.SmallImageList = this.imageList1;
6      this.listView1.BeginUpdate();
7      for (int i = 0; i < 10; i++){
8          ListViewItem item = new ListViewItem();
9          item.ImageIndex = i;
10         item.Text = "item" + i;
11         this.listView1.Items.Add(item);
12     }
13     this.listView1.EndUpdate();
14 }
```

上述代码中的方法已经在编写 Details 视图的 button1_Click( )方法中讲解，此处不再赘述。

6. 实现 List 视图

通过设置【List】按钮的 Click 事件，进入到 ListViewForm.cs 文件的 button3_Click( )方法中，在该方法中实现 ListView 控件的 List 视图，具体代码如下所示。

```
1  private void button3_Click(object sender, EventArgs e){
2      listView1.Items.Clear();
3      listView1.ShowGroups = false;
4      this.listView1.View = View.List;
5      this.listView1.SmallImageList = this.imageList1;
6      this.listView1.BeginUpdate();
7      for (int i = 0; i < 10; i++){
8          ListViewItem item = new ListViewItem();
9          item.Text = "item" + i;
10         item.ImageIndex = i;
11         this.listView1.Items.Add(item);
12     }
13     this.listView1.EndUpdate();
14 }
```

上述代码中的方法已经在编写 Details 视图的 button1_Click( )方法中讲过，此处不再赘述。

7. 编写 LargeIcon 视图

通过设置【LargeIcon】按钮的 Click 事件，进入到 ListViewForm.cs 文件的 button4_Click( )方法中，在该方法中实现 ListView 控件的 LargeIcon 视图，具体代码如下所示。

```
1  private void button4_Click(object sender, EventArgs e){
2      listView1.Items.Clear();
3      listView1.ShowGroups = false;
4      this.listView1.View = View.LargeIcon;
5      this.listView1.LargeImageList = this.imageList1;
6      this.listView1.BeginUpdate();
7      for (int i = 0; i < 10; i++){
8          ListViewItem lvi = new ListViewItem();
9          lvi.ImageIndex = i;
10         lvi.Text = "item" + i;
11         this.listView1.Items.Add(lvi);
12     }
13     this.listView1.EndUpdate();
14 }
```

8. 编写分组功能

通过设置【分组】按钮的 Click 事件，进入到 ListViewForm.cs 文件的 button5_Click( )方法中，在该方法中实现 ListView 控件的分组功能，实现具体代码如下。

```
1  private void button5_Click(object sender, EventArgs e){
2      listView1.Clear();
3      listView1.Groups.Clear();
4      listView1.Items.Clear();
5      //设置 ShowGroups 属性为 true（默认是 false），否则显示不出分组
6      listView1.ShowGroups = true;
7      //创建男生分组
8      ListViewGroup man_lvg = new ListViewGroup();
```

```
9     man_lvg.Header = "男生";  //设置组的标题
10    //设置组标题文本的对齐方式（默认为Left）
11    man_lvg.HeaderAlignment = HorizontalAlignment.Left;
12    //创建女生分组
13    ListViewGroup women_lvg = new ListViewGroup();
14    women_lvg.Header = "女生";
15    //组标题居中对齐
16    women_lvg.HeaderAlignment = HorizontalAlignment.Center;
17    listView1.Groups.Add(man_lvg);
18    listView1.Groups.Add(women_lvg);
19    //添加项
20    listView1.Items.Add("张三");
21    listView1.Items.Add("王五");
22    listView1.Items.Add("王小娜");
23    listView1.Items.Add("玲玲");
24    //将索引为0和1的项添加到男生分组
25    listView1.Items[0].Group = listView1.Groups[0];
26    listView1.Items[1].Group = listView1.Groups[0];
27    //将索引为2和3的项添加到女生分组
28    listView1.Items[2].Group = listView1.Groups[1];
29    listView1.Items[3].Group = listView1.Groups[1];
30 }
```

9. 运行程序

运行程序，显示的【列表视图】窗体如图7-46所示。

在图7-46所示的窗体中，单击【Details】按钮，显示的窗体如图7-47所示。

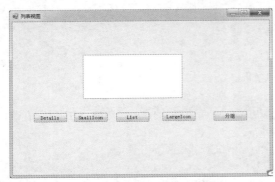

图7-46　【列表视图】窗体的运行结果

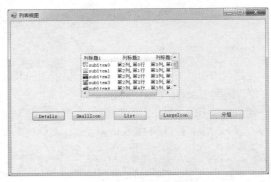

图7-47　窗体的Details视图

单击图7-47中的【SmallIcon】按钮，显示的窗体如图7-48所示。

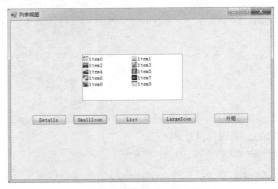

图7-48　窗体的SmallIcon视图

单击图7-48中的【List】按钮，显示的窗体如图7-49所示。

单击图7-49的【LargeIcon】按钮，显示的窗体如图7-50所示。

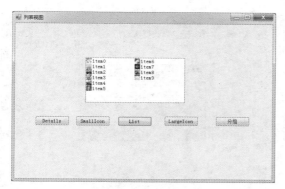

图7-49 List视图

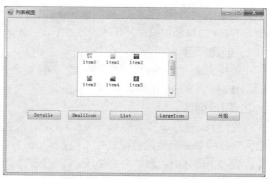

图7-50 LargeIcon视图

在图 7-50 所示的窗体中，单击【分组】按钮，显示的窗体如图 7-51 所示。

图7-51 分组

7.2.4 DataGridView 控件

DataGridView 控件是用于显示表格的数据控件，该控件在实际开发中非常实用，特别是需要表格显示数据时。可以通过添加属性的方式来控制表格的样式，下面通过一张表来罗列 DataGridView 控件的常用属性及说明，如表 7-8 所示。

表 7-8 DataGridView 控件的常用属性及说明

属性	说明
DataSource	DataGridView 控件的数据源
GridColor	设置单元格网格线的颜色
DefaultCellStyle	单元格的默认样式，如对齐方式、前景色、后景色、字体等
RowHeadersVisible	左侧标题栏是否隐藏
AllowUserToAddRows	是否向用户显示用于添加行的选项
AllowUserToDeleteRows	是否允许用户从 DataGridView 控件中删除行
BorderStyle	DataGridView 的网格样式
ReadOnly	用户是否可以编辑 DataGridView 控件的单元格
ScrollBars	设置 DataGridView 控件显示的滚动条类型

下面通过一个课程表的案例来演示如何为
DataGridView 控件添加数据，具体步骤如下。

1. 创建项目

在解决方案 Chapter07 中创建一个项目名为
DataGridView 的 Windows 窗体应用程序。

2. 设计窗体

首先将 Form1.cs 文件名称修改为 CardForm.cs，
然后将窗体的 Text 属性的值设置为"课程表"，最后
在【课程表】窗体中添加 1 个 DataGridView 控件，
用于显示表格。【课程表】窗体如图 7-52 所示。

图7-52　【课程表】窗体

3. 实现课程表的功能

通过设置【课程表】窗体的 Load 事件，进入 CardForm.cs 文件的 CardForm_Load( )方法中，在该方法中
添加课程表的数据和设置表格的样式，具体代码如例 7-9 所示。

例 7-9　CardForm.cs

```
1  using System;
2  using System.Data;
3  using System.Drawing;
4  using System.Windows.Forms;
5  namespace DataGridView{
6     public partial class CardForm : Form{
7         public CardForm(){
8             InitializeComponent();
9         }
10        private void CardForm_Load(object sender, EventArgs e){
11            DataTable dataTable = new DataTable();
12            //添加列集
13            dataTable.Columns.Add("周数/节数", typeof(string));
14            dataTable.Columns.Add("周一", typeof(string));
15            dataTable.Columns.Add("周二", typeof(string));
16            dataTable.Columns.Add("周三", typeof(string));
17            dataTable.Columns.Add("周四", typeof(string));
18            dataTable.Columns.Add("周五", typeof(string));
19            //添加行
20            for (int i = 0; i < 4; i++){
21                DataRow dr = dataTable.NewRow();
22                dataTable.Rows.Add(dr);
23            }
24            //在表格中添加数据
25        //向第一行的第一个格中添加"第 1 节"的文本信息
26            dataTable.Rows[0][0] = "第 1 节";
27            dataTable.Rows[0][1] = "语文";
28            dataTable.Rows[0][2] = "数学";
29            dataTable.Rows[0][3] = "英语";
30            dataTable.Rows[0][4] = "英语";
31            dataTable.Rows[0][5] = "语文";
32             //向第二行里的第一个格中添加"第 2 节"的文本信息
33            dataTable.Rows[1][0] = "第 2 节";
34            dataTable.Rows[1][1] = "数学";
35            dataTable.Rows[1][2] = "政治";
36            dataTable.Rows[1][3] = "地理";
37            dataTable.Rows[1][4] = "体育";
38            dataTable.Rows[1][5] = "化学";
39            //向第三行里的第一个格中添加"第 3 节"的文本信息
40            dataTable.Rows[2][0] = "第 3 节";
41            dataTable.Rows[2][1] = "政治";
42            dataTable.Rows[2][2] = "美术";
43            dataTable.Rows[2][3] = "地理";
```

```
44              dataTable.Rows[2][4] = "音乐";
45              dataTable.Rows[2][5] = "品德";
46              //向第四行里的第一个格中添加 "第 4 节" 的文本信息
47              dataTable.Rows[3][0] = "第 4 节";
48              dataTable.Rows[3][1] = "数学";
49              dataTable.Rows[3][2] = "政治";
50              dataTable.Rows[3][3] = "体育";
51              dataTable.Rows[3][4] = "健康";
52              dataTable.Rows[3][5] = "英语";
53              //在表格中添加数据
54              dataGridView1.DataSource = dataTable;
55              dataGridView1.RowHeadersVisible = false;   //关闭第一列的空白列
56              dataGridView1.ReadOnly = true;     //设置表格中的数据只读,不能编辑
57              dataGridView1.AllowUserToAddRows = false; //不显示添加行的选项
58              dataGridView1.BackgroundColor = Color.White;   //表格的背景颜色
59              dataGridView1.Width = 600;                     //表格的宽度
60              dataGridView1.ColumnHeadersDefaultCellStyle.Alignment =
61                            DataGridViewContentAlignment.MiddleCenter;
62              dataGridView1.DefaultCellStyle.Alignment =
63                            DataGridViewContentAlignment.MiddleCenter;
64          }
65      }
66 }
```

上述代码中,第 11 行代码创建了 dataTable 对象,DataTable 类用于显示一个表。

第 13 ~ 18 行代码调用 dataTable 对象的 Columns 属性获取列的集合,并调用该集合的 Add()方法添加列。

第 20 ~ 23 行代码通过 for 循环语句添加表的行数,在 for 循环语句中,首先调用 dataTable 对象的 NewRow()方法获取行的 DataRow 对象,然后调用 dataTable 对象的 Rows 属性获取行的集合,并调用 Add()方法将获取到的 DataRow 对象添加到行的集合中。

第 26 ~ 52 行代码用于在对应的单元格中添加数据。例如 Rows[0][0]表示第 1 行第 1 列的单元格,将该单元格的内容设置为"第 1 节"。

第 54 行代码调用 dataGridView1 控件的 DataSource 属性设置表格的数据源为 dataTable 对象。

第 55 ~ 65 行代码用于设置表格的样式。

4. 运行程序

运行程序,显示的【课程表】窗体如图 7–53 所示。

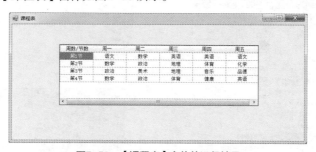

图7–53　【课程表】窗体的运行结果

7.3　菜单、工具栏与状态栏

WinForm 除了简单控件、列表和数据控件外,还提供了菜单控件(MenuStrip 控件)、工具栏控件(ToolStrip 控件)和状态栏(StatusStrip 控件),下面对这 3 个控件进行详细讲解。

7.3.1　MenuStrip 控件

MenuStrip 控件用于表示 WinForm 窗体中的菜单,该控件支持多文档界面、菜单合并、工具提示和溢出

等功能，开发人员可以通过添加访问键、快捷键、选中标记、图像和分隔条增强菜单的可用性和可读性。下面介绍 MenuStrip 控件的常用操作。

1. 添加访问键

在窗体中添加 MenuStrip 控件，该控件自动位于窗体左侧顶部，可以看到"请在此处键入"文本框，单击该文本框可以输入菜单项的名称，例如【文件】菜单项，添加完成后，可以在第一行延伸出来的"请在此处键入"文本框中输入一级菜单。此外，还可以在一级菜单下方的"请在此处键入"文本框中输入该菜单的二级菜单。例如，我们在"文件"的菜单项下方输入"新建""打开""保存""关闭"等子菜单项。同理，单击【新建】选项也可以添加该菜单项的下级菜单，如图 7-54 所示。

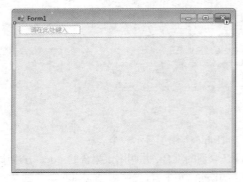
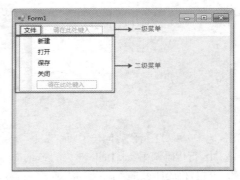

(a) MenuStrip 控件　　　　　　　　(b) 在 MenuStrip 控件中添加菜单

图7-54　MenuStrip控件及添加菜单

2. 添加快捷键

单击需要添加快捷键的菜单项，在该菜单项的 Text 属性值中添加（&+快捷键）即可。例如为【文件】菜单项添加快捷键为【Alt+F】，首先单击【文件】菜单项，将该项的 Text 属性值设置为"文件(&F)"，如图 7-55 所示。

运行项目后，当按下【Alt+F】快捷键时，即可打开【文件】菜单项的二级菜单，如图 7-56 所示。

图7-55　添加快捷键　　　　　　　　图7-56　快捷键效果图

3. 为菜单项添加图像

右键单击需要添加图像的菜单键，在弹出框中选择【设置图像(M)...】按钮，跳转到【选择资源】窗口，导入图片资源即可，如图 7-57 所示。

(a) 单击【设置图像(M)...】按钮

(b) 【选择资源】窗口

(c) 带有图片的菜单项

图7-57　为菜单项添加图像

4. 添加分割线

在需要添加分割线的"请在此处键入"文本框中输入"–",之后按下【Enter】键就可以为菜单项添加分割线,如图 7-58 所示。

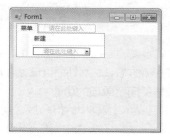

图7-58　添加分割线

7.3.2　实例:可拉伸菜单

如果应用程序分类中菜单项过多,而用户只使用一些常用的菜单项,此时可以将菜单中不常用的菜单项隐藏起来。这种显示方式类似于对菜单进行拉伸。使用时,只需要单击展开菜单,即可显示相应的菜单功能。下面通过一个案例来演示如何实现可拉伸菜单,具体步骤如下。

1. 创建 StretchMenu 项目

在解决方案 Chapter07 中创建一个项目名为 StretchMenu 的 Windows 窗体应用程序。

2. 设计可拉伸菜单窗体

(1)修改文件名与窗体标题名

将 Form1.cs 名称修改为 StretchMenuForm.cs,并将窗体的 Text 属性的值设置为"可拉伸菜单"。

(2)添加一级菜单

在【可拉伸菜单】窗体中添加 MenuStrip 控件,在该控件的一级菜单中输入"会员管理",将该菜单项的 Name 属性值设置为"ManagementItem"。

(3)添加二级菜单

在一级菜单【会员管理】下输入二级菜单,二级菜单的可选项设置为"会员登记""会员刷卡""会员列表""等级设置""业务调整""批量发卡""会员导入""展示(关闭)其他项""设置密码""修改密码""忘记密码",对应的 Name 属性的值设置为"RegisterItem""CreditCardItem""ListItem""SettingItem""AdjustmentItem""BatchCardItem""ImportItem""OpenOrCloseItem""SetPasswordItem""ChangePasswordItem""ForgetPasswordItem"。添加控件后显示的【可拉伸菜单】窗体如图 7-59 所示。

3. 实现窗体的加载功能

通过设置【可拉伸菜单】窗体的 Load 事件，进入 StretchMenuForm.cs 文件的 StretchMenuForm_Load( )方法中，在该方法中编写可拉伸菜单的初始化逻辑代码，如例 7-10 所示。

例 7-10　StretchMenuForm.cs

```csharp
1  using System;
2  using System.Windows.Forms;
3  namespace StretchMenu{
4      public partial class StretchMenuForm: Form{
5          private bool flag = true;
6          public StretchMenuForm(){
7              InitializeComponent();
8          }
9          private void StretchMenuForm_Load(object sender, EventArgs e){
10             SetPasswordItem.Visible = false;    //【设置密码】菜单项
11             ChangePasswordItem.Visible = false; //【修改密码】菜单项
12             ForgetPasswordItem.Visible = false; //【忘记密码】菜单项
13             flag = true;
14         }
15     }
16 }
```

图7-59　【可拉伸菜单】窗体

上述代码中，第 5 行代码定义了 bool 类型的 flag 变量，用于标识菜单是否拉伸。

第 9~14 行代码实现了 StretchMenuForm_Load( )方法，在该方法中，将【设置密码】、【修改密码】、【忘记密码】的菜单可选项的 Visible 属性的值设置为 false，即当前的菜单可选项不可见。

4. 实现展开与关闭菜单项的功能

通过设置【可拉伸菜单】窗体中的【展开（关闭）其他项】的菜单项的 Click 事件，进入 StretchMenuForm.cs 文件的 OpenOrCloseItem_Click( )方法中编写逻辑代码，具体代码如下所示。

```csharp
1  private void OpenOrCloseItem_Click(object sender, EventArgs e){
2      switch (flag){
3          case false:
4              SetPasswordItem.Visible = false;
5              ChangePasswordItem.Visible = false;
6              ForgetPasswordItem.Visible = false;
7              flag = true;
8              ManagementItem.ShowDropDown();
9              break;
10         case true:
11             SetPasswordItem.Visible = true;
12             ChangePasswordItem.Visible = true;
13             ForgetPasswordItem.Visible = true;
14             flag = false;
15             ManagementItem.ShowDropDown();
16             break;
17     }
18 }
```

上述代码中，首先通过 switch 条件语句匹配当前是否为展开其他项的状态，当单击【展开（关闭）其他项】的菜单项时，如果 flag 变量为 flase，则隐藏其他项，如果 flag 变量为 true 时，则显示其他项。在显示和隐藏其他项时，调用会员管理菜单项 ManagementItem 的 ShowDropDown( )方法显示【会员管理】菜单项下面的二级菜单。

5. 运行程序

运行程序，显示【可拉伸菜单】窗体，如图 7-60 所示。

当单击图 7-60 中的【会员管理】菜单项时，将会打开该菜单项下的二级菜单，此时该二级菜单的其他项是关闭的，如图 7-61 所示。

当单击图 7–61 中的【展开（关闭）其他项时】的菜单项时，将展开二级菜单中的其他项，如图 7–62 所示。

图7–60　【可拉伸菜单】窗体的运行结果　　图7–61　其他项关闭的窗体　　图7–62　其他项展开的窗体

7.3.3　ToolStrip 控件

ToolStrip 控件用于显示工具栏，该控件可以创建具有 Windows、Office、IE 或自定义的外观和行为的工具栏及其他用户界面元素，这些元素支持溢出及运行时项重新排序。使用 ToolStrip 控件创建工具栏的常用操作如下。

1. 添加工具栏控件

在窗体中添加 1 个 ToolStrip 控件，该控件默认显示在窗体的左侧顶部，如果窗体中已经存在菜单栏，则默认显示在菜单栏的下方，如图 7–63 所示。

2. 设置工具栏样式

窗体中添加 ToolStrip 控件之后，上面并没有控件，只显示一个占位符，可以在工具栏中添加控件来定义工具栏显示的具体样式，单击工具栏上向下箭头的提示图标，在下拉菜单中显示 8 种不同类型的控件，如图 7–64 所示。

 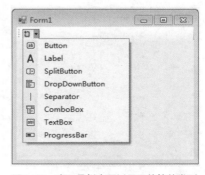

图7–63　ToolStrip控件　　　　　　　　图7–64　在工具栏中可以显示的控件类型

图 7–64 中显示了 Button、Label、SplitButton、DropDownButton、Separator、ComboBox、TextBox、ProgressBar 共 8 种不同类型的控件，这些控件可以显示的样式具体如下。

- Button：包含文本和图像的项，用户可以选择是否显示文本和图像，默认只显示图像。
- Label：包含文本和图像的项，用户不可以选择是否显示文本和图像，可以显示超链接。
- SplitButton：在 Button 的基础上增加了下拉菜单。
- DropDownButton：用于下拉菜单选择项。
- Separator：分隔符。

- ComboBox：显示一个 ComboBox 的项。
- TextBox：显示一个 TextBox 的项。
- ProgressBar：显示一个进度条的项。

需要注意的是，当上述控件使用 ToolTipText 属性来显示提示功能时，需要将 ToolStrip 控件的 ShowItemToolstrip 属性的值设置为 true，ShowItemToolstrip 属性用于指定是否显示项的 ToolTip 信息提示框。

7.3.4　实例：具有提示功能的工具栏

通常情况下，当鼠标指针悬停在 Word 文档工具栏中的按钮时，会出现一个提示框，提示框内描述了工具栏中按钮所提供的功能，下面使用 ToolStrip 控件实现具有提示功能的工具栏，具体步骤如下。

1. 创建 WordToolbar 项目

在解决方案 Chapter07 中创建一个项目名为 WordToolbar 的 Windows 窗体应用程序。

2. 设计窗体

（1）修改文件名与窗体标题名

将 Form1.cs 名称修改为 ToolbarForm.cs，并将窗体的 Text 属性的值设置为"工具栏"。

（2）添加控件

在【工具栏】窗体中添加 1 个 ToolStrip 控件，用于显示工具栏，在该工具栏中添加 4 个 Label 控件，分别将 Text 属性的值设置为"文字方向""页边距""纸张方向""纸张大小"。

（3）添加分隔符

右键单击"页边距"文本信息，选择【插入(I)】选项，然后选中【Separator】，即可在"文字方向"和"页边距"文本信息间插入分隔符，如图 7-65 所示。

同样，右键单击"纸张方向""纸张大小"文本信息添加【Separator】分隔符。添加分隔符后显示的【工具栏】窗体如图 7-66 所示。

图7-65　添加分隔符

图7-66　添加分隔符后的【工具栏】窗体

3. 添加提示信息

分别选中工具栏中的"文字方向""页边距""纸张方向""纸张大小"等文本信息，在这些控件对应的 ToolTipText 属性的值分别设置为"自定义文档或所选文本框中的文字方向""选择整个文档或当前节的边距大小""切换页面的纵向布局和横向布局""将文字拆分两栏或更多栏"。

4. 运行程序

运行程序，显示的窗体如图 7-67 所示。

当鼠标指针悬停在"文字方向"的文本信息时，显示提示信息的【工具栏】窗体如图 7-68 所示。

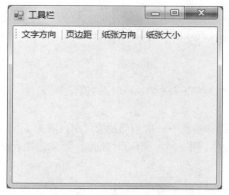

图7-67　【工具栏】窗体的运行结果

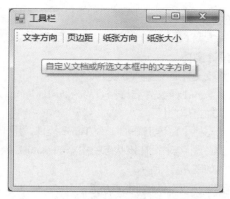

图7-68　显示提示信息的【工具栏】窗体

7.3.5　StatusStrip 控件

StatusStrip 控件表示状态栏，它通常放置在窗体的最底部，用于显示窗体上一些对象的相关信息或者显示应用程序的信息，使用 StatusStrip 控件创建状态栏的常用操作如下。

1. 添加状态栏控件

在窗体中添加 StatusStrip 控件，该控件默认显示在窗体左侧底部，如图 7-69 所示。

2. 状态栏中显示的控件类型

窗体中添加 StatusStrip 控件之后，上面并没有显示数据，只显示一个占位符，可以在该状态栏中添加控件来定义状态栏显示的具体样式，单击状态栏上的向下箭头图标，在下拉菜单中显示 4 种不同类型的控件，如图 7-70 所示。

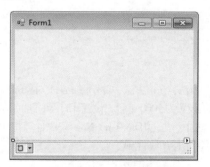

图7-69　添加StatusStrip控件的窗体

图7-70　在状态栏中可以显示的不同类型的控件

图 7-70 中显示了 StatusLabel（标签控件）、ProgressBar（进度条）、DropDownButton（下拉列表按钮）、SplitButton（分割按钮）控件。这些控件可以显示的样式具体如下。

- StatusLabel：包含文本和图像的项。
- ProgressBar：显示一个进度条。
- DropDownButton：用于下拉列表选项，用户可以从中选择单个项目。
- SplitButton：由一个标准按钮和一个下拉菜单组成的控件。

7.3.6　实例：在状态栏中显示当前系统时间

状态栏经常用于显示应用程序当前的状态信息或用户操作信息。下面实现在状态栏中显示当前系统时间的功能，具体步骤如下。

1. 创建项目

在解决方案 Chapter07 中创建一个项目名为 ShowTimeStatusBar 的 Windows 窗体应用程序。

2. 设计窗体

（1）修改文件名与窗体标题名

首先将 Form1.cs 文件名称修改为 StatusBarForm.cs，然后将窗体的 Text 属性的值设置为"状态栏"。

（2）添加窗体控件

在【状态栏】窗体上添加 1 个 Timer 控件，用于每隔一秒获取一次当前系统时间，添加 1 个 StatusStrip 控件，用于显示状态栏，在该状态栏中添加 StatusLabel 控件，用于显示当前系统时间。添加控件后显示的【状态栏】窗体如图 7-71 所示。

3. 实现获取系统时间的功能

通过设置状态栏窗体的 Load 事件，进入 StatusBarForm.cs 文件的 StatusBarForm_Load() 方法中，在该方法中编写初始化 Timer 控件的逻辑代码，然后通过设置 timer1 控件的 Tick 事件，进入 StatusBarForm.cs 文件的 timer1_Tick() 方法中，在该方法中获取系统时间，具体代码如例 7-11 所示。

例 7-11　StatusBarForm.cs

```
1  using System;
2  using System.Windows.Forms;
3  namespace ShowTimeStatusBar{
4     public partial class StatusBarForm: Form{
5        public StatusBarForm(){
6           InitializeComponent();
7        }
8        private void StatusBarForm_Load(object sender, EventArgs e){
9           timer1.Enabled = true;
10          timer1.Interval = 1000; //时间间隔为1000毫秒
11       }
12       private void timer1_Tick(object sender, EventArgs e){
13          this.toolStripStatusLabel1.Text =
14                  "当前系统时间"+ System.DateTime.Now.ToString();
15       }
16    }
17 }
```

上述代码中，第 8~11 行代码创建了 StatusBarForm_Load() 方法，在该方法中首先将 timer1 对象的 Enabled 属性的值设置为 true，设置计时器正在运行，然后将 Interval 属性的值设置为 1000 毫秒，设置计时器时间间隔为 1000 毫秒。

第 12~15 行代码创建了 timer1_Tick() 方法，在该方法中，通过 DateTime.Now 获取计算机中当前的本地时间（日期和时间），将本地时间设置到 StatusLabel 控件的 Text 属性中。

4. 运行程序，显示窗体运行结果

运行程序，显示的窗体如图 7-72 所示。

图7-71　添加控件后的【状态栏】窗体

图7-72　【状态栏】窗体的运行结果

在图 7-72 中，获取到了当前计算机的本地时间，该本地时间每隔一秒获取一次，并显示获取后的本地时间。

7.4　本章小结

本章主要讲解了开发 WinForm 窗体时经常用到的控件，包括 WinForm 简单控件、WinForm 列表、数据控件、菜单控件、工具类控件和状态栏控件。熟练使用这些控件是开发 WinForm 窗体的必备条件，因此希望初学者能够熟练掌握本章所讲解的 WinForm 控件的相关内容。

7.5　习题

一、填空题

1. 在 WinForm 中 TreeView 控件展开所有节点的方法是_____。
2. 用于表示文本框的控件是_____。
3. ProgressBar 控件表示进度条的范围上限的属性是_____。
4. 用于显示菜单的数据控件是_____。
5. 用于表示复选框的控件是_____。
6. 用于显示状态栏控件的是_____。
7. 用于显示控件中文本字体的属性是_____。
8. 移除 ListView 控件中指定的项的方法是_____。
9. 单击控件时发生的事件是_____。
10. 是否启用控件的属性为_____。

二、判断题

1. Button 按钮中的 Click 事件用于响应用户的单击操作。（　　）
2. 在 WinForm 中，如果复选框控件的 Checked 属性值设置为 true，表示该复选框被选中。（　　）
3. Timer 控件可以周期性地执行某个操作。（　　）
4. ComboBox 控件可以接收用户的输入信息。（　　）
5. ProgressBar 控件中的 Value 值只有最小值没有最大值。（　　）

三、选择题

1. 记时器 Timer 控件的 Interval 属性用于说明事件发生的频率，它的单位是（　　）。
A. 秒　　　　　　　　B. 毫秒　　　　　　　　C. 微妙　　　　　　　　D. 分
2. 下列控件中，可以将其他控件分组的是（　　）。
A. GroupBox　　　　B. TextBox　　　　C. ComboBox　　　　D. Label
3. 下图窗体中没有出现的控件是哪项？（多选）（　　）

A. GroupBox　　　　B. Label　　　　C. RadionButton　　　　D. CheckBox
4. 不属于 ListView 控件的 5 种视图的是（　　）。
A. LargeIcon 视图　　　B. SmallIcon 视图　　　C. Set 视图　　　D. Tile 视图
5. 下列选项中，用于表示复选框的控件是（　　）。

A.　ListBox　　　　　B.　RichTextBox　　　　C.　CheckBox　　　　D.　RadionButton

四、编程题

1. 请按照要求编写一个登录界面窗体，并进行测试。

提示：

（1）定义两个 Label 控件并命名为用户名和密码，然后定义名称为 txtName 的文本框用来接收用户输入的姓名，定义名称为 txtPassword 的文本框用来接收用户密码。

（2）定义名称为 btnLogin 的【登录】按钮。

（3）当用户单击【登录】按钮时，判断用户名和密码是否为空，如果为空则弹出提示信息。否则，判断用户名和密码是否匹配，如果匹配则提示登录成功。

2. 请按照要求编写一个省市选择界面，并进行测试。

提示：

（1）定义名称为 cmbProvince 的下拉列表框用来存储省的信息，定义名为 cmbCity 的下拉列表框用来存储市的信息。

（2）窗体加载时，在 cmbProvince 中添加两个选项，并默认选中第一项。

（3）当 cmbProvince 中选中项变化时，cmbCity 下拉列表框中显示相应的市。

第 **8** 章

C#常用类

拓展阅读

C#中提供了成千上万的类，每个类都有其特定的功能，其中有很多类都是在程序中经常会用到的，例如用于操作字符串的类、用于操作日期的类、用于生成随机数的类，下面将对这些常用类进行详细讲解。

8.1 string 类

在程序开发中经常会使用到字符串，所谓的字符串就是指一连串的字符。为此，C#中提供了一个表示字符串的类 string，下面将对 string 字符串进行详细讲解。

8.1.1 string 类的初始化

string 字符串中可以包含任意字符，这些字符必须包含在一对英文双引号（""）内，例如"Hello World"。在使用 string 字符串之前首先需要对 string 类进行初始化。在 C#中可以通过以下两种方式对 string 类进行初始化，具体如下所示。

（1）使用字符串常量直接初始化一个 string 对象，具体代码如下：

```
string str = "abc"
```

（2）使用 string 类的构造方法初始化字符串对象，string 类中有很多重载的构造方法，常用的两个构造方法如表 8-1 所示。

表 8-1　string 类常用的构造方法

方法名称	功能描述
string（Char[ ] charArray）	将 string 类的新实例初始化为由 Unicode 字符数组指定的值
string（Char ch, int num）	将 string 类的新实例初始化为由重复指定次数的指定 Unicode 值所表示的字符

下面通过一个案例来演示如何使用构造方法对 string 类进行初始化，在解决方案 Chapter08 中创建一个

项目名为 Program01 的控制台应用程序，具体代码如例 8-1 所示。

例 8-1   Program01\Program.cs

```
1  using System;
2  namespace Program01{
3      class Program{
4          static void Main(string[] args){
5              char[] chs = { '1', '2', '3' };
6              string str1 = new string(chs);  //使用字符数组创建一个字符串"123"
7              //使用字符'a'重复5次，创建字符串"aaaaa"
8              string str2 = new string('a', 5);
9              Console.WriteLine("str1 = " + str1);
10             Console.WriteLine("str2 = " + str2);
11             Console.ReadKey();
12         }
13     }
14 }
```

运行结果如图 8-1 所示。

图8-1   例8-1运行结果

上述代码中，第 5～6 行代码通过字符数组的形式创建了一个字符串对象 str1。

第 8 行代码通过指定 5 次 'a' 字符创建了一个字符串对象 str2。

从图 8-1 可以看出，str1 的值为 "123"，该字符串是由字符数组 chs 中的元素串接而成的，str2 的值是由字符'a'重复 5 次串接而成的。

注意：

在程序中，string 类型和 String 类型都可以实例化字符串对象。不同之处在于，string 类型是 C#语言中用来表示字符串的类型，而 String 类型是.NET Framework 通用类型系统中用来表示字符串的类型。在程序开发过程中，这两种类型之所以都能表示字符串，是因为程序编译时，C#语言中的 string 类型会被编译成.NET Framework 通用类型系统的 String 类型。

多学一招：空字符串常量

在编码过程中，定义 string 类型的变量后如果不需要立即对其进行初始化，一般会将其初始化为一个空字符串，示例代码如下：

```
string str1 = "";
string str2 = "";
```

这种形式定义的空字符串不够清晰，为了更好地表示一个空字符串，.NET 平台中提供了一个空字符串常量 String.Empty，该常量可以代替上述空字符串，具体示例代码如下：

```
string str1 = String.Empty;
string str2 = String.Empty;
```

在 C#语言中，由于字符串拘留池机制（在 8.1.2 小节进行讲解），使用空字符串（""）和使用 String.Empty 是表示同一个对象，因此，这两种空字符串的定义是一样的。

8.1.2   字符串的不可变性

字符串的不可变性是指字符串对象一旦创建，就无法对其进行修改。例如，有一个字符串 "abc"，如果对其进行修改，其内存就会发生变化，具体如图 8-2 所示。

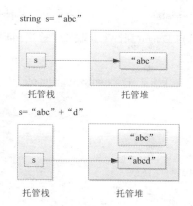

图8-2　字符串不可变性

从图 8-2 可以看出，字符串变量 s 指向的是字符串 "abc"，当对字符串 "abc" 进行修改时，字符串 "abc" 并没有发生改变，变量 s 不再引用字符串 "abc"，而是指向了新的字符串 "abcd"。

多学一招：字符串拘留池机制

在代码编写过程中，有时需要创建多个字符串对象，由于字符串具有不可变性，因此这些字符串对象对应的值都会占用内存空间。为此，.NET 框架的底层提供了一种机制，当一个字符串已经被创建，那么以后每次创建相同值的字符串时会直接引用它的地址值，而无须重新开辟新的内存空间。这种机制称为字符串拘留池机制。字符串拘留池机制是由.NET 框架来完成的，不用人为管理，这样可以提高字符串使用的效率。

8.1.3　字符串与字符数组

在程序开发中，为了方便访问字符串中的某个字符，可以将字符串看作一个 char 类型的数组，即字符数组。

下面通过一个具体的案例来演示如何访问字符串中的某个字符，在解决方案 Chapter08 中创建一个项目名为 Program02 的控制台应用程序，具体代码如例 8-2 所示。

例 8-2　Program02\Program.cs

```
1 using System;
2 namespace Program02{
3    class Program{
4      static void Main(string[] args){
5        string str = "欢迎来到传智播客.NET 世界";
6        Console.WriteLine(str[0]);
7        Console.WriteLine(str[5]);
8        Console.WriteLine(str[13]);
9        Console.ReadKey();
10     }
11   }
12 }
```

运行结果如图 8-3 所示。

图8-3　例8-2运行结果

上述代码中，第 5 行代码定义了一个字符串 str，并将其看作一个字符数组。

第 6 ~ 8 行代码通过索引的形式分别获取第 1 个、第 6 个、第 14 个字符，并将结果输出在控制台上。

需要注意的是，由于字符串是不可变的，str 字符串只能看作是只读的字符数组。

同字符数组类似，字符串也是通过 Length 属性来获取长度的，下面修改例 8-2 中的代码，实现对 str 字符串的遍历，具体代码如例 8-3 所示。

例8-3   Program03\Program.cs

```
1  using System;
2  namespace Program03{
3      class Program{
4          static void Main(string[] args){
5              string str = "欢迎来到传智播客.NET 世界";
6              for (int i = 0; i < str.Length; i++){
7                  Console.WriteLine(str[i]);
8              }
9              Console.ReadKey();
10          }
11      }
12 }
```

运行结果如图 8-4 所示。

图8-4   例8-3运行结果

上述代码中，第 3～5 行代码使用 for 循环实现了对字符串 str 中字符的遍历。其中，第 3 行代码使用 str 字符串的 Length 属性获取字符串的长度，第 4 行代码通过索引获取字符串中对应的字符，并将字符输出到控制台上。

8.1.4   string 类的静态方法

在程序开发中，经常需要在不实例化字符串的情况下实现某些功能，例如判断字符串是否为空、格式化字符串。为此 string 类中提供了许多静态方法，表 8-2 中列举了 string 类中常用的静态方法。

表8-2   string 类的常用静态方法

方法声明	功能描述
int Compare(string str1,string str2)	比较两个字符串是否相等
string Format(string str,object obj)	格式化字符串
bool IsNullOrEmpty(string str)	判断一个字符串是否为空或长度为 0
string Join(string str, string[ ] strarr)	使用指定字符连接字符串数组

表 8-2 列举了 string 类的一系列静态方法，这些静态方法在字符串操作中非常重要。为了帮助初学者熟练掌握这些方法的用法，下面对表 8-2 中的方法逐一进行讲解。

1. Compare()方法

Compare( )方法用于比较两个字符串是否相等，该方法有两个 string 类型参数，用于接收进行对比的字符串，如果第一个字符串大于第二个字符串，则返回一个大于 0 的 int 类型数据；如果两个字符串相同，则返回 0；若第一个字符串小于第二个字符串，则返回一个小于 0 的 int 类型数据。

字符串比较时，采用了字典排序法，所谓字典排序法就是首先比较两个字符串的第一个字符，第一个字符大的字符串就大，如果两个字符串的第一个字符相同，那么就比较第二个字符，依此类推，最终得到较大的字符串。

下面通过一个案例来演示如何使用Compare()方法实现字符串的比较，在解决方案 Chapter08 中创建一个项目名为 Program04 的控制台应用程序，具体代码如例 8-4 所示。

例 8-4　Program04\Program.cs

```
1  using System;
2  namespace Program04{
3     class Program{
4        static void Main(string[] args){
5           string str1 = "abcdefg";
6           string str2 = "abc";
7           string str3 = "bbc";
8           string str4 = "abc";
9           Console.WriteLine(string.Compare(str1, str2));
10          Console.WriteLine(string.Compare(str2, str3));
11          Console.WriteLine(string.Compare(str2, str4));
12          Console.ReadKey();
13       }
14    }
15 }
```

运行结果如图 8-5 所示。

图8-5　例8-4运行结果

上述代码中，第 5 ~ 8 行定义了 4 个字符串，分别为 str1、str2、str3 和 str4。

第 9 行代码调用 string 类的 Compare()方法实现了字符串 str1 和 str2 的比较，由于两个字符串的前 3 个字符都相同，需要从第四个字符开始比较，而 str2 只有 3 个字符，因此图 8-5 中输出的返回结果为 1，表示 str1 大于 str2。

第 10 行代码实现了字符串 str2 和 str3 的比较，由于 str2 的第一个字符 a 小于 str3 的第一个字符 b，因此图 8-5 中输出的返回结果为-1，表示 str2 小于 str3。

第 11 行代码实现了字符串 str2 和 str4 的比较，由于这两个字符串中的内容是相同的，因此图 8-5 中输出的返回结果为 0，表示 str2 和 str4 相等。

2. Format()方法

Format()方法的作用是格式化字符串，它的用法与 Console.WriteLine()方法非常类似，不同之处是 Format()方法是通过占位符 "{0}、{1}" 的形式返回一个拼接的字符串。

Format()方法的重载形式有很多，下面以 Format(string,object,object)为例来演示该方法的用法，在解决方案 Chapter08 中创建一个项目名为 Program05 的控制台应用程序，具体代码如例 8-5 所示。

例 8-5　Program05\Program.cs

```
1  using System;
2  namespace Program05{
3     class Program{
4        static void Main(string[] args){
5           string str = "abcdef";
6           string res = string.Format("字符串{0}包含{1}个字符", str,
7                                                  str.Length);
8           Console.WriteLine(res);
9           Console.ReadKey();
10       }
```

```
11    }
12 }
```

运行结果如图8-6所示。

图8-6　例8-5运行结果

上述代码中，第5行代码定义了一个字符串str，该字符串中的内容为"abcdef"。

第6～7行代码调用string类的Format()方法格式化字符串，该方法中传递了3个参数，第1个参数中的占位符{0}是第2个参数str的值，第1个参数中的占位符{1}是第3个参数str.Length的值。

3. IsNullOrEmpty()方法

IsNullOrEmpty()方法用来判断字符串是否为空或长度是否为0，当字符串为空或者长度为0时，该方法的返回值为true，否则返回值为false。

下面通过一个案例演示IsNullOrEmpty()方法的用法，在解决方案Chapter08中创建一个项目名为Program06的控制台应用程序，具体代码如例8-6所示。

例8-6　Program06\Program.cs

```
1 using System;
2 namespace Program06{
3    class Program{
4       static void Main(string[] args){
5          string s1 = null;
6          string s2 = "";
7          string s3 = "abc";
8          Check(s1, "s1");
9          Check(s2, "s2");
10         Check(s3, "s3");
11         Console.ReadKey();
12      }
13      //定义Check()方法判断字符串是否为空或者长度为0
14      static void Check(string s, string name){
15         if (string.IsNullOrEmpty(s)){
16            Console.WriteLine("{0}是空或长度为0", name);
17         }
18      }
19   }
20 }
```

运行结果如图8-7所示。

图8-7　例8-6运行结果

上述代码中，第5～7行代码定义了3个字符串对象s1、s2、s3，分别赋值为null、""、"abc"。

第8～10行代码调用Check()方法判断字符串是否为空或长度为0。

第14～18行代码创建了Check()方法用于检测字符串是否为空或长度为0，在该方法中传递了2个参数，第1个参数s表示需要传递的字符串的值，第2个参数name表示字符串的名称。

第15～17行代码首先在if语句中调用IsNullOrEmpty()方法判断传递过来的字符串s是否为空或长度为0，如果字符串s为空或长度为0，则IsNullOrEmpty()方法的返回值为true，控制台中输出字符串"s"是为空或长度为0，否则，IsNullOrEmpty()方法的返回值为false，控制台不会输出任何信息。

由于例8-5中定义的字符串s1的值为null（空），字符串s2的值为空字符串（长度为0），字符串s3的值为"abc"，因此图 8-7 中的运行结果只输出了判断字符串 s1 与 s2 的结果。

4. Join() 方法

Join()方法的作用是使用指定的分隔符，将字符串数组中的元素串联起来。

下面通过一个案例来演示 Join()方法的用法，在解决方案 Chapter08 中创建一个项目名为 Program07 的控制台应用程序，具体代码如例 8-7 所示。

例 8-7　Program07\Program.cs

```
1  using System;
2  namespace Program07{
3      class Program{
4          static void Main(string[] args){
5              string[] strs = { "字符串", "使用竖线", "连接" };
6              string res = string.Join("|", strs);
7              Console.WriteLine(res);
8              Console.ReadKey();
9          }
10     }
11 }
```

运行结果如图 8-8 所示。

图8-8　例8-7运行结果

上述代码中，第 5 行代码定义了一个 string 类型的数组 strs，该数组中存放了 3 个字符串，分别为"字符串"，"使用竖线"，"连接"。

第 6 行代码通过调用 Join()方法将字符串数组 strs 中的元素通过分隔符"|"串联成了一个新的字符串"字符串|使用竖线|连接"。该方法中传递了 2 个参数，第 1 个参数"|"表示串联字符串数组使用的分隔符，第 2 个参数表示需要串联的字符串数组。

8.1.5　string 类的实例方法

除静态方法外，string 类中还提供了一些方法，这些方法需要先创建实例对象才能被调用，即 string 类的实例方法，表 8-3 列举了 string 类中常用的实例方法。

表 8-3　string 类常用的实例方法

方法声明	功能描述
bool Contains(string str)	判断当前字符串中是否包含指定字符串
bool EndsWith(string str)	判断当前字符串是否使用指定字符串结尾
int IndexOf(char ch)	获得指定字符或字符串在当前字符串中的位置
string[] Split(char[] charArray)	将字符串以某种字符分隔
string Substring(int index)	从 index 索引处截取当前字符串
char[] ToCharArray()	将当前字符串转换为字符数组
string ToUpper()	将当前字符串中的英文转换成大写字符
string Trim()	去除字符串两边空格

表 8-3 列举了 string 类的一些常用实例方法，这些实例方法在字符串操作中非常重要。为了帮助初学者熟练掌握这些方法的用法，下面对表 8-3 中的方法逐一进行讲解。

1. Contains()方法

Contains()方法用于判断一个字符串中是否包含指定字符串，下面通过一个具体的案例来演示 Contains()

方法的用法，在解决方案 Chapter08 中创建一个项目名为 Program08 的控制台应用程序，具体代码如例 8-8 所示。

例 8-8   Program08\Program.cs

```
1  using System;
2  namespace Program08{
3      class Program{
4          static void Main(string[] args){
5              string str1 = "这是一个测试字符串";
6              string str2 = "测试";
7              if (str1.Contains(str2)){
8                  Console.WriteLine("str2 包含在 str1 中");
9              } else{
10                 Console.WriteLine("str1 不包含 str2");
11             }
12             Console.ReadKey();
13         }
14     }
15 }
```

运行结果如图 8-9 所示。

图8-9   例8-8运行结果

上述代码中，第 5～6 行代码定义了两个字符串 str1 和 str2。

第 7 行代码在 if 语句中调用 Contains()方法判断字符串 str1 是否包含字符串 str2，如果包含，则该方法的返回值为 true，控制台输出 "str2 包含在 str1 中"，否则，该方法的返回值为 false，控制台输出 "str1 不包含 str2"。由于字符串 str1 包含字符串 str2，因此图 8-9 中输出 "str2 包含在 str1 中"。

2. EndsWith()方法

EndsWith()方法的作用是判断当前字符串是否以指定字符串结尾，下面通过一个具体的案例来演示 EndsWith()方法的用法，在解决方案 Chapter08 中创建一个项目名为 Program09 的控制台应用程序，具体代码如例 8-9 所示。

例 8-9   Program09\Program.cs

```
1  using System;
2  namespace Program09{
3      class Program{
4          static void Main(string[] args){
5              Console.WriteLine("请输入 mp3 文件名");
6              string input = Console.ReadLine();//获取用户从控制台输入的字符串
7              if (input.EndsWith(".mp3")){
8                  Console.WriteLine("文件格式正确");
9              }else{
10                 Console.WriteLine("输入文件不是 mp3 格式");
11             }
12             Console.ReadKey();
13         }
14     }
15 }
```

运行程序如图 8-10 所示。

图8-10   例8-9运行结果

上述代码中，第 6 行代码通过 Console 类的 ReadLine( )方法，获取用户从控制台输入的字符串，并赋值给字符串变量 input。

第 7 行代码在 if 语句中通过 EndsWith( )方法判断 input 字符串的内容是否以 ".mp3" 结尾，如果是，则该方法的返回值为 true，控制台输出 "文件格式正确"，否则，该方法的返回值为 false，控制台输出 "输入文件不是 mp3 格式"。

3. IndexOf()方法

IndexOf( )方法用于返回指定字符串在目标字符串中的索引。当调用该方法在目标字符串中查找指定字符串的过程中，首先从目标字符串左边开始查找，如果找到指定字符串第一次出现的位置，则 IndexOf( )方法便返回该字符串的索引且方法结束，否则，在目标字符串中没找到指定字符串，IndexOf( )方法的返回值为-1。

下面通过一个案例来演示 IndexOf( )方法的用法，在解决方案 Chapter08 中创建一个项目名为 Program10 的控制台应用程序，具体代码如例 8-10 所示。

例 8-10   Program10\Program.cs

```
1 using System;
2 namespace Program10{
3    class Program{
4       static void Main(string[] args){
5          string str = "abcdefefghefg";
6          //查找第一个'e'字符的位置
7          int index = str.IndexOf("e");
8          Console.WriteLine("找到e, 索引为{0}", index);
9          Console.ReadKey();
10      }
11   }
12 }
```

运行结果如图 8-11 所示。

图8-11   例8-10运行结果

上述代码中，第 5 行代码定义了一个字符串 str，并赋值为"abcdefefghefg"。

第 7 行代码通过 IndexOf( )方法查询字符 "e" 的位置。

第 8 行代码通过调用 WriteLine( )方法在控制台输出 IndexOf( )方法返回的索引。从运行结果图 8-11 可以看出，第一次出现字符 "e" 的位置为 4。

4. Split()方法

Split( )方法专门用来分隔字符串。例如，有一个字符串 "I have a dream"，要想统计该字符串中单词的个数，可以使用 Split( )方法将字符串以空格的形式分隔成字符串数组。

下面通过一个案例来实现将字符串分割成字符串数组的功能，在解决方案 Chapter08 中创建一个项目名为 Program11 的控制台应用程序，具体代码如例 8-11 所示。

例 8-11   Program11\Program.cs

```
1 using System;
2 namespace Program11{
3    class Program{
4       static void Main(string[] args){
5          string str = "I have a dream";
6          string[] strs = str.Split(' ');
7          Console.WriteLine("一共有{0}个单词, 分别是: ", strs.Length);
8          for (int i = 0; i < strs.Length; i++){
9             Console.WriteLine("第{0}个单词是: {1}", i + 1, strs[i]);
10         }
11         Console.ReadKey();
```

```
12          }
13      }
14 }
```

运行结果如图8-12所示。

图8-12　例8-11运行结果

上述代码中，第5行代码定义了一个字符串 str，并赋值为"I have a dream"。

第6行代码调用 Split()方法将字符串 str 分割为一个字符串数组 strs，该方法中传递了一个空格，该空格是作为分割字符串 str 的一个分隔符。

第7行代码通过 Length 属性获取字符串数组 strs 的长度，并输出到控制台。

第8～10行代码通过 for 循环遍历字符串数组 strs，并输出数组中的所有元素。

5. Substring()方法

Substring()方法的作用是对字符串进行截取，例如可以使用 Substring()方法获取文件的后缀名。

下面通过一个案例演示对字符串进行截取的功能，在解决方案 Chapter08 中创建一个项目名为 Program12 的控制台应用程序，具体代码如例8-12所示。

例8-12　Program12\Program.cs

```
1 using System;
2 namespace Program12{
3     class Program{
4         static void Main(string[] args){
5             // 注意C#中的转义字符,这里加上@取消转义
6             string path=@"D:\workspeace\chapter8\Program11\program.cs";
7             int index = path.IndexOf('.');
8             // 从第一个字符'.'的下一个位置开始截取
9             string fileType = path.Substring(index + 1);
10            Console.WriteLine("文件后缀名为: {0}", fileType);
11            Console.ReadKey();
12        }
13    }
14 }
```

运行结果如图8-13所示。

图8-13　例8-12运行结果

上述代码中，第6行代码定义了一个 string 类型的文件路径 path。

第7行代码通过 IndexOf()方法获取第一个字符"."的索引。

第9行代码通过 Substring()方法截取文件名后缀名，该方法中传递了1个参数，表示开始截取字符串的索引位置。

6. ToCharArray()方法

ToCharArray()方法的作用是将字符串转换成一个字符数组，下面通过一个具体的案例来演示 ToCharArray()方法的用法，在解决方案 Chapter08 中创建一个项目名为 Program13 的控制台应用程序，具体代码如例8-13所示。

例8-13　Program13\Program.cs

```
1 using System;
2 namespace Program13{
```

```
3    class Program{
4        static void Main(string[] args){
5            string str = "abcdef";
6            //将字符串转换成字符数组
7            char[] chs = str.ToCharArray();
8            for (int i = 0; i < chs.Length / 2; i++){
9                char temp = chs[i];
10               chs[i] = chs[chs.Length - i - 1];
11               chs[chs.Length - i - 1] = temp;
12           }
13           string s1 = new string(chs);
14           Console.WriteLine(s1);
15           Console.ReadKey();
16       }
17   }
18 }
```

运行结果如图 8-14 所示。

图8-14　例8-13运行结果

上述代码中，第 7 行代码通过 ToCharArray( )方法把字符串 str 转换成字符数组 chs。

第 8 ~ 12 行代码通过 for 循环遍历字符数组 chs 中的元素，进而实现翻转字符数组 chs 中的元素。

在 for 循环中，第 9 行代码将获取到的字符数组 chs 中的元素赋值给字符 temp，第 10 行代码将字符数组 chs 中的索引为 chs.Length – i – 1 的元素赋值给字符数组 chs 中的索引为 i 的元素，第 11 行代码将字符 temp 赋值给字符数组 chs 中的索引为 chs.Length – i – 1 的元素。

第 13 ~ 14 行代码将翻转后的字符数组以字符串的形式返回，并在控制台输出。

7. ToUpper( )方法

ToUpper( )方法的作用是将字符串中所有的英文字母都变成大写字母。下面通过一个具体的案例来演示 ToUpper( )方法的用法，在解决方案 Chapter08 中创建一个项目名为 Program14 的控制台应用程序，具体代码如例 8-14 所示。

例 8-14　Program14\Program.cs

```
1 using System;
2 namespace Program14{
3     class Program{
4         static void Main(string[] args){
5             string s = "itcast";
6             s = s.ToUpper();
7             Console.WriteLine(s);
8             Console.ReadKey();
9         }
10    }
11 }
```

运行结果如图 8-15 所示。

图8-15　例8-14运行结果

上述代码中，第 5 行代码定义了字符串 s，并赋值为“itcast”。

第 6 行代码通过调用 ToUpper( )方法，将字符串 s 中的小写字符转换成了大写字符，并输出到控制台中。

与其相对应的方法是 ToLower( )方法，该方法可以将大写字符转换成小写字符，使用方法与 ToUpper( )方法的使用方法相同。

8. Trim()方法

Trim()方法是用来去除字符串两端的空格，例如在检测用户输入信息时，如果用户不小心在结束的位置输入了一个空格，那么将无法获得准确数据。因此，需要使用 Trim()方法将字符串两端的空格去掉。

下面通过一个案例来演示 Trim()方法的用法，在解决方案 Chapter08 中创建一个项目名为 Program15 的控制台应用程序，具体代码如例 8-15 所示。

例 8-15　Program15\Program.cs

```
1  using System;
2  namespace Program15{
3     class Program{
4        static void Main(string[] args){
5           string str = "  ab  cd  ";
6           Console.WriteLine("|" + str + "|");
7           str = str.Trim();
8           Console.WriteLine("|" + str + "|");
9           Console.ReadKey();
10       }
11    }
12 }
```

运行结果如图 8-16 所示。

图8-16　例8-15运行结果

上述代码中，第 5 行代码定义了一个字符串 str。第 7 行代码通过调用 Trim()方法去除字符串 str 两端的空格。从图 8-16 运行结果可以看出，字符串 str 使用了 Trim()方法后，字符串 str 两边的空格被去掉，返回新生成的字符串。

需要注意的是，Trim()方法只能去掉字符串两端的空格，不能去掉中间的空格。

8.2　高效的 StringBuilder

8.2.1　StringBuilder 类

在程序开发过程中，经常会使用大量的字符串，由于字符串是不可变的，因此在代码中频繁地拼接字符串会创建多余的对象，从而影响程序的性能。

为了解决上述的问题，C#中提供了 StringBuilder 类，它和 string 类都用于操作字符串。与 string 类不同的是，StringBuilder 类创建的字符串的长度是可以改变的，它类似一个字符容器，当在其中添加或删除字符时，并不会产生新的 StringBuilder 对象，因此可以使字符串的拼接操作更加高效。针对添加和删除字符串的操作，StringBuilder 类提供了一系列常用的方法，如表 8-4 所示。

表 8-4　StringBuilder 类的常用方法

方法声明	功能描述
stringBuilder Append(string str)	将字符串 str 添加到 StringBuilder 对象的末尾
stringBuilder Insert(int offset ,string str)	在字符串中的 offset 位置处插入字符串 str
stringBuilder Replace(string str1,string str2)	使用字符串 str2 替换 StringBuilder 对象中的字符串 str1
stringBuilder Remove(int index,int length)	将字符串从指定索引位置 index 开始，移除 length 长度的字符串
string ToString( )	将 StringBuilder 类型转换成 string 类型

表 8-4 中列出了 StringBuilder 类的常用方法，为了帮助初学者熟练掌握这些方法的用法，下面通过一个具体的案例来演示这些方法的用法，在解决方案 Chapter08 中创建一个项目名为 Program16 的控制台应用程序，具体代码如例 8-16 所示。

例 8-16　Program16\Program.cs

```
1  using System;
2  using System.Text;
3  namespace Program16{
4     class Program{
5        static void Main(string[] args) {
6           StringBuilder sb = new StringBuilder();
7           sb.Append("abcd");
8           Console.WriteLine("追加字符串:" + sb.ToString());
9           sb.Insert(3, "aaa");
10          Console.WriteLine("插入字符串:" + sb.ToString());
11          sb.Remove(3, 3);
12          Console.WriteLine("移除字符串:" + sb.ToString());
13          sb.Replace("a", "b");
14          Console.WriteLine("替换字符串:" + sb.ToString());
15          Console.WriteLine("sb 的长度是:" + sb.Length);
16          Console.ReadKey();
17       }
18    }
19 }
```

运行结果如图 8-17 所示。

图8-17　例8-16运行结果

上述代码中，第 6 行代码创建了 StringBuilder 对象 sb。

第 7～8 行代码通过调用 Append( )方法将字符串"abcd"添加到 sb 对象的末尾，并输出插入字符串之后的 sb 对象的字符串。

第 9～10 行代码通过调用 Insert( )方法将字符串"aaa"插入到 sb 对象指定索引为 3 的位置，并输出插入字符串之后的 sb 对象的字符串。

第 11～12 行代码通过调用 Remove( )方法将 sb 对象中的字符串从指定索引位置 3 开始，移除 3 个长度，并输出移除后的 sb 对象的字符串。

第 13～14 行代码通过调用 Replace( )方法将字符串"b"替换 sb 对象中的字符串"a"，并输出替换指定字符串之后的 sb 对象的字符串。

第 15 行代码通过 Length 属性获取到当前 sb 对象的长度，并输出到控制台中。

8.2.2　StringBuilder 性能分析

通过前面的讲解可知，通过 string 类创建的字符串是不可以改变的，而通过 StringBuilder 类创建的字符串是可以进行修改的。

在分析两个字符串的性能之前首先需要介绍一个类 Stopwatch，该类的命名空间为 System.Diagnostics，Stopwatch 类用于测量代码执行的时间，它有两个方法 Start( )和 Stop( )，其中，Start( )方法表示计时开始，Stop( )方法表示计时结束。此外，该类还有一个属性 Elapsed 用于获取代码执行的总运行时间。

下面使用 Stopwatch 类来演示 string 字符串拼接 10000 次所用的时间，在解决方案 Chapter08 中创建一个项目名为 Program17 的控制台应用程序，具体代码如例 8-17 所示。

例8-17　Program17\Program.cs

```
1  using System;
2  using System.Diagnostics;
3  namespace Program17{
4      class Program{
5          static void Main(string[] args){
6              string str = "";
7              Stopwatch sp = new Stopwatch();
8              sp.Start(); // 开始计时
9              for (int i = 0; i < 10000; i++){
10                 str += i.ToString();
11             }
12             sp.Stop(); // 停止计时
13             Console.WriteLine(sp.Elapsed);
14             Console.ReadKey();
15         }
16     }
17 }
```

运行结果如图 8-18 所示。

图8-18　例8-17运行结果

上述代码中，第 7~8 行代码创建了 Stopwatch 对象，并调用 Start( )方法开始计时。

第 9~11 行代码通过 for 循环将 0~9999 的整数添加到 str 字符串中。

第 12 行代码调用 Stop( )方法停止计时。

第 13 行代码调用 Elapsed 属性获取代码执行的总运行时间，并将该时间输出到控制台中。

从图 8-18 可以看出，string 字符串拼接 10000 次所用的时间是 840997 毫秒。下面修改例 8-17 中的代码来测试 StringBuilder 字符串拼接 10000 次所用的时间，具体代码如例 8-18 所示。

例8-18　Program18\Program.cs

```
1  using System;
2  using System.Diagnostics;
3  using System.Text;
4  namespace Program18{
5      class Program{
6          static void Main(string[] args){
7              StringBuilder builder = new StringBuilder();
8              Stopwatch sp = new Stopwatch();
9              sp.Start(); // 开始计时
10             for (int i = 0; i < 10000; i++){
11                 builder.Append(i.ToString());
12             }
13             sp.Stop(); // 停止计时
14             Console.WriteLine(sp.Elapsed);
15             Console.ReadKey();
16         }
17     }
18 }
```

运行结果如图 8-19 所示。

图8-19　例8-18运行结果

从图 8-19 可以看出，StringBuilder 字符串拼接 10000 次所用的时间是 33411 毫秒，通过与 string 字符串所用拼接时间对比可以发现，在同等情况下 StringBuilder 类的性能远远高于 string 类，因此在进行字符串拼接时应优先使用 StringBuilder 类。

8.3　DateTime 类

8.3.1　DateTime 类

在程序开发过程中，有时需要获取当前的日期，例如向系统录入数据时，需要记录当前时间。为此，C#中提供了一个表示时间的类 DateTime。

在操作 DateTime 类之前，首先使用构造方法对 DateTime 类进行初始化。DateTime 类有很多重载的构造方法，其常用构造方法如表 8–5 所示。

表 8-5　DateTime 类的常用构造方法

名称	功能描述
DateTime(int year, int month, int day)	将 DateTime 结构的新实例初始化为指定的年、月和日
DateTime(int year, int month, int day, int hour, int minute, int second)	将 DateTime 结构的新实例初始化为指定的年、月、日、小时、分钟和秒

下面通过一个案例来演示 DateTime 类的两个构造方法的用法，在解决方案 Chapter08 中创建一个项目名为 Program19 的控制台应用程序，具体代码如例 8–19 所示。

例 8-19　Program19\Program.cs

```
1  using System;
2  namespace Program19{
3      class Program{
4          static void Main(string[] args){
5              DateTime dt1 = new DateTime(2014, 5, 24);
6              DateTime dt2 = new DateTime(2014, 5, 24, 15, 5, 5);
7              Console.WriteLine("dt1:" + dt1);
8              Console.WriteLine("dt2:" + dt2);
9              Console.ReadKey();
10         }
11     }
12 }
```

运行结果如图 8–20 所示。

图8–20　例8–19运行结果

上述代码中，第 5 行代码创建了一个 DateTime 对象 dt1，创建该对象时，通过构造方法指定了年、月、日。

第 6 行代码创建了一个 DateTime 对象 dt2，创建该对象时，通过构造方法指定了年、月、日、时、分、秒。

从运行结果可以看出，如果不指定 DateTime 对象的时、分、秒，则时、分、秒显示为 0。

▌▌ 多学一招：TimeSpan类

TimeSpan 对象用于表示时间间隔，在使用 Data 类时经常需要通过该对象增加时间间隔。TimeSpan 类有两个常用构造方法，具体如表 8-6 所示。

表8-6   TimeSpan 类的常用构造方法

名称	功能描述
TimeSpan(int hour, int minutes , int seconds)	将新的 TimeSpan 对象初始化为指定的小时数、分钟数和秒数
TimeSpan(int day, int hour, int minute , int second)	将新的 TimeSpan 对象初始化为指定的天数、小时数、分钟数和秒数

下面通过具体的案例来演示如何使用表 8-6 中的两个构造方法，在解决方案 Chapter08 中创建一个项目名为 Program20 的控制台应用程序，本案例的具体代码如例 8-20 所示。

例 8-20   Program20\Program.cs

```
1  using System;
2  namespace Program20{
3      class Program{
4          static void Main(string[] args){
5              TimeSpan ts1 = new TimeSpan(1, 2, 3);
6              Console.WriteLine("ts1 的时间间隔为: " + ts1);
7              TimeSpan ts2 = new TimeSpan(1, 2, 3, 4, 5);
8              Console.WriteLine("ts2 的时间间隔为: " + ts2);
9              Console.ReadKey();
10         }
11     }
12 }
```

运行结果如图 8-21 所示。

图8-21   例8-20运行结果

上述代码使用了 TimeSpan 类的不同构造函数创建了两个 TimeSpan 对象，然后从控制台输出每个对象所代表的时间间隔。

8.3.2   DateTime 类的常用属性

在日期数据处理的过程中，经常需要通过 DateTime 对象的属性来获取日期中的某一部分的信息，表 8-7 列举了 DataTime 类的常用属性。

表8-7   DateTime 类的常用属性

名称	功能描述
Date	获取此实例的日期部分
Day	获取此实例所表示的日期为该月中的第几天
Hour	获取此实例所表示日期的小时部分
Minute	获取此实例所表示日期的分钟部分
Month	获取此实例所表示日期的月份部分
Today	获取当前日期
Year	获取此实例所表示日期的年份部分
Now	获取一个 DateTime 对象，该对象设置为此计算机上的当前日期和时间，表示为本地时间

下面通过案例对表 8-7 中的属性进行详细讲解，在解决方案 Chapter08 中创建一个项目名为 Program21 的控制台应用程序，本案例的具体代码如例 8-21 所示。

例 8-21   Program21\Program.cs

```
1  using System;
```

```
 2 namespace Program21{
 3    class Program{
 4       static void Main(string[] args){
 5          DateTime dt = DateTime.Now;
 6          Console.WriteLine("当前时间是: " + dt);
 7          Console.WriteLine("年: " + dt.Year);
 8          Console.WriteLine("月: " + dt.Month);
 9          Console.WriteLine("日: " + dt.Day);
10          Console.WriteLine("时: " + dt.Hour);
11          Console.WriteLine("分: " + dt.Minute);
12          Console.WriteLine("秒: " + dt.Second);
13          Console.ReadKey();
14       }
15    }
16 }
```

运行结果如图 8-22 所示。

图8-22　例8-21运行结果

上述代码中，第 5 行代码通过 DateTime 对象的静态只读属性 Now 来获取当前的时间对象 dt。

第 7～12 行代码通过属性 Year、Month、Day、Hour、Minute、Second，分别获取日期中的年、月、日、时、分、秒，并将获取的信息输出到控制台中。

8.3.3　DateTime 类的常用方法

在程序开发过程中，经常需要对日期进行处理，例如比较两个日期是否相等、对日期进行修改等。针对日期的处理，DateTime 类提供一些常用方法，如表 8-8 所示。

表 8-8　DateTime 类的常用方法

名称	功能描述
DateTime Add(TimeSpan ts)	返回一个 DateTime 对象，它将指定时间间隔添加到此对象的值上
bool Equals(DateTime dt)	返回一个布尔值，用于判断此实例是否与指定的 DateTime 对象相等
string ToShortTimeString( )	将当前 DateTime 对象的值转换为其等效的短时间字符串表示
int Compare(DateTime dt1, DateTime dt2)	将两个 DateTime 对象进行比较，如果 dt1 早于 dt2，返回整数-1，如果 dt1 等于 dt2，返回整数 0，如果 dt1 晚于 dt2，返回整数 1

下面通过案例对表 8-8 中的方法进行详细讲解，在解决方案 Chapter08 中创建一个项目名为 Program22 的控制台应用程序，具体代码如例 8-22 所示。

例 8-22　Program22\Program.cs

```
 1 using System;
 2 namespace Program22{
 3    class Program{
 4       static void Main(string[] args){
 5          DateTime dt = DateTime.Now;
 6          Console.WriteLine("dt:" + dt);
 7          //定义一个时间对象
 8          TimeSpan ts = new TimeSpan(1, 0, 0);
 9          //当前时间的小时部分加 1
10          dt = dt.Add(ts);
```

```
11              Console.WriteLine("dt:" + dt);
12              //判断两个时间是否相等
13              bool b = dt.Equals(DateTime.Now);
14              Console.WriteLine("判断ts是否与系统时间相等:" + b);
15              //将DateTime对象转换为其等效的短时间字符串
16              string s = dt.ToShortTimeString();
17              Console.WriteLine("dt的时    间部分为: " + s);
18              //将dt对象的时间和系统当前时间进行比较
19              int result = DateTime.Compare(dt, DateTime.Now);
20              if (result > 0){
21                  Console.WriteLine("dt晚于系统当前时间");
22              }else{
23                  if (result == 0){
24                      Console.WriteLine("dt等于系统当前时间");
25                  }else{
26                      Console.WriteLine("dt早于系统当前时间");
27                  }
28              }
29              Console.ReadKey();
30          }
31      }
32 }
```

运行结果如图8-23所示。

图8-23　例8-22运行结果

上述代码中，第5行代码通过DateTime类的Now属性获取时间对象dt，第6行代码将当前的时间输出到控制台。

第8行代码创建了TimeSpan对象，该构造方法传入3个参数，第1个参数表示小时数、第2个参数表示分钟数，第3个参数表示秒数，这里将小时数设置为1。

第10~11行代码调用dt对象的Add()方法将当前系统时间的小时部分加1，并将加1后的时间输出到控制台中。

第13行代码通过dt对象的Equal()方法判断当前时间是否与指定的时间相等。

第16行代码通过ToShortTimeString()方法获取当前对象的短时间部分。

第19行代码通过DateTime的静态方法Compare()比较两个时间先后关系。

8.4　Random类

在程序开发过程中，经常需要生成一些随机数，例如，抽奖号码就是随机生成的。在C#语言中提供了一个Random类，该类是一个伪随机数生成器，它可以随机产生数字。Random类有两个构造方法，具体如表8-9所示。

表8-9　Random类的构造方法

名称	功能描述
Random()	使用与时间相关的默认种子值，初始化Random类的新实例对象
Random(int seed)	使用指定的种子值初始化Random类的新实例对象

　　表 8-9 中列举了 Random 类的两个构造方法，其中第一个构造方法是无参的，通过它创建的 Random 实例对象每次使用的种子是随机的，因此每个对象所产生的随机数不同。如果希望创建多个 Random 实例对象产生相同序列的随机数，则可以在创建对象时调用第二个构造方法，传入相同的种子即可。

　　下面采用第一种构造方法来产生随机数，在解决方案 Chapter08 中创建一个项目名为 Program23 的控制台应用程序，本案例的具体代码如例 8-23 所示。

例 8-23　Program23\Program.cs

```
1  using System;
2  namespace Program23{
3      class Program {
4          static void Main(string[] args){
5              //Random 无参的构造函数
6              Random rd = new Random();
7              for (int i = 0; i < 10; i++){
8                  int temp = rd.Next(); //生成一个非负的随机数
9                  Console.WriteLine(temp);
10             }
11             Console.ReadKey();
12         }
13     }
14 }
```

　　第一次运行程序，结果如图 8-24 所示。

　　第二次运行程序，结果如图 8-25 所示。

图8-24　例8-23第一次运行结果　　　　　　　图8-25　例8-23第二次运行结果

　　从运行结果可以看出，Program23 项目运行两次产生的随机数序列是不一样的。这是因为当创建 Random 实例对象时，没有指定种子，系统会以当前时钟作为种子，产生随机数。

　　下面将例 8-23 中创建 Random 实例对象的方法稍做修改，采用表 8-9 中的第二种构造方法产生随机数，具体代码如例 8-24 所示。

例 8-24　Program24\Program.cs

```
1  using System;
2  namespace Program24{
3      class Program{
4          static void Main(string[] args){
5              //Random 有参的构造函数
6              Random rd = new Random(10);
7              for (int i = 0; i < 10; i++){
8                  int temp = rd.Next();
9                  Console.WriteLine(temp);
10             }
11             Console.ReadKey();
12         }
13     }
14 }
```

　　第一次运行程序，结果如图 8-26 所示。

　　第二次运行程序，结果如图 8-27 所示。

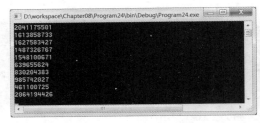 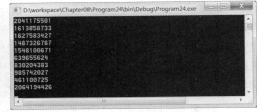

图8-26　例8-24第一次运行结果　　　　图8-27　例8-24第二次运行结果

从运行结果可以看出，当创建 Random 实例对象时，如果指定了相同的种子，则每个实例对象产生的随机数具有相同的序列。

Random 类提供了多种方法来生成各种伪随机数，可以指定生成随机数的范围，不仅可以生成整型随机数，还可以生成浮点类型的随机数。表 8-10 中列举了 Random 类的常用方法。

表 8-10　Random 类的常用方法

名称	功能描述
int Next( )	返回一个任意整数
int Next(int max)	返回一个小于所指定最大值的非负随机整数
int Next(int min, int max)	返回在指定范围内的任意整数
double NextDouble ( )	返回一个介于 0.0 和 1.0 之间的随机浮点数

表 8-10 中，列出了 Random 类的常用方法，在解决方案 Chapter08 中创建一个项目名为 Program25 的控制台应用程序，具体代码如例 8-25 所示。

例 8-25　Program25\Program.cs

```
1 using System;
2 namespace Program25{
3    class Program{
4       static void Main(string[] args){
5          Random rd = new Random();
6          int temp;
7          Console.Write("生成一个随机数字          :");
8          temp = rd.Next();
9          Console.WriteLine(temp);
10         Console.Write("生成一个小于10 的随机数字     :");
11         temp = rd.Next(10);
12         Console.WriteLine(temp);
13         Console.Write("生成一个大于10 小于20 的随机数字:");
14         temp = rd.Next(10, 20);
15         Console.WriteLine(temp);
16         Console.Write("生成一个浮点类型随机数字        :");
17         double temp1 = rd.NextDouble();
18         Console.WriteLine(temp1);
19         Console.ReadKey();
20      }
21   }
22 }
```

运行结果如图 8-28 所示。

图8-28　例8-25运行结果

从运行结果可以看出，调用 Random 类不同的方法可以产生不同范围的随机数。

8.5　本章小结

本章首先对 string 类的初始化、字符串的不可变性、string 类的静态方法和实例方法逐一进行了介绍；其次对 StringBuilder 类的作用与常用方法进行了讲解，并通过 string 类与 StringBuilder 类的对比案例说明了在拼接字符串时 StringBuilder 类的性能远高于 string 类；然后讲解了 DateTime 类的常用属性和方法；最后讲解了如何使用 Random 类生成随机数。通过学习本章的内容，初学者可以掌握字符串、日期、随机数等常用类的使用方法。

8.6　习题

一、填空题

1. 在 C#中用来封装字符串的两个类是_____和_____。
2. 字符串成可以看成是_____数组。
3. 将当前字符串转换为字符数组的方法是_____。
4. 定义 string s= " 123 " 字符串，并执行代码 s=s+ " 4 " ，此时内存中有_____个字符串。
5. 比较两个字符串是否相等的 Compare( )方法的返回值类型是_____。
6. _____类创建的字符串的长度是可变的。
7. DateTime 类中用于比较两个时间先后关系的静态方法是_____。
8. string 类中用于返回字符串长度的属性是_____。
9. DateTime 类中用来获取当前系统时间的属性是_____。
10. 向 StringBuilder 对象末尾追加字符串的方法是_____。

二、判断题

1. 使用 string 类和 StringBuilder 类创建的字符串对象都可以被修改。（　）
2. 用运算符 "= ="比较字符串对象时，如果两个字符串的值相同，结果为 true。（　）
3. 字符串可以看成是字符数组，可以对其进行修改。（　）
4. Random 类的 NextDouble( )方法用于获取 0 到 1.0 之间的浮点数。（　）
5. string 类的 Substring(int a)方法用于截取 "a" 字符串。（　）

三、选择题

1. 下列关于字符串描述，错误的是（　）。
A. 字符串具有不可变性。
B. 字符串可以用只读字符数组的方式来访问。
C. string 对象可以通过 Length 属性来获取字符串长度。
D. 对 string 类进行修改时，不会生成新的字符串对象。
2. 执行 String.Compare(" abc " ， " aaa ")返回的结果是（　）。
A. 0　　　　　　　B. −1　　　　　　　C. 1　　　　　　　D. false
3. 假如 IndexOf( )方法未能找到所指定的子字符串，则返回以下选项中的哪个？（　）
A. −1　　　　　　　B. 0　　　　　　　C. false　　　　　　　D. null
4. string s = "abcdedcba";则 s.Substring(3，2)返回的字符串是以下选项中的哪个？（　）
A. cd　　　　　　　B. de　　　　　　　C. d　　　　　　　D. e
5. 执行 string.Join("–", new string[ ] { "ab","cd","ef"})返回的结果是（　）。

A. abcdef   B. ab–cd–ef   C. –ab–cd–ef–   D. a–b–c–d–e–f

6. string 对象的 Split( )方法的返回值类型是（   ）。

A. string   B. string[ ]   C. char[ ]   D. char

7. string s = "ItCast";则 s.ToUpper( )返回的字符串是以下选项中的哪个？（   ）

A. itcast   B. ItCast   C. ITCAST   D. iTcAST

8. 阅读下面的程序。

```
StringBuilder sb=new StringBuilder("Beijing2008");
sb.Insert(7,"@");
Console.WriteLine(sb.ToString());
Console.ReadKey();
```

程序输出的结果是（   ）。

A. Beijing@2008   B. @Beijing2008   C. Beijing2008@   D. Beijing#2008

9. Random rd=new Random( ); int temp=rd.Next(4,6); temp 的值可以是下列选项中的哪一个？（   ）

A. 0   B. 3   C. 5   D. 7

10. 先阅读下面的程序片段。

```
String str1 = "abc";
String str2 = "abc";
StringBuilder str3 = new StringBuilder("abc");
StringBuilder str4 = new StringBuilder("abc");
```

以下表达式错误的是（   ）。

A. str1==str2;   B. str1.equals(str2);   C. str3==str4;   D. str1==str3

四、程序分析题

阅读下面的程序，分析代码是否能编译通过，如果能编译通过，请列出运行的结果。如果不能编译通过，请说明原因。

代码一：

```
class Program01 {
    static void Main(string[] args){
        string s = new string('a', 5);
        s[3] = 'b';
    }
}
```

代码二：

```
class Program02 {
    static void Main(string[] args){
        StringBuilder sb = new StringBuilder("aaaaa");
        String s = sb;
    }
}
```

五、问答题

1. 简述 string 类和 StringBuilder 类相同点和不同点。

2. 举例说明字符串的不可变性。

六、编程题

请按照题目的要求编写程序并给出运行结果。编写一个程序，实现字符串大小写的转换并倒序输出。

提示：

（1）使用 for 循环将字符串 "HelloWorld" 从最后一个字符开始遍历。

（2）遍历的当前字符如果是大写字符，就使用 ToLower( )方法将其转换为小写字符，反之则使用 ToUpper( )方法将其转换为大写字符。

（3）定义一个 StringBuilder 对象，调用 Append( )方法依次添加转换后的字符，并将得到的结果输出。

第 9 章

文件操作

★ 了解流与文件流的概念

★ 掌握 File 类和 FileInfo 类的用法

★ 掌握 Directory 类和 DirectoryInfo 类的用法

★ 掌握 FileStream 类的用法

★ 掌握 StreamReader 类和 StreamWriter 类的用法

★ 掌握 Path 类的用法

★ 掌握 BufferedStream 类的用法

★ 掌握序列化和反序列化的用法

拓展阅读

在 C#程序中，当操作变量与常量时，这些变量与常量的值是存放在内存中的，程序运行结束后，使用的数据会被全部清除。如果想要长久保存程序中的数据，可以选择使用文件或数据库（将在后面章节中讲解）来存储，文件通常存放在计算机磁盘的指定位置，可以是记事本、Word 文档、图片等形式，C#中也提供了相应的文件操作类来实现对文件的创建、移动、读写等操作，下面将对文件操作类进行详细讲解。

9.1 流和文件流

大多数应用程序都需要实现与设备之间的数据传输，例如，键盘可以输入数据、显示器可以显示程序的运行结果等，在 C#中将这种通过不同输入/输出设备（键盘、内存、显示器、网络等）之间的数据传输抽象表述为"流"，程序允许通过流的方式与输入/输出设备进行数据传输。C#中的"流"都位于 System.IO 命名空间中，称为 I/O（输入/输出）流。

在计算机中，无论是文本、图片、音频还是视频，所有的文件都是以二进制（字节）形式存储的。为此，C#专门针对文件的输入输出操作提供了一系列的流，统称为文件流。文件流是程序中最常用的流，根据数据的传输方向可将其分为输入流和输出流。为了方便理解，可以把输入流和输出流比作两根"水管"，如图 9-1 所示。

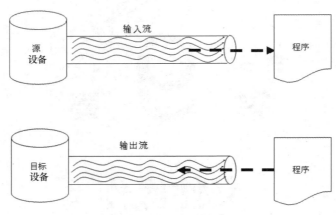

图9–1　输入流和输出流

　　图 9-1 中，输入流被看作是一个输入管道，输出流被看作是一个输出管道，数据通过输入流从源设备输入到程序中，通过输出流从程序中输出到目标设备中，从而实现数据的传输。由此可见，文件流中的输入输出都是相对于程序而言的。

9.2　System.IO 命名空间

　　在 C#中，文件操作类都位于 System.IO 命名空间中，因此在使用这些类时需要引入 System.IO 命名空间。该命名空间中包含了很多类，为了方便初学者更好地学习，下面通过一个图例来介绍 System.IO 命名空间中的常用类，如图 9-2 所示。

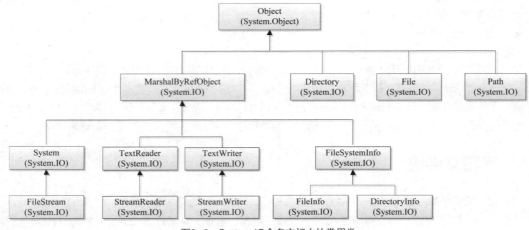

图9–2　System.IO命名空间中的常用类

　　图 9-2 列举了一些常用类，这些类大致可分为操作目录的类、操作文件的类、操作文件路径的类等。其中，Directory 类和 DirectoryInfo 类属于操作目录的类，File 类、FileStream 类和 FileInfo 类属于操作文件的类，StreamReader 类和 StreamWriter 类属于操作文本文件的类，Path 类属于操作文件路径的类。

9.3　File 类和 FileInfo 类

　　前文中讲解了流可以对文件的内容进行读写操作，而在应用程序中还可能会对文件自身进行一些操作，例如创建、删除或者重命名某个文件，判断磁盘上某个文件是否存在等。针对这些操作，C#中提供了 File

类和 FileInfo 类，下面对这 2 个类进行详细讲解。

9.3.1 File 类

File 类是一个静态类，它提供了许多静态方法，用于处理文件，使用这些方法可以对文件进行创建、移动、查询和删除等操作，下面介绍 File 类的一些常用静态方法，如表 9–1 所示。

表 9-1 File 类的常用静态方法

方法	说明
FileStream Create(string path)	根据传入的路径创建一个文件，如果文件不存在，则创建文件，如果存在文件且不是只读文件，则覆盖其内容
void Delete(string path)	如果文件存在，则删除指定的文件，如果指定的文件不存在也不引发异常
bool Exists(string path)	判断指定文件是否存在，若存在则返回 true，否则返回 false
void Move(string sourceFileName,string destFileName)	将指定的文件移动到新位置，可以在新位置为文件指定不同的名称
FileStream Open(string path,FileMode mode)	打开指定路径上的文件并返回 FileStream 对象
void Copy(string sourceFileName, string destFileName)	将现有的文件内容复制到新文件中，可以指定是否允许覆盖同名的文件

表 9–1 中列举了 File 类中最常用的一些方法，下面通过一个案例来演示如何调用这些方法。在解决方案 Chapter09 中创建一个项目名为 Program01 的控制台应用程序，具体代码如例 9–1 所示。

例 9-1　Program01\Program.cs

```
1  using System;
2  using System.IO;      //添加命名空间
3  namespace Program01{
4    class Program{
5      static void Main(string[] args){
6        File.Create("Data.txt");      //创建文件
7        Console.WriteLine("文件创建成功");
8        if (File.Exists("Data.txt")){  //判断文件是否存在
9          Console.WriteLine("Data.txt 文件存在");
10       }else{
11         Console.WriteLine("Data.txt 文件不存在");
12       }
13       Console.ReadKey();
14     }
15   }
16 }
```

运行结果如图 9–3 所示。

图9–3　例9–1运行结果

例 9–1 中，使用 File 类实现了创建文件和判断文件是否存在的功能。其中，第 2 行添加了对 System.IO 命名空间的引用，第 6 行通过调用 File 类的 Create( )方法创建 Data.txt 文件，创建好的 Data.txt 文件存放在项目中的 Chapter09\Program01\bin\Debug 目录下。

第 8 行代码调用 File 类的 Exists( )方法判断 Data.txt 文件是否存在，如果存在就输出"Data.txt 文件存在"，否则输出"Data.txt 文件不存在"。

> **多学一招：相对路径与绝对路径**

相对路径是指当前文件相对于其他文件（或文件夹）的路径关系。例如，如果在路径 D:\workspace\a\b\ 下有程序文件 b.cs 和文本文件 a.txt，那么相对于 b.cs 文件，a.txt 文件与它就是在同一文件目录下，在 b.cs 文件中调用 a.txt 文件时，直接写文件名即可。相对路径使用符号"/"表示，具体使用方式如下。

- 在斜杠前面加一个点"./"表示上一级目录；
- 在斜杠前面加两个点"../"表示当前文件的根目录。

绝对路径是指文件在磁盘上的完整路径，例如 b.cs 程序调用 a.txt 文件时填写 D:\workspace\a\b\a.txt，在程序中使用绝对路径时需要注意该路径的位置，当该位置发生改变时可能会导致异常。

9.3.2　FileInfo 类

FileInfo 类与 File 类比较类似，它们都可以对磁盘上的文件进行操作。不同之处在于 FileInfo 类是实例类，所有的方法都只能在实例化对象后才能调用。创建 FileInfo 类的对象时必须传递一个文件路径作为参数，具体代码如下：

```
FileInfo aFile = new FileInfo(@"C:\Data.txt");
```

上述代码表示使用 FileInfo 类创建一个对象，将文件路径作为参数，而路径中"@"符号表示不解析转义字符，如果没有"@"前缀就需要用"\\"替代"\"。通过前面的学习可知，"\"是一个转义字符，在程序中要表示一个"\"就需要使用"\\"。例如下面这行代码：

```
FileInfo aFile = new FileInfo("C:\\Data.txt");
```

FileInfo 类中除了有许多与 File 类相似的方法外，同时也有其特有的属性，如表9-2所示。

表9-2　FileInfo 类的特有属性列表

属性	说明
Directory	用于检索一个 DirectoryInfo 对象，表示当前文件所在的目录
DirectoryName	用于返回文件目录，且这个属性是只读的
IsReadOnly	用于判断文件是否是只读的
Length	用于获取文件的大小（以字节为单位），并返回 long 值

下面通过一个案例来学习 FileInfo 类中的方法与其特有属性的用法，在解决方案 Chapter09 中创建一个项目名为 Program02 的控制台应用程序，具体代码如例9-2所示。

例9-2　Program02\Program.cs

```
1  using System;
2  using System.IO;
3  namespace Program02{
4    class Program{
5      static void Main(string[] args){
6        FileInfo aFile = new FileInfo("Data.txt");
7        aFile.Create();      //创建文件
8        Console.WriteLine("文件创建成功");
9        if (aFile.Exists){ //判断文件是否存在
10          Console.WriteLine("Data.txt 文件存在");
11        }else{
12          Console.WriteLine("Data.txt 文件不存在");
13        }
14        Console.WriteLine("文件当前目录为: " + aFile.Directory);
15        Console.WriteLine("文件大小为: " + aFile.Length);
16        Console.ReadKey();
17      }
18    }
19 }
```

运行结果如图 9-4 所示。

图9-4　例9-2运行结果

例 9-2 中，使用 FileInfo 类进行文件操作时必须先创建一个 FileInfo 对象，然后通过该对象去调用相应的方法或属性。

第 9 行代码通过调用 FileInfo 对象的 Exists 属性来判断创建的 Data.txt 文件是否存在，而在 File 类中需要调用 Exists( )方法来判断指定的文件是否存在。

第 14 ~ 15 行代码通过调用 FileInfo 对象的 Directory 属性与 Length 属性分别获取文件存放的绝对路径与大小信息。

总之，FileInfo 类和 File 类的用法还有很多不同之处，需要在学习过程中不断总结。

9.4　Directory 类和 DirectoryInfo 类

在程序开发中，不仅需要对文件进行操作，还需要对文件的存放目录进行操作，例如创建目录、删除目录等，为此 C# 提供了 Directory 类和 DirectoryInfo 类来操作文件存放的目录，下面将对 Directory 类与 DirectoryInfo 类进行详细讲解。

9.4.1　Directory 类

Directory 类是一个静态类，不可实例化，并且提供了许多静态方法用于对文件的存放目录进行操作，例如创建、删除、查询和移动目录等。Directory 类的常用方法如表 9-3 所示。

表 9-3　Directory 类的常用方法

方法	说明
DirectoryInfo CreateDirectory(string path)	创建指定路径的所有目录和子目录
void Delete(string path)	删除指定路径的空目录
bool Exists(string path)	判断指定路径目录是否存在，若存在，则返回 true，否则，返回 false
DirectoryInfo GetParent( )	查找指定路径的父目录，包括相对路径和绝对路径
void Move(string sourceDirName, string destDirName)	将文件或目录及其内容移动到新位置

表 9-3 中列举了 Directory 类的一些常用方法，下面通过一个简单的案例来学习这些方法的用法，在解决方案 Chapter09 中创建一个项目名为 Program03 的控制台应用程序，具体代码如例 9-3 所示。

例 9-3　Program03\Program.cs

```
1  using System;
2  using System.IO;
3  namespace Program03{
4    class Program{
5      static void Main(string[] args){
6        //创建多级目录
7        Directory.CreateDirectory(@"D:\workspace\Chapter09\Program");
8        //判断目录是否存在
9        if (Directory.Exists(@"D:\workspace\Chapter09\Program")){
10         Console.WriteLine("文件存在");
```

```
11              }else{
12                  Console.WriteLine("文件不存在");
13              }
14              //删除没有内容的目录
15              Directory.Delete(@"D:\workspace\Chapter09\Program");
16              Console.WriteLine("删除成功");
17              Console.ReadKey();
18          }
19      }
20 }
```

运行结果如图9-5所示。

图9-5　例9-3运行结果

例9-3中，第7、9、15行代码通过调用Directory类的CreateDirectory()方法、Exists()方法、Delete()方法分别实现了创建多级目录、判断目录是否存在、删除目录的功能。其中，CreateDirectory()方法中传递的参数@"D:\workspace\Chapter09\Program"为创建目录的路径信息。对文件目录操作完后，调用WriteLine()方法输出操作结果。

9.4.2　DirectoryInfo 类

DirectoryInfo类是一个非静态类，可以进行实例化。该类的功能与Directory类相似，也可以对文件的目录进行创建、删除、查询、移动等操作。Directory类的常见方法或属性如表9-4所示。

表9-4　DirectoryInfo 类的常用属性或方法

属性或方法	说明
Parent	属性，获取指定子目录的父目录
Root	属性，获取路径的根目录
Name	属性，获取当前 DirectoryInfo 对象的名称
Exists	属性，判断指定目录是否存在
Create( )	方法，创建目录
GetDirectories(string path)	方法，获取当前目录的子目录
CreateSubdirectory(string path)	方法，在指定路径中创建一个或多个子目录
GetFiles( )	方法，获取当前目录的文件列表
Delete( )	方法，删除指定的目录及其内容
GetFileSystemInfos( )	方法，获取当前目录的子目录和文件列表
MoveTo(string destDirName)	方法，将指定目录及其内容移到新位置

表9-4中列举了DirectoryInfo类的常用属性与方法，下面通过一个案例来演示一下这些属性与方法的用法，在解决方案Chapter09中创建一个项目名为Program04的控制台应用程序，具体代码如例9-4所示。

例9-4　Program04\Program.cs

```
1 using System;
2 using System.IO;
3 namespace Program04{
4     class Program{
5         static void Main(string[] args){
6             string path = @"D:\workspace\Chapter09\Program04
7                                            \bin\Debug\Test";
```

```
8              //创建一个 DirectoryInfo 对象
9              DirectoryInfo di = new DirectoryInfo(path);
10             di.Create();
11             Console.WriteLine("当前目录名称为: " + di.Name);
12             Console.WriteLine("父目录名为: " + di.Parent);
13             Console.WriteLine("根目录为: " + di.Root);
14             string path1 = @"D:\workspace\Chapter09\Program04\bin\Debug";
15             DirectoryInfo di1 = new DirectoryInfo(path1);
16             //遍历目录下的所有文件,并找出包含 P 字符的文件名
17             FileInfo[] files1 = di1.GetFiles("*P*");
18             foreach (var item in files1){
19                 Console.WriteLine("包含 P 字符的文件名称为: " + item.Name);
20             }
21             Console.ReadKey();
22         }
23     }
24 }
```

运行结果如图 9-6 所示。

图9-6 例9-4运行结果

例 9-4 中,第 6~7 行代码中的变量 path 的值为当前项目的路径。

第 9~10 行代码首先根据变量 path 创建 DirectoryInfo 类的对象 di,然后调用 Create( )方法在根目录下创建 Test 文件夹。

第 11~13 行代码调用对象 di 的属性 Name、Parent、Root,分别获取当前目录名称、父目录名和根目录,然后通过 WriteLine( )方法分别输出这些信息。

第 14~15 行代码首先定义了一个变量 path1,该变量的值是一个指定的路径,然后根据该路径创建了 DirectoryInfo 类的对象 di1。

第 17 行代码调用 GetFiles( )方法获取路径 path1 中含有字符 P 的文件名,并将这些文件名存放在 FileInfo 类型的数组 files1 中。

第 18~20 行代码通过 foreach 循环语句对数组 files1 进行遍历并输出遍历信息。

9.5 FileStream 类

当需要读取或写入文件信息时,可通过 C#提供的 FileStream 类来实现,在该类中提供了 Write( )、Read( )、Seek( )等方法,通过这些方法来实现对文件的写入、读取等操作。下面将对 FileStream 对象类进行详细讲解。

9.5.1 FileStream 类简介

FileStream 类表示在磁盘或网络路径上指向文件的流,并提供了在文件中读写字节和字节数组的方法,通过这些方法,FileStream 对象可以读取图像、声音、视频、文本文件等,即 FileStream 对象能够处理各种数据文件。

FileStream 类有很多重载的构造方法,其中最常用的是带有 3 个参数的构造方法,具体如下:

```
FileStream(string path, FileMode mode, FileAccess access);
```

上述构造方法中,第 1 个参数 path 表示文件路径名,第二个参数 mode 表示如何打开或创建文件,第三个参数 access 用于确定 FileStream 对象访问文件的方式。除了这个构造方法外,FileStream 类还有一些常用方法,具体如表 9-5 所示。

表 9-5   FileStream 类的常用方法

方法	说明
int ReadByte( )	从文件中读取一个字节，并将读取位置提升一个字节
void Flush( )	清除此流的缓冲区，使得所有缓冲的数据都写入到文件中
void WriteByte(byte value)	将一个字节写入文件流的当前位置
void Write(byte[ ] array,int offset,int count)	从缓冲区读取数据将字节块写入该流
int Read(byte[ ] array,int offset,int count)	从流中读取字节块并将该数据写入给定缓冲区中
long Seek(long offset,SeekOrigin origin)	将该流的当前位置设置为给定值

初学者只需简单了解表 9-5 中所列举的 FileStream 类的常用方法，在后文中会通过具体的案例进行详细讲解。

9.5.2　FileStream 类读取文件

FileStream 类除了可以以字节的方式读取文件外，还可以对文件的任意位置进行读取，在 FileStream 类的内部有一个文件指针用于维护文件的位置，该指针指向文件进行下一次读写操作的位置。大多数情况下，当打开文件时，指针就指向文件的开始位置，如果想修改指针的位置可以使用 FileStream 对象的 Seek( )方法，示例代码如下：

```
FileStream aFile=File.OpenRead("Data.txt");
aFile.Seek(8,SeekOrigin.Current);
```

Seek( )方法中的第一个参数表示文件指针移动距离（以字节为单位）；第二个参数表示开始计算的起始位置，该起始位置用 SeekOrigin 枚举类型的一个值来表示，SeekOrigin 枚举类型中包含 3 个值：Begin、Current 和 End，其中 Begin 表示文件开始位置，Current 表示文件当前位置，End 表示文件结束位置。

为了让初学者更好地学习 FileStream 类，下面通过一个案例来演示 FileStream 类对文件的访问操作，首先在解决方案 Chapter09 中创建一个项目名为 Program05 的控制台应用程序，然后在该程序的根目录中创建一个 Data.txt 文件，在该文件中输入需要显示的信息，具体代码如例 9-5 所示。

例 9-5   Program05\Program.cs

```
1  using System;
2  using System.IO;
3  using System.Text;
4  namespace Program05{
5     class Program{
6        static void Main(string[] args){
7           byte[] byteData = new byte[1024];
8           char[] charData = new char[1024];
9           using (FileStream aFile = new FileStream("Data.txt",
10                                          FileMode.Open)){
11              aFile.Seek(0, SeekOrigin.Begin); //设置当前流的位置
12              //从流中读取字节块到 byteData 数组中
13              aFile.Read(byteData, 0, 1024);
14           }
15           //将字节数组和内部缓冲区中的字节解码为字符数组
16           Decoder d = Encoding.Default.GetDecoder();
17           d.GetChars(byteData, 0, byteData.Length, charData, 0);
18           Console.WriteLine(charData); //输出解码后的字符串
19           Console.ReadKey();
20        }
21     }
22 }
```

运行结果如图 9-7 所示。

图9-7　例9-5运行结果

例9–5 中，第 7 ~ 8 行代码分别定义了一个字节数组 byteData 与一个字符数组 charData。

第 9 ~ 14 行代码中使用了关键字 using，将当前文件流对象使用完毕后释放资源。其中，第 11 行代码调用了 Seek( )方法将当前文件指针从开始位置开始移动，第 13 行代码调用 Read( )方法读取了 1024 个字节并将读取的字节存放到字节数组 byteData 中。

第 16 行代码调用 GetDecoder( )方法获取 Decoder 类（解码器）的对象 d。

第 17 行代码调用对象 d 的 GetChars( )方法将字节数组解码为字符数组。其中，GetChars( )方法中的第 1 个参数 byteData 表示要解码的字节数组，第 2 个参数 0 表示从第 0 个字节开始，第 3 个参数 byteData.Length 表示字节的长度，第 4 个参数 charData 表示将解码后的字符存放在该字符数组中，第 5 个参数 0 表示从第 0 个字符开始存放。

第 18 行代码调用 WriteLine( )方法将转换后的字符数组 charData 输出。

9.5.3 FileStream 类写入文件

FileStream 类向文件中写入数据与读取数据的过程非常相似，不同之处是，读取数据时使用的是 Read( ) 方法，而写入时使用的是 Write( )方法，下面通过一个案例来演示 FileStream 类向文件写入数据，在解决方案 Chapter09 中创建一个项目名为 Program06 的控制台应用程序，具体代码如例 9–6 所示。

例9-6　Program06\Program.cs

```
1  using System;
2  using System.IO;
3  using System.Text;
4  namespace Program06{
5     class Program{
6        static void Main(string[] args){
7           byte[] byteData;  //定义一个字节数组
8           char[] charData;  //定义一个字符数组
9           try{
10             //创建 FileStream 流对象，并使用关键字 using 包含执行代码
11             using (FileStream aFile = new FileStream("Data.txt",
12                                              FileMode.Create)){
13                //写一段字符串并使用 ToCharArray()方法转换为字符存储到字符数组中
14                charData = "Hello world by C#".ToCharArray();
15                byteData = new byte[charData.Length];
16                //使用 Encoder 类实现将字符数组转换为字节数组
17                Encoder e = Encoding.Default.GetEncoder();
18                e.GetBytes(charData, 0, charData.Length,
19                                          byteData, 0, true);
20                //文件指针指向文件开始位置
21                aFile.Seek(0, SeekOrigin.Begin);
22                //开始将字节数组中的数据写入文件
23                aFile.Write(byteData, 0, byteData.Length);
24             }
25          }catch (IOException ex){//处理相关异常
26             Console.WriteLine("文件操作异常");
27             Console.WriteLine(ex.ToString());
28             Console.ReadKey();
29             return;
30          }
31          Console.ReadKey();
32       }
33    }
34 }
```

程序执行之后，在根目录中打开 Data.txt 文件，如图 9–8 所示。

图9-8　例9-6运行结果

例9-6中，第11~12行代码在 using 语句中通过 FileStream 类创建了一个 Data.txt 文件。

第14~15行代码首先调用 ToCharArray( )方法将字符串"Hello world by C#"转换为字符并存放在字符数组 charData 中，然后根据字符数组的长度创建了一个字节数组 byteData。

第18行代码调用 GetBytes( )方法将字符数组 charData 解码为字节数组 byteData。

第21行代码调用 Seek( )方法将文件指针指向文件的开始位置。

第23行代码调用 Write( )方法将字节数组 byteData 中的数据写入到 Data.txt 文件中。

由图9-8中的运行结果可知，字符串"Hello world by C#"被成功写入到 Data.txt 文件中。

9.5.4 实例：复制文件

9.5.2 节和 9.5.3 节讲解了 FileStream 类对文件的读取和写入操作，为了让初学者更好地理解 FileStream 类的用法，下面将调用 FileStream 类的 Read( )方法和 Write( )方法来实现复制一个文件的操作。首先在解决方案 Chapter09 中创建一个项目名为 Program07 的控制台应用程序，然后在该程序的根目录下创建一个 a.txt 文件，并写入一些信息，具体代码如例9-7所示。

例9-7　Program07\Program.cs

```
1  using System;
2  using System.IO;
3  namespace Program07{
4      class Program{
5          static void Main(string[] args){
6              string source = "a.txt";
7              string target = "b.txt";
8              //创建文件流
9              using (FileStream fsRead = new FileStream(source, FileMode.Open)){
10                 using (FileStream fsWrite = new FileStream(target,
11                                                 FileMode.Create)){
12                     byte[] bytes = new byte[1024]; //创建缓冲区
13                     //循环读取文件流
14                     while (true){
15                         int r = fsRead.Read(bytes, 0, bytes.Length);
16                         if (r <= 0){
17                             break;
18                         }
19                         fsWrite.Write(bytes, 0, bytes.Length); //写入文件
20                     }
21                 }
22             }
23             Console.WriteLine("文件 a 内容已写入文件 b 中");
24             Console.ReadKey();
25         }
26     }
27 }
```

程序运行成功后，在该项目的根目录中打开 a.txt 文件和 b.txt 文件进行对比，如图9-9所示。

图9-9　例9-7运行结果

例9-7中，第12~20行代码首先定义了一个字节数组 bytes，然后调用 while 循环读取文件流。其中，第15行代码调用 Read( )方法返回实际读取的字节数 r，如果 r<=0，则说明没有字节数，此时调用关键字 break 跳出循环，否则，调用 Write( )方法将字节写入到 b.txt 文件中，直到文件读取完毕。

由图9-9中的运行结果可知，a.txt 文件内容与 b.txt 文件内容一致，因此说明文件复制成功了。

9.6　StreamReader 类和 StreamWriter 类

前面用到的 FileStream 类只能通过字节或字节数组的方式对文件进行操作，当处理文本文件时还需要在字节与字符数据之间进行转换，这时程序会显得过于烦琐。为此，C#专门提供了 StreamReader 类和 StreamWriter 类来处理文本文件。下面对这两个类进行详细讲解。

9.6.1　StreamWriter 类

StreamWriter 类用于将字符和字符串写入到文件中，它实际上是先转换为 FileStream 对象，然后向文件中写入数据，所以在创建对象时可以通过 FileStream 类的对象来创建 StreamWriter 类的对象，同时也可以直接创建 StreamWriter 类的对象。

当 FileStream 类的对象存在时，可以通过该对象来创建 StreamWriter 类的对象，具体代码如下：

```
FileStream aFile = new FileStream("Data.txt",FileMode.CreateNew);
StreamWriter sw = new StreamWriter(aFile);
```

上述代码中，创建 FileStream 类的对象时调用了该类的构造方法 FileStream( )，在该方法中传递了 2 个参数，第 1 个参数 Data.txt 表示要写入数据的文件，第 2 个参数 FileMode.CreateNew 表示文件的一个模式，该模式可以创建第 1 个参数指定的文件，如果该文件已经存在，程序会引发异常。

除了上述方式外，还可以通过指定文件来创建 StreamWriter 类的对象，具体代码如下：

```
StreamWriter sw = new StreamWriter("Data.txt");
```

上述代码表示创建一个 StreamWriter 流对象，并向 Data.txt 文件中写入数据。如果 Data.txt 文件不存在，则创建该文件。下面通过一个案例来学习 StreamWriter 类的使用方法，在解决方案 Chapter09 中创建一个项目名为 Program08 的控制台应用程序，具体代码如例 9-8 所示。

例 9-8　Program08\Program.cs

```
1  using System;
2  using System.IO;
3  namespace Program08{
4    class Program{
5      static void Main(string[] args){
6        try{
7          //创建文件流对象,如果文件不存在则创建 Data.txt 文件
8          StreamWriter sw = new StreamWriter("Data.txt");
9          //向文件中写入一段文字
10         sw.WriteLine("传智播客是国内一流教育培训机构");
11         sw.Close();      //关闭当前流对象
12         Console.ReadKey();
13       }catch (IOException ex){
14         Console.WriteLine("文件操作异常");
15         Console.WriteLine(ex.ToString());
16         return;
17       }
18     }
19   }
20 }
```

运行结果如图 9-10 所示。

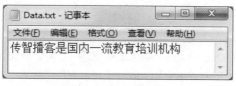

图9-10　例9-8运行结果

例9-8中，第8行代码创建了一个StreamWriter类的对象sw。

第10～11行代码首先调用WriteLine()方法向创建的Data.txt文件中写入一段文字"传智播客是国内一流教育培训机构"，然后调用Close()方法关闭对象sw。

例9-8中，如果想要在有内容的文件中添加一些内容，则会覆盖文件中原有的内容，此时StreamWriter类还提供了一个构造方法，用于对文件中的内容进行追加操作。

由图9-10中的运行结果可知，Data.txt文件中成功写入了一段文字。

下面通过一个案例来学习如何使用StreamWriter类的对象对文件进行追加内容的操作，首先在解决方案Chapter09中创建一个项目名为Program09的控制台应用程序，然后将例9-8中的Data.txt文件复制到该项目中的Program09\bin\Debug目录下，具体代码如例9-9所示。

例9-9   Program09\Program.cs

```
1  using System;
2  using System.IO;
3  namespace Program09{
4      class Program{
5          static void Main(string[] args){
6              try{
7                  //对Program09项目中的Data.txt文件进行追加操作
8                  string path = @"D:\workspace\Chapter09\Program09
9                                              \bin\Debug\Data.txt";
10                 StreamWriter sw = new StreamWriter(path, true);
11                 sw.WriteLine("网址：www.itcast.cn"); //向文件中追加一段文字
12                 sw.Close();              //关闭当前流对象
13                 Console.ReadKey();
14             }catch (IOException ex){
15                 Console.WriteLine("文件操作异常");
16                 Console.WriteLine(ex.ToString());
17                 return;
18             }
19         }
20     }
21 }
```

程序执行成功之后，打开Program09项目根目录下的Data.txt文件，该文件中的最初内容与追加内容后的对比，如图9-11所示。

(a) 最初内容   (b) 追加内容后

图9-11   Data.txt文件最初内容与追加内容后的对比

例9-9中，第10行代码创建了StreamWriter类的对象sw，在该类的构造函数中传递了一个布尔值，这个值为true，表示向有内容的文件中添加内容时，不会覆盖文件中原有的内容。

由图9-11（b）中的运行结果可知，Data.txt文件中的内容已经追加了"网址：www.itcast.cn"。

9.6.2 StreamReader 类

在9.6.1节中学习到StreamWriter类的对象其实是对FileStream流进行了封装，并实现了字节流对字符流的转换。同样StreamReader类也是如此，只是StreamReader类是以字符的形式读取文件的。在创建StreamReader类的对象时可以通过FileStream类的对象来创建，同时也可以直接创建StreamReader类的对象。下面就对这两种创建方式进行讲解。

当FileStream类的对象存在时，可以通过该对象来创建StreamReader类的对象，具体代码如下：

```
FileStream aFile = new FileStream("Data.txt",FileMode.Open);
StreamReader sr = new StreamReader(aFile);
```

StreamReader 类与 StreamWriter 类一样，可以通过具体文件路径的字符串来创建 StreamReader 类的对象，具体代码如下：

```
StreamReader sr = new StreamReader("Data.txt");
```

下面通过一个案例来演示 StreamReader 类的用法，首先在解决方案 Chapter09 中创建一个项目名为 Program10 的控制台应用程序，然后将 Program09 项目的根目录下的 Data.txt 文件复制到该程序的根目录下，具体代码如例 9-10 所示。

例9-10　Program10\Program.cs

```
1  using System;
2  using System.IO;
3  namespace Program10{
4     class Program{
5        static void Main(string[] args){
6            string line;
7            string path = @"D:\workspace\Chapter09\Program10\bin\
8                                          Debug\Data.txt";
9            try{
10              //打开路径为path的文件
11              FileStream aFile = new FileStream(path, FileMode.Open);
12              StreamReader sr = new StreamReader(aFile); //创建读取流对象
13              line = sr.ReadLine(); //读取文件中的第一行
14              while (line != null){//如果文件不为空,则继续读取文件并输出至控制台
15                  Console.WriteLine(line);
16                  line = sr.ReadLine();
17              }
18              sr.Close();              //当文件读取完毕后,关闭当前流对象
19           }catch (IOException ex){   //捕捉文件异常问题
20              Console.WriteLine("文件操作异常");
21              Console.WriteLine(ex.ToString()); //输入异常原因
22           }
23           Console.ReadKey();
24        }
25     }
26 }
```

运行结果如图 9-12 所示。

图9-12　例9-10运行结果

例 9-10 中，第 11 行代码根据定义的路径 path 创建了 FileStream 类的对象 aFile。

第 12 行代码创建了 StreamReader 类的对象 sr。

第 13 ~ 18 行代码首先调用 ReadLine( )方法读取文件中的第一行信息，然后调用 while 循环继续读取文件中剩余行的信息，如果读取完毕，则在第 18 行代码中调用 Close( )方法关闭当前文件流。

需要注意的是，程序在运行过程中可能会出现异常，因此使用 try…catch 语句来捕获异常，并将异常的类型设置为 IOException，说明捕获的是文件操作中的异常。

9.6.3　实例：读写文件

在 9.6.1 节和 9.6.2 节中分别讲解了 StreamWriter 类和 StreamReader 类的用法，为了让初学者更好地掌握这两个类，下面通过一个文件读写的案例来学习 StreamReader 类和 StreamWriter 类的用法。首先在解决方案 Chapter09 中创建一个项目名为 Program11 的控制台应用程序，然后在该项目的根目录下创建一个 Data.txt 文件，具体代码如例 9-11 所示。

例 9-11　Program11\Program.cs

```
1  using System;
2  using System.IO;
3  using System.Text;
4  namespace Program11{
5    class Program{
6      static void Main(string[] args){
7        string temp;
8        StreamWriter sw = new StreamWriter("Data.txt", true,
9                                           Encoding.Default);
10       sw.WriteLine("传智播客是国内一流 IT 教育培训机构");
11       sw.Close();              //关闭 StreamWriter 文件流
12       StreamReader sr = new StreamReader("Data.txt", Encoding.Default);
13       //逐行读取数据，如果未读取到数据则返回 null
14       while ((temp = sr.ReadLine()) != null){
15         Console.WriteLine(temp);
16       }
17       sr.Close();              //关闭 StreamReader 文件流
18       sr.Dispose();            //释放 StreamReader 对象
19       sw.Dispose();            //释放 StreamWriter 对象
20       Console.ReadKey();
21     }
22   }
23 }
```

运行结果如图 9-13 所示。

图9-13　例9-11运行结果

例 9-11 中，第 8～11 行代码首先创建了 StreamWriter 类的对象 sw，然后调用 WriteLine()方法将字符串"传智播客是国内一流 IT 教育培训机构"写入到 Data.txt 文件中，接着调用 Close()方法关闭 StreamWriter 文件流。

第 12～16 行代码首先创建了 StreamReader 类的对象，然后调用 while 循环读取 Data.txt 文件中的内容。

第 17～19 行代码分别调用 Close()方法关闭 StreamReader 文件流，调用 Dispose()方法释放 StreamReader 对象和 StreamWriter 对象。

由图 9-13 中的运行结果可知，Data.txt 文件已读写成功并将文件中的信息输出到控制台。

9.7　Path 类

在程序中经常会对文件的路径进行操作，例如获取文件的扩展名、获取文件或文件夹的路径等，为了实现这些功能，C#中提供了 Path 类。Path 类中包含了一系列用于对文件路径进行操作的方法，具体如表 9-6 所示。

表 9-6　Path 类静态方法

方法声明	功能描述
string Combine(params string[] paths)	将字符串或字符串数组组合成一个路径
string GetDirectoryName(string path)	返回指定路径字符串的目录信息
string GetExtension(string path)	返回指定路径字符串的扩展名
string GetFileName(string path)	返回指定路径字符串的文件名和扩展名
string GetFullPath(string path)	返回指定路径字符串的绝对路径
bool HasExtension(string path)	确定路径是否包括文件扩展名

续表

方法声明	功能描述
string GetPathRoot(string path)	获取指定路径的根目录信息
string GetTempPath( )	返回当前用户的临时文件夹的路径
string GetTempFileName( )	创建磁盘上唯一命名的零字节的临时文件并返回该文件的完整路径
string ChangeExtension(string path,string extension)	更改路径字符串的扩展名

　　下面通过具体案例来演示 Path 类中常用方法的用法，在解决方案 Chapter09 中创建一个项目名为 Program12 的控制台应用程序，具体代码如例 9–12 所示。

例9-12　Program12\Program.cs

```
1  using System;
2  using System.IO;
3  namespace Program12{
4    class Program{
5      static void Main(string[] args){
6        string path = @"D:\workspace\Chapter09\Program12\Data.txt";
7        //修改文件的扩展名
8        string str = Path.ChangeExtension(path, "exe");
9        Console.WriteLine("修改文件扩展名后: " + str);
10       //拼接路径 D:\workspace\Chapter09\和路径 Program12\Data.txt
11       string path1 = Path.Combine(@"D:\workspace\Chapter09\",
12                                    @"Program12\Data.txt");
13       Console.WriteLine("拼接后的路径: " + path1);
14       //获取文件或文件夹的路径
15       string path2 = Path.GetDirectoryName(path);
16       Console.WriteLine("返回的目录信息为: " + path2);
17       //获取扩展名
18       string ext = Path.GetExtension(path);
19       Console.WriteLine("获取扩展名为: " + ext);
20       //获取文件名
21       Console.WriteLine("包含扩展名: " + Path.GetFileName(path));
22       Console.WriteLine("不包含扩展名: " + Path.
23                           GetFileNameWithoutExtension(path));
24       //由相对路径获取绝对路径
25       string str1 = Path.GetFullPath("Data.txt");
26       Console.WriteLine("全路径名字: " + str1);
27       Console.ReadLine();
28     }
29   }
30 }
```

运行结果如图 9–14 所示。

图9-14　例9-12运行结果

　　例 9–12 中，第 8 行代码调用 ChangeExtension( )方法将定义的 path 路径中文件的后缀名修改为.exe 格式。
第 11～12 行代码调用 Combine( )方法将两个路径拼接为一个路径。
第 15 行代码调用 GetDirectoryName( )方法获取文件的路径。
第 18 行代码调用 GetExtension( )方法获取 path 路径中文件的扩展名。
第 21～22 行代码分别调用 GetFileName( )方法与 GetFileNameWithoutExtension( )方法获取带扩展名的文件名与不带扩展名的文件名。

第 25 行代码调用 GetFullPath( )方法获取文件 Data.txt 的绝对路径。

9.8　BufferedStream 类

前面学习的各种操作类及方法都是将文件存储到硬盘，但有时希望将文件临时存储到缓冲区，以便于读取。为此，C#中提供了一个 BufferedStream 类，该类必须与其他流一起使用，并将这些流写入内存中，这样可以提高读取和写入速度。

BufferedStream 类提供了几个常用的操作方法，即 Read( )方法、Write( )方法和 Flush( )方法，具体如下。

1. Read()方法

Read( )方法用于读取缓冲区中的数据，具体语法格式如下：

```
public override int Read(byte[] array,int offset, int count);
```

Read( )方法中有 3 个参数，其中第一个参数 array 表示将字节数组复制到缓冲区；第二个参数 offset 表示索引位置，从此处开始读取字节；第三个参数 count 表示要读取的字节数。该方法的返回值是 int 类型，表示读取 array 字节数组中的总字节数，如果实际字节小于请求的字节数，就返回实际读取的字节数。

2. Write()方法

Write( )方法用于将字节复制到缓冲流，并在缓冲流内的当前位置继续写入字节，具体语法格式如下：

```
public override int Write(byte[] array,int offset,int count);
```

该方法同样有 3 个参数，其作用与 Read( )方法中参数的作用类似，只不过都是针对字节进行写入操作。

3. Flush()方法

Flush( )方法用于清除当前流中的所有缓冲区，使得所有缓冲的数据都被写入到存储设备中，具体语法格式如下：

```
public override void Flush()
```

Flush( )方法比较简单，既没有参数又没有返回值。

为了让初学者更好地学习如何使用 BufferedStream 类，下面通过一个案例来演示将一个文件中的内容写入到另一个文件中。首先在解决方案 Chapter09 中创建一个项目名为 Program13 的控制台应用程序，然后在该项目的根目录下分别创建一个 Data1.txt 文件与 Data2.txt 文件，在 Data1.txt 文件中输入"北京传智播客教育集团：国内一流 IT 培训机构"，具体代码如例 9–13 所示。

例 9-13　Program13\Program.cs

```
1  using System;
2  using System.IO;
3  using System.Text;
4  namespace Program13{
5     class Program{
6        static void Main(string[] args){
7           int i;
8           FileStream myStream1, myStream2;
9           BufferedStream myBStream1, myBStream2;
10          byte[] myByte = new byte[1024]; //定义字节数组
11          Console.WriteLine("读写前");
12          Print("Data2.txt");
13          myStream1 = File.OpenRead("Data1.txt");    //打开文件
14          myStream2 = File.OpenWrite("Data2.txt");
15          myBStream1 = new BufferedStream(myStream1); //实例化缓冲流对象
16          myBStream2 = new BufferedStream(myStream2);
17          //开始读取 myBStream1 流对象中的内容，返回读取的字节数
18          i = myBStream1.Read(myByte, 0, 1024);
19          while (i > 0){
20             myBStream2.Write(myByte, 0, i);//向 myBStream2 流对象中写入内容
21             i = myStream1.Read(myByte, 0, 1024);
22          }
23          myBStream2.Flush(); //清空当前流的缓冲空间
```

```
24              myStream1.Close();
25              myStream2.Close();  //关闭当前流对象
26              Console.WriteLine("读写后");
27              Print("Data2.txt");
28              Console.ReadKey();
29         }
30         //输出文件内容的方法
31         public static void Print(string path){
32             using (StreamReader sr = new StreamReader(path,
33                                             Encoding.Default)){
34                 string content = sr.ReadToEnd();
35                 Console.WriteLine("文件{0}内容为: {1}", path, content);
36             }
37         }
38     }
39 }
```

运行结果如图 9-15 所示。

图9-15　例9-13运行结果

例 9-13 中，第 15 ~ 16 行代码分别调用 BufferedStream( )方法创建了两个缓冲流对象 myBStream1 和 myBStream2。

第 18 行代码调用 Read( )方法读取缓冲流对象 myBStream1 中的内容，然后将读取到的内容存放在字节数组 myByte 中，并返回读取的字节数。

第 19 ~ 22 行代码调用 while 循环判断读取的字节数 i 是否大于 0，如果大于 0，则说明缓冲流对象 myBStream1 中有数据，否则没有数据，程序继续执行下方代码。在 while 循环中调用 Write( )方法将字节数组 myByte 中的内容写入到缓冲流对象 myBStream2 中的 Data2.txt 文件中。

将读取的数据存放到定义好的字节数组中，然后将字节数组的数据一次性写入到文件中，这种方式就是对数据进行了缓冲，从而提高了程序的效率。

注意：

由于缓冲流在内存的缓冲区中直接读取数据，而不是从磁盘中直接读取数据，所以用它处理大容量的文件尤为合适。

9.9　序列化和反序列化

在程序开发过程中有时需要传输和保存对象，但对象是无法直接进行数据传输和保存的，所以 C#中提供了序列化和反序列化。序列化是指将对象状态转换为可传输或可保存的过程，此时必须使用 Serializable 标签标记该对象。反序列化是指将存储的流转换为对象的过程。

下面通过一个案例来演示对象序列化和反序列化的过程，在解决方案 Chapter09 中创建一个项目名为 Program14 的控制台应用程序，具体代码如例 9-14 所示。

例 9-14　Program14\Program.cs

```
1 using System;
2 using System.IO;
3 using System.Runtime.Serialization.Formatters.Binary;
4 namespace Program14{
5     class Program{
6         static void Main(string[] args){
```

```
7           Person p = new Person();//构造一个用于序列化操作的对象
8           p.Name = "传智播客";
9           p.Age = 8;
10          //构造序列化器对象
11          BinaryFormatter bf = new BinaryFormatter();
12          //构造输出流
13          using (FileStream fs = new FileStream("Data.txt",
14              FileMode.OpenOrCreate, FileAccess.ReadWrite)){
15              //进行序列化输出操作
16              bf.Serialize(fs, p);
17              Console.WriteLine("序列化操作成功，对象已写入文件");
18          }
19          using (FileStream fs1 = new FileStream("Data.txt",
20              FileMode.OpenOrCreate, FileAccess.ReadWrite)){
21              //进行反序列化，返回一个object类型的对象
22              object obj = bf.Deserialize(fs1);
23              Console.WriteLine("反序列化对象数据为" + obj);
24          }
25          Console.ReadKey();
26      }
27      [Serializable] //使用Serializable标签标记Person类
28      public class Person{
29          public int Age{
30              get;
31              set;
32          }
33          public string Name{
34              get;
35              set;
36          }
37          public override string ToString(){
38              return string.Format("Name:{0},Age:{1}", this.Name,
39                                                        this.Age);
40          }
41      }
42  }
43 }
```

运行结果如图9-16所示。

图9-16　例9-14运行结果

例9-14中，第7~9行代码首先创建了一个用于序列化的Person类的对象p，然后设置该对象的Name属性的值为"传智播客"，Age属性的值为8。

第11行代码创建了构造序列化器类BinaryFormatter的对象bf。

第13~18行代码使用了using语句，在该语句中实现对Person类的对象p的序列化操作。其中，第16行代码调用Serialize()方法对Person类的对象进行序列化操作。第17行代码调用WriteLine()方法输出"序列化操作成功，对象已写入文件"信息。

第19~24行代码使用了using语句，在该语句中实现对Data.txt文件中的内容进行反序列化操作。其中，第22行代码调用Deserialize()方法进行反序列化操作，第23行代码调用WriteLine()方法输出反序列化对象的数据信息。

第27~41行代码定义了一个Person类，该类上方使用Serializable标签标记，表示该类可被序列化。

9.10　本章小结

本章详细讲解了文件操作的相关知识，首先对流与文件流进行了简单介绍，然后讲解了File类和FileInfo类、Directory类和Directory Info类、FileStream类、StreamReader类和StreamWriter类、Path类、BufferedStream类的作用与用法，最后讲解了对象的序列化和反序列化操作。希望读者能够认真学习本章内容，熟练掌握文

件的相关操作。

9.11 习题

一、填空题

1. 在 C#中，按照流传输方向的不同，可分为____和____。
2. 在 File 类中，可以将现有文件复制到新文件的是____方法。
3. Directory 类中查找指定路径的父目录的方法是____。
4. 在 C#中，对文件操作的类都位于____命名空间中。
5. 用于对目录进行操作的静态类是____，对目录进行操作的非静态类是____。
6. 在 C#中，使对象转变为可传输格式需要使用____标记。
7. Path 类中用于获取指定路径字符串的绝对路径的方法是____。
8. 在 C#中，对象在保存和传输之前需要进行____操作。
9. FileStream 类的构造方法中____参数是控制文件读写权限的。
10. 在 C#中通过字节或字节数组的形式对文件进行操作的类是____。

二、判断题

1. FileInfo 对象的 Delete()方法用来删除包含文件的文件夹。（   ）
2. 使用 FileStream 类的 Read()方法读取到文件的末尾时，该方法返回值为 0。（   ）
3. 使用 StreamReader 类与 StreamWriter 类来读取或存储的对象必须要使用 "[Serializable]" 标记。（   ）
4. StreamReader 和 StreamWriter 类的 Close()方法用于释放流所占的系统资源。（   ）
5. BufferedStream 类用于将缓冲区中的数据存储在磁盘上，然后再进行读写操作。（   ）

三、选择题

1. 在 C#中，使用文件流操作类需要单独引入的命名空间（   ）。
A. System. IO　　　　 B. System. Text　　　　 C. System　　　　 D. System.Linq
2. 以下选项中，哪个是 FileStream 的父类？（   ）
A. File　　　　　　　 B. FileInfo　　　　　　 C. Stream　　　　 D. System
3. 以下关于 Directory 类，描述正确的是（   ）。（多选）
A. Directory 类主要用于对目录进行操作。
B. Directory 类是一个静态类。
C. Directory 类主要用于文件读写操作。
D. Directory 类中的 Exists(string path)方法用于判断路径是否存在。
4. 下列操作中哪一个方式用于创建一个文件夹？（   ）
A. File.Create()
B. FileInfo.Create()
C. Directory. CreateDirectory()
D. DirectoryInfo. CreateDirectory()
5. 当路径为 c:\b\d\a.txt 时，使用 Path.DirectoryName()方法操作该路径其返回值是（   ）。
A. c:\b\d\a.txt　　　 B. c:\b\d\　　　　　 C. c:\b\d\　　　　 D. a.txt
6. 以下哪些属于 FileStream 类的方法？（多选）（   ）
A. Read()　　　　　　 B. Flush()　　　　　　 C. Close()　　　　 D. Open()
7. 以下选项中，哪个流中使用了缓冲区技术？（   ）
A. BufferedStream　　 B. StreamWriter　　　　 C. StreamReader　　 D. FileStream

8. 以下选项中，File 类的 delete()方法的返回值类型是（　　）。

A. bool　　　　　　　B. int　　　　　　　C. String　　　　　　　D. void

9. 以下文件操作类中，以字符的形式读取文件的是（　　）。

A. File　　　　　　　B. BufferedStream　　　C. StreamReader　　　D. StreamWriter

10. 关于 File 类的 Exists()方法功能的描述，以下说法正确的是（　　）。

A. 判断指定路径文件是否存在。

B. 判断指定路径的目录是否存在。

C. 返回指定路径下的文件路径。

D. 返回指定路径下的文件目录路径。

四、程序分析题

1. 阅读以下代码，并将空白处填写完整。

```
using System;
using System.Collections.Generic;
using System.Linq;
using System.Text;
using System.IO;
namespace test1{
    class test1{
        static void Main(string[] args){
            File.Create(@"D:\1.txt");
            //判断文件1.txt 是否存在
            if (_____) {
                Console.WriteLine("文件1.txt 存在");
            }else{
                Console.WriteLine("文件1.txt 不存在");
            }
            //将文件1.txt 移动到D 盘根目录下并重命名为2.txt
            File.Move(_____);
            Console.WriteLine("移动文件1.txt 到D 盘根目录并更名为2.txt");
            //复制文件2.txt 到文件3.txt 中
            _____(@"D:\2.txt", @"D:\3.txt");
            Console.WriteLine("将文件2.txt 复制到3.txt");
            //删除文件3.txt
            _____(@"D:\3.txt");
            Console.WriteLine("删除文件3.txt");
            Console.ReadLine();
        }
    }
}
```

2. 阅读以下代码，并将空处填写完整。

```
using System;
using System.Collections.Generic;
using System.Linq;
using System.Text;
using System.IO;
namespace test2{
    class test2{
        static void Main(string[] args){
            string temp;
            StreamReader sr = new StreamReader("data.txt", Encoding.Default);
            //通过sr 对象读取文件内容
            while ((temp = _____) != null){
                Console.WriteLine(temp);
            }
            sr.Close();
            StreamWriter sw = new StreamWriter("data.txt", true,
 Encoding.Default);
            sw.WriteLine("黑马程序员,先就业后付款");
            sw.Close();
```

```
            //释放读取流对象
            _____;
        sr.Dispose();
        Console.ReadKey();
        }
    }
}
```

五、问答题

1. 请说明流的概念。

2. 请简要说明 StreamReader 类和 StreamWriter 类的作用。

3. 简述 File 类和 FileInfo 类的作用及区别。

六、编程题

1. 请编写一个程序，使用 FileStream 类实现文件复制操作。

提示：

（1）创建两个 FileStream 对象分别用于读取和写入操作。

（2）定义一个长度为 1024 的字节数组作为缓冲区。

（3）循环读取文件中的数据并写入到文件中。

2. 某人在玩游戏的时候输入密码"123456"后，成功进入游戏（输错 5 次则被强行退出），要求用程序实现密码验证的过程。

提示：

（1）调用 File 类的 ReadAllLines( ) 方法获取本地密码文件中的所有行。

（2）使用 for 循环限制用户只能输入 4 次错误密码。

（3）在 for 循环中嵌套一个 for 循环，在内嵌的 for 循环中判断输入的密码是否为"123456"，如果是则打印"恭喜你进入游戏"，并跳出循环，否则继续循环读取键盘输入。

（4）当循环完毕，密码还不正确，则打印"密码错误，结束游戏"。

第 10 章

使用ADO.NET操作数据库

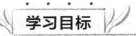
学习目标

★ 了解数据库与 ADO.NET 的概述
★ 掌握如何安装并创建 SQL Server 数据库
★ 掌握如何使用 ADO.NET 访问数据库，实现数据的增加、删除、修改、查找功能

拓展阅读

在 C#程序中，大部分应用程序都会涉及数据库的操作，包括 ADO.NET 如何连接数据库，如何对数据库中的数据进行增加、删除、修改、查找，如何将数据库中的信息显示到窗体中等操作。为了让读者掌握这些信息，下面将重点对 ADO.NET 与数据库的操作进行详细讲解。

10.1 认识数据库

随着互联网的快速发展，不断产生大量的数据，随之而来的就是如何高效又安全地存储与操作这些数据，此时数据库应运而生。

数据库（Database，DB）是按照数据结构来组织、存储和管理数据的仓库，其本身可看作电子化的文件柜，用户可以对文件中的数据进行增加、删除、修改、查找等操作。需要注意的是，需要存储的数据（Data）不仅包括普通意义上的数字，还包括文字、图像、声音等，即凡是在计算机中用来描述事物的记录都可称作数据。数据库的基本特点如下。

1. 数据结构化

数据库系统实现了整体数据的结构化，这是数据库主要的特征之一。这里所说的"整体"数据结构化，是指在数据库中的数据不只是针对某个应用，而是面向全组织、面向整体的。

2. 实现数据共享

因为数据是面向整体的，所以数据可以被多个用户、多个应用程序共享使用，可以大幅减少数据冗余，节约存储空间，避免数据之间的不相容性和不一致性。

3. 数据独立性高

数据的独立性包括逻辑独立性和物理独立性，其中，逻辑独立性是指数据库中数据的逻辑结构和应用程序相互独立，物理独立性是指数据物理结构的变化不影响数据的逻辑结构。

4. 数据统一管理与控制

数据的统一控制包括安全控制、完整控制和并发控制。简单来说就是防止数据丢失、确保数据的正确有效，并且在同一时间内，允许用户对数据进行多路存取，防止用户之间的异常交互。

随着数据库技术的发展，数据库产品越来越多，常见的数据库有 Oracle、SQL Server、MySQL、SQLite 等。其中，Oracel 是一个大型数据库，具有良好的兼容性、可移植性和可连接性；SQL Server 具有强大、灵活、基于 Web 的应用程序管理功能，而且界面友好、易于操作，但是它只能在 Windows 平台上运行，对操作系统的稳定性要求较高；MySQL 是一个多用户、多线程的小型数据库服务器，存储数据速度较快，适合对数据要求不是很严格的情况；SQLite 是一个轻量级的数据库，常用于 Android 应用程序中。

10.2　ADO.NET 常用类

ADO.NET 是微软.NET 数据库的访问架构，它是数据库应用程序和数据源之间沟通的桥梁，主要提供一个面向对象的数据访问架构，用来实现数据访问功能。

ADO.NET 的名称起源于 ADO（ActiveX Data Objects），ADO 是一个 COM 组件库，也就是一个通用框架类库。该类库是在.NET 编程环境中使用的数据访问接口，而 ADO.NET 是与 C#、.NET Framework 一起使用的类集的名称。ADO.NET 由 2 个部分组成，分别是数据提供程序（Provider）与数据集（DataSet），具体介绍如下。

- 数据提供程序（Provider）：能与数据库保持连接，并且可以执行 SQL 命令，还可以操作数据集。
- 数据集（DataSet）：能在与数据库断开连接的情况下对数据库中的数据进行操作。

在使用 ADO.NET 对数据库进行操作时，通常会用到 5 个类，分别是 Connection 类、Command 类、DataReader 类、DataAdapter 类和 DataSet 类。下面对这 5 个类进行简单介绍。

1. Connection 类

Connection 类主要用于建立与断开数据库的连接，通过该类可以获取当前数据连接的状态。使用 Connection 类与连接数据库的字符串可以连接任意数据库，例如 SQL Server、Oracle、MySQL 等，但是在.NET 平台下，由于 SQL Server 数据库提供了一些额外的操作菜单以便于对数据库进行操作，因此推荐使用 SQL Server 数据库。

2. Command 类

Command 类主要用于对数据库中的数据进行增加、删除、修改、查找的操作，该类的对象可以用于执行返回数据、修改数据、运行存储过程、发送或检索参数信息的数据库命令，根据在 Command 类的对象中传递的 SQL 语句的不同，可以调用相应的方法来执行对应的 SQL 语句。

3. DataReader 类

DataReader 类用于读取从数据库中查询到的数据，在读取数据时，只能向前读不能向后读，同时也不能修改该类对象中的数据。当与数据库的连接断开时，该类对象中的数据会被清除。

4. DataAdapter 类

DataAdapter 类可以看作是数据库与 DataSet 类之间的桥梁，主要使用 Command 类的对象在数据源中执行 SQL 命令，以便将数据加载到 DataSet 数据集中，并确保 DataSet 数据集中更改为数据与数据源保持一致。

5. DataSet 类

DataSet 类与 DataReader 类相似，都用于读取从数据库中查询到的数据，不同之处在于 DataSet 类中的数据不仅可以多次重复读取，还可以修改 DataSet 类中读取到的数据。可以将 DataSet 类看作是一个存放在内存中的数据库，无论数据源是什么，它都会提供一致的关系编程模式。此外，DataSet 类中的值在数据库断开连接的情况下依然可以保留原来的值。

10.3　下载并安装 SQL Server 数据库

在使用数据库之前，首先需要下载并安装创建数据库的工具 SQL Server，这里以 SQL Server 2012 工具为例进行介绍，具体步骤如下。

1. 下载 SQL Server 2012

以 Windows 7 系统为例，下载 SQL Server 2012 版本。访问下载网址后，进入微软官网，在官网界面会有一个红色的【下载】按钮，如图 10-1 所示。

图10-1　下载SQL Server 2012

单击【下载】按钮进入【选择您要下载的程序】界面，如图 10-2 所示。

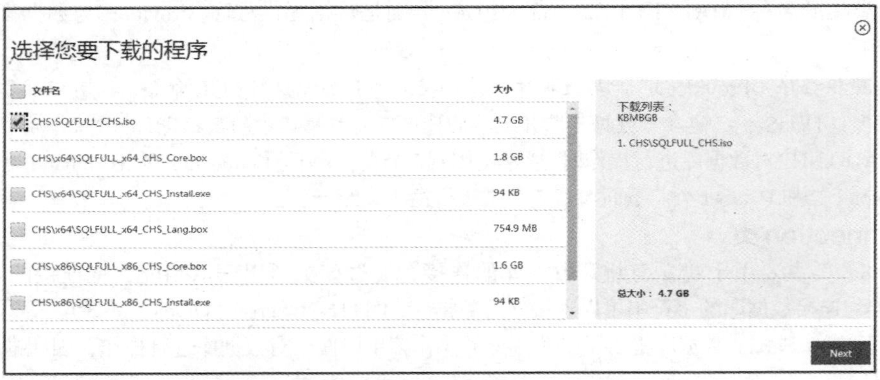

图10-2　【选择您要下载的程序】界面

勾选第一个选项 "CHS\SQLFULL_CHS.iso"，该选项就是 SQL Server 安装包的镜像文件。然后单击【Next】按钮下载 SQL Server 2012。

2. 安装 SQL Server

成功下载 SQL Server 的 iso 镜像文件 SQLFULL_CHS.iso 后，解压该镜像文件，会出现 SQLFULL_CHS 文件夹，该文件夹中有 SQL Server 的安装文件 setup.exe，双击该文件即可开始安装 SQL Server。需要注意的是，在安装 SQL Server 时需要关闭防火墙，关于 SQL Server 的安装步骤，详见本教材提供的配套资源。

10.4　创建 SQL Server 数据库

创建 SQL Server 数据库有两种方式，具体介绍如下。

1. 传统手动创建 SQL Server 数据库

下面创建一个名为 School 的数据库为例，具体步骤如下。

（1）启动 SQL Server 2012，成功连接服务器后，选中服务器中的数据库，右键单击选择【新建数据库(N)...】选项，如图 10-3 所示。

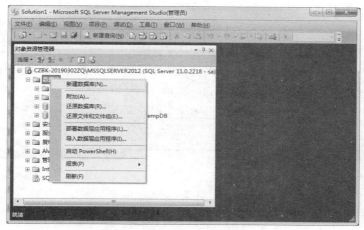

图10-3　新建数据库

（2）单击【新建数据库（N）…】选项，会弹出【新建数据库】窗口，如图 10-4 所示。

图10-4　【新建数据库窗口】

（3）在【新建数据库】窗口中，输入数据库的名称 School，接着可以在【数据库文件（F）】下方的表中设置新建数据库与数据库日志的存放路径。然后单击【确定】按钮，即可在服务器中创建完成一个 School 数据库，如图 10-5 所示。

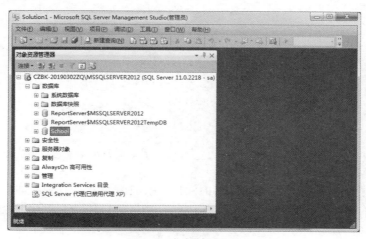

图10-5　完成数据库创建

此时，School 数据库就已经创建完成了。

2. 使用 SQL 语句创建 SQL Server 数据库

下面同样创建一个名为 School 的数据库为例，具体步骤如下。

（1）在【Microsoft SQL Server Management Studio（管理员）】窗口中，单击【新建查询(N)】按钮，在窗口中的右下角会弹出一个空白的页面，供编写 SQL 语句使用，如图 10-6 所示。

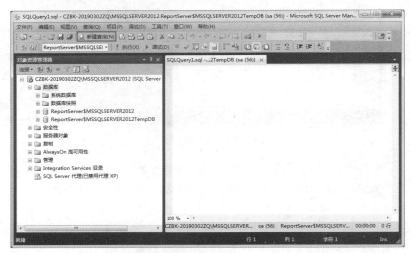

图10-6　新建查询

（2）在窗口中编写 SQL 语句创建 School 数据库，创建数据库的 SQL 语句如下。

```
1  USE master
2  --检查数据库是否存在
3  IF (EXISTS(SELECT * FROM sysdatabases WHERE name ='School'))
4    DROP DATABASE School    --如果已经存在 School 数据库，则删除 School
5  GO
6  CREATE DATABASE School    --数据库名为 School
7  ON PRIMARY
8  (
9   NAME = School,            --主数据文件逻辑名称
10 --数据文件路径及物理名称(D:\school 路径需存在)
11 FILENAME = 'D:\school\School.mdf',
12 SIZE = 5MB,               --初始大小
13 MAXSIZE = UNLIMITED,      --最大尺寸
14 FILEGROWTH = 1MB          --自动增长的增量
15 )
16 LOG ON
17 (
18 NAME = School_log,        --日志文件逻辑名称
19 --日志文件路径及物理名称(D:\school 路径需存在)
20 FILENAME = 'D:\school\School_log.ldf',
21 SIZE = 2MB,               --初始大小
22 MAXSIZE = 4MB,            --最大尺寸
23 FILEGROWTH = 10%          --自动增长的增量
24 )
```

（3）编写完 SQL 语句之后，单击窗口中的 ✓（分析）按钮，对 SQL 语句进行语法分析，确保 SQL 语句语法正确，如图 10-7 所示。

（4）单击窗口中的 ! 执行(X) 按钮，执行编写的 SQL 语句，创建数据库 School，如图 10-8 所示。

需要注意的是，SQL 语句执行成功之后，需要刷新一下数据库才可以看到新创建的数据库 School。

图10-7　SQL语句语法分析

图10-8　执行SQL语句

10.5　创建 SQL Server 数据库表

创建 SQL Server 数据库表有两种方式，具体介绍如下。

1. 传统手动创建 SQL Server 数据库表

下面创建一个名为 Student 的数据库表为例，具体步骤如下。

（1）选中 School 数据库中的【表】文件夹，右键单击选择【新建表（N）…】选项，如图 10-9 所示。

（2）单击【新建表（N）…】选项，会在【Microsoft SQL Server Management Studio（管理员）】窗口右侧弹出需要设置的数据库表的列名、数据类型以及是否允许 Null 值，如图 10-10 所示。

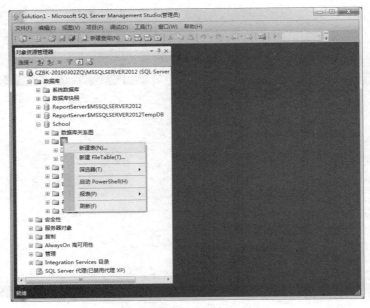

图10-9　新建表

图10-10　设置新建表

图 10-10 中，设置了表中的列名分别为 Id、Name、Age、Sex，其中，首先设置列名 Id 为主键（唯一标识数据库表中的一行数据），Id 列的标识规范设置为"是"，（是标识）、标识增量、标识种子对应的值分别设置为"是""1""1"，这样 Id 列就为自增主键列，起始值为 1，每次自增 1。然后设置其他列名对应的数据

类型与允许为 Null 值。

（3）接着按下【Ctrl+S】键，会弹出一个【选择名称】对话框，在该对话框中输入表的名称为 Student，如图 10-11 所示。

（4）单击【确定】按钮，会在 School 数据库中创建一个 Student 数据库表（刷新数据库表才能看到该表），如图 10-12 所示。

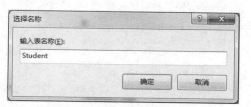

图10-11　设置表名

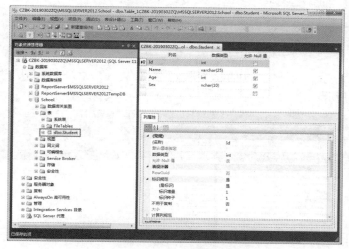

图10-12　完成新建表创建

此时，Student 数据库表就已经创建完成了。

2. 使用 SQL 语句创建 SQL Server 数据库表

下面同样创建一个名为 Student 的数据库表为例，具体步骤如下。

（1）在【Microsoft SQL Server Management Studio（管理员）】窗口中，单击【新建查询(N)】按钮，在窗口中的右下角会弹出一个空白的页面，用于编写 SQL 语句，如图 10-13 所示。

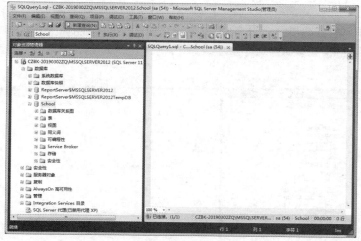

图10-13　新建查询

（2）在窗口中编写 SQL 语句创建表 Student，创建表的 SQL 语句如下。

```
1 use School    --表示在名为School的数据库中创建表
2 go
```

```
 3 if exists(select * from sysobjects where name='Student')
 4 begin
 5    select '该表已存在'
 6    drop table Student    --删除表
 7 end
 8 else
 9 begin
10    create table Student
11    (
12        --设置为主键和自增长列，起始值为1，每次自增1
13        Id  int not null  identity(1,1)  primary key,
14        Name nvarchar(25) null,
15        Age  int  null,
16        Sex  nchar(10) null,
17    )
18 end
```

（3）编写完 SQL 语句后，单击窗口中的 ✔（分析）按钮，对 SQL 语句进行语法分析，确保 SQL 语句语法正确，如图 10-14 所示。

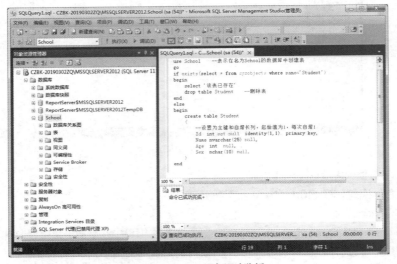

图10-14　SQL语句语法分析

（4）单击窗口中的 ❗执行(X) 按钮，执行编写的 SQL 语句，创建表 Student，如图 10-15 所示。

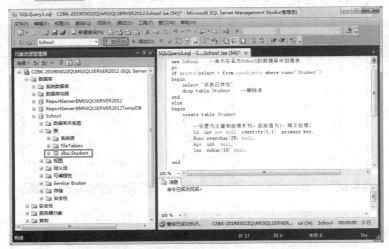

图10-15　执行SQL语句

10.6　使用 ADO.NET 访问数据库

前文讲解了什么是数据库与 ADO.NET，如何安装数据库的开发工具 SQL Server 2012，如何创建数据库与数据库表，下面讲解如何使用 ADO.NET 访问数据库。

10.6.1　使用 Connection 对象连接 SQL Server 数据库

Connection 类是 ADO.NET 组件连接数据库时需要使用的类，根据访问的数据库、访问方式和命名空间的不同，Connection 类有 4 种不同的名称，分别是 SqlConnection、OracleConnection、OleDbConnection 和 OdbcConnection，其中 SqlConnection 类的对象用于连接 SQL Server 数据库，该类的命名空间为 System.Data.SqlClient。

使用 SqlConnection 类的对象连接 SQL Server 数据库的步骤具体如下。

1. 定义连接数据库的字符串

连接数据库的字符串书写方式有很多种，常用的方式是使用 SQL Server 身份验证方式进行数据库的登录。该方式的书写格式有两种，具体如下：

```
//第1种方式：
server=服务器名称/数据库的实例名;uid=登录名;pwd=密码;database=数据库名称
//第2种方式：
Data Source=服务器名称\数据库实例名;Initial Catalog=数据库名称;User ID=用户名;
Password=密码
```

上述格式中，server 与 Data Source 的值可以是 IP 地址或者数据库所在的计算机名称，如果访问的是本机数据库或使用的默认数据库实例名，则可以使用 "." 来代替。uid 与 User ID 的值为登录数据库时使用的用户名（如 sa），pwd 与 Password 的值为用户名对应的密码。

2. 使用 SqlConnection 类的对象连接 SQL Server 数据库

编写完连接数据库的字符串之后，使用 SqlConnection 类的对象连接 SQL Server 数据库，可以分为 3 个步骤，具体如下所示。

```
//第1步：创建 SqlConnection 类的实例
SqlConnection 连接对象名 = new SqlConnection( 连接数据库的字符串 );
//第2步：打开数据库连接
数据库连接对象.Open();
//第3步：关闭数据库连接
数据库连接对象.Close();
```

需要注意的是，如果打开数据库连接时使用了异常处理，则需要将关闭数据库连接的语句放在异常处理中的 finally 语句中，这样可以保证无论程序是否发生异常都可以将数据库的连接断开，并释放资源。

除了使用异常处理的方式释放资源外，还可以使用 using 语句的方式释放资源，具体语法如下所示。

```
using(SqlConnection 连接对象名 = new SQLConnection( 连接数据库的字符串 )){
    //打开数据库连接
    //对数据库进行相关操作的语句
}
```

关键字 using 有两个作用，一个是引用命名空间，另一个是创建非托管资源对象。

下面以图 10-16 所示的窗体界面为例，讲解如何使用 SqlConnection 类的对象连接 SQL Server 数据库，具体步骤如下。

1. 创建程序

在解决方案 Chapter10 中创建一个项目名为 ConnectionForm 的 Windows 窗体应用程序。

2. 添加窗体控件

在程序中将窗体 Form1 的名称修改为 ConnectionForm，该窗

图10-16　【连接数据库】窗体界面

体的 Text 属性的值设置为"连接数据库"。在窗体中添加一个 Button 控件，该控件的 Name 属性的值设置为"btn_conn"，Text 属性的值设置为"连接数据库"。

3. 实现连接 SQL Server 数据库

在 ConnectionForm 的设计界面，通过设置"连接数据库"按钮的单击事件，程序会进入到 ConnectionForm.cs 文件中，并自动生成按钮的单击事件，在该单击事件中使用 SqlConnection 类的对象连接 SQL Server 数据库，具体代码如例 10-1 所示。

例 10-1　ConnectionForm.cs

```
1  ......//省略导入包
2  namespace ConnectionForm{
3      public partial class ConnectionForm: Form{
4          public ConnectionForm(){
5              InitializeComponent();
6          }
7          private void btn_conn_Click(object sender, EventArgs e){
8              //编写连接数据库的字符串
9              string connStr="Data source=CZBK-20190302ZQ\\MSSQLSERVER2012;
10                 Initial Catalog=School;User ID=sa;Password=123456";
11             //创建 SqlConnection 的实例
12             SqlConnection conn = null;
13             try{
14                 conn = new SqlConnection(connStr);
15                 conn.Open();      //打开数据库连接
16                 MessageBox.Show("数据库连接成功! ");
17             }catch (Exception ex){
18                 MessageBox.Show("数据库连接失败! " + ex.Message);
19             }finally{
20                 if (conn != null){
21                     conn.Close(); //关闭数据库连接
22                 }
23             }
24         }
25     }
26 }
```

上述代码中，第 9 行代码定义了连接数据库的字符串 connStr，其中属性 Data source 的值 CZBK-20190302ZQ\\MSSQLSERVER2012 表示服务器名称，该名称中间的"\\"是转义的"\"，属性 Initial Catalog 的值表示数据库名称，属性 User ID 和 Password 的值分别表示登录 SQL Server 数据库的用户名与密码。

第 14 行代码通过关键字 new 创建了 SqlConnection 类的实例对象 conn。

第 15 行代码调用数据库连接对象 conn 的 Open() 方法打开数据库连接。

第 16、18 行代码调用 MessageBox 类的 show() 方法来提示用户数据库连接成功和失败的消息。

第 19 ~ 23 行代码是在 finally 代码块中调用数据库连接对象 conn 的 Close() 方法关闭数据库连接。

4. 使用 using 语句释放资源

使用 using 语句释放连接数据库的资源，将例 10-1 中第 11 ~ 23 行代码替换为如下代码：

```
1  try{
2      using (SqlConnection conn = new SqlConnection(connStr)){
3          conn.Open(); //打开数据库连接
4          MessageBox.Show("数据库连接成功! ");
5      }
6  }catch (Exception ex){
7      MessageBox.Show("数据库连接失败! " + ex.Message);
8  }
```

使用 using 语句释放连接数据库的资源时，不需要调用 Close() 方法关闭数据库的连接对象，当 using 语句中的代码执行完毕后，系统会自动关闭连接对象释放资源。

5. 运行效果

在 Visual Studio 2019 窗口中单击 ▶ 启动 按钮，运行程序，运行成功后，单击【连接数据库】窗体中的【连接数据库】按钮，程序会弹出一个数据库连接成功的窗体，说明连接数据库成功，运行结果如图 10-17 所示。

图10-17   运行结果

10.6.2   使用 Command 对象操作数据库

当连接数据库成功之后，需要对数据库中的数据进行操作，此时需要使用 Command 类提供的属性和方法来操作数据库。由于 Command 类在 System.Data.SqlClient 命名空间下对应的类名为 SqlCommand，因此使用 SqlCommand 类来操作数据库中的数据，具体步骤如下。

1. 创建 SqlCommand 类的实例

创建 SqlCommand 类的实例有两种方式，一种是通过命令类型为 Text 来创建，另一种是通过命令类型为 StoredProcedure 来创建，这两种创建实例的具体语法如下。

```
1 //第 1 种方式:通过命令类型为 Text 来创建 SqlCommand 类的实例
2 SqlCommand SqlCommand 类的实例名 = new SqlCommand(SQL 语句,数据库连接类的实例);
3 //第 2 种方式:通过命令类型为 StoredProcedure 来创建 SqlCommand 类的实例
4 SqlCommand SqlCommand 类的实例名 = new SqlCommand(存储过程名称,数据库连接类的实
5 例);
```

上述语法中，第 2 行代码中的 SqlCommand()方法传递了 2 个参数，第 1 个参数表示 SqlCommand 类的实例要执行的 SQL 语句，第 2 个参数表示 SqlConnection 类创建的实例，通常这个实例处于打开状态。

需要注意的是，通过第 2 种方式创建 SqlCommand 类的实例过程中，存储过程必须是当前数据库实例中的存储过程。在调用带参数的存储过程时，需要在 SqlCommand 类的实例中添加需要的存储过程参数。为存储过程添加参数需要调用 Parameters 属性来设置，具体语法如下所示。

```
SqlCommand 类实例.Parameters.Add( 参数名 , 参数值 );
```

上述语法中，参数名与存储过程中定义的参数名要一致。

2. 使用 SqlCommand 类操作数据库

在使用 SqlCommand 类对数据库表中的数据进行操作时，可以通过两种方式来实现，一种是执行非查询 SQL 语句的操作，即增加、修改、删除操作，另一种是执行查询 SQL 语句的操作，具体语法格式如下所示。

```
1 //第 1 种方式: 执行非查询 SQL 语句
2 SqlCommand 类的实例.ExecuteNonQuery();
3 //第 2 种: 执行查询 SQL 语句
4 SqlDataReader dr = SqlCommand 类的实例.ExecuteReader();
5 int value = SqlCommand 类的实例.ExecuteScalar();
```

上述格式中，第 2 行代码调用了 ExecuteNonQuery()方法执行非查询 SQL 语句，当该方法的返回值为-1 时，表示 SQL 语句执行失败，返回值为 0 时，表示执行的 SQL 语句对当前数据表中的数据没有任何影响。

第 4 行代码调用 ExecuteReader()方法执行查询语句时，会返回一个 SqlDataReader 类型的值，遍历该值就可以获取到返回值。第 5 行代码调用 ExecuteScalar()方法执行查询语句时，不返回查询结果，只返回一个值，如查询表中指定信息的行数。

下面以图 10-18 所示的用户【注册】窗体界面为例，讲解如何使用 SqlCommand 类向用户信息表中添加一条用户注册记录，具体步骤如下。

图10-18　【注册】界面

1. 创建程序

在解决方案 Chapter10 中创建一个项目名为 RegistrationForm 的 Windows 窗体应用程序。

2. 添加窗体控件

在程序中将窗体 Form1 的名称修改为 RegistrationForm，该窗体的 Text 属性的值设置为"注册"。

（1）添加 2 个 Label 控件

在窗体中添加 2 个 Label 控件分别用于显示用户名和密码的文本信息，这 2 个控件的 Text 属性的值分别设置为"用户名"和"密码"。

（2）添加 2 个 TextBox 控件

在窗体中添加 2 个 TextBox 控件分别用于显示用户名与密码的输入框，这 2 个控件的 Name 属性的值分别设置为"tbName"和"tbPwd"，密码对应的 TextBox 控件的 PasswordChar 属性的值设置为"*"。

（3）添加 1 个 Button 控件

在窗体中添加 1 个 Button 控件用于显示【注册】按钮，该控件的 Name 属性的值设置为"btnRegister"，Text 属性的值设置为"注册"。

3. 创建数据库表 Userinfo

在【Microsoft SQL Server Management Studio（管理员）】窗口中，单击【新建查询(N)】按钮，在窗口中的右下角弹出的空白页面中编写创建表 Userinfo 的 SQL 语句，这个表创建在数据库 School 中，创建表 Userinfo 的 SQL 语句如下所示。

```
1  use School
2  go
3  create table Userinfo(
4      id int identity(1,1) primary key,
5      name varchar(20),
6      password varchar(20)
7  )
```

根据上述 SQL 语句可知，创建的 Userinfo 表中的 id 字段为主键和自增长列，起始值为 1，每次自增 1，表中还有两个字段分别是 name 与 password，这 2 个字段分别用于存放注册界面的用户名与密码信息。

4. 实现注册功能

在 RegistrationForm 窗体的设计界面，通过设置【注册】按钮的单击事件，程序会进入到 RegistrationForm.cs 文件中，并自动生成按钮的单击事件，在该单击事件中使用 SqlConnection 类的对象连接 SQL Server 数据库并将注册信息保存到数据库表 Userinfo 中，具体代码如例 10-2 所示。

例 10-2　RegistrationForm.cs

```
1  ......//省略导入包
2  namespace RegistrationForm{
3      public partial class RegistrationForm: Form{
4          public RegistrationForm(){
```

```
5              InitializeComponent();
6          }
7      private void btnRegister_Click(object sender, EventArgs e){
8          //编写连接数据库的字符串
9          string connStr = "Data Source= CZBK-20190302ZQ\\MSSQLSERVER2012;
10             Initial Catalog=School;User ID=sa;Password=123456";
11         try{
12             using (SqlConnection conn = new SqlConnection(connStr)){
13                 conn.Open();  //打开数据库连接
14                 string sql = "insert into Userinfo(name,password)
15                                         values('{0}','{1}')";
16                 //填充 SQL 语句
17                 sql = string.Format(sql, tbName.Text, tbPwd.Text);
18                 //创建 SqlCommand 对象
19                 SqlCommand cmd = new SqlCommand(sql, conn);
20                 int returnvalue = cmd.ExecuteNonQuery();//执行 SQL 语句
21                 //判断 SQL 语句是否执行成功
22                 if (returnvalue != -1){
23                     MessageBox.Show("注册成功! ");
24                 }
25             }
26         }catch (Exception ex){
27             MessageBox.Show("注册失败! " + ex.Message);
28         }
29     }
30 }
31 }
```

上述代码中，第 12 ~ 13 行代码创建了 SqlConnection 类的实例，并调用 Open( )方法打开数据库的连接。

第 14 ~ 15 行代码创建向表 Userinfo 中添加用户名与密码信息的 SQL 语句。

第 17 行代码调用 Format( )方法将窗体界面上控件 tbName 与 tbPwd 中输入的用户名和密码信息填充到 SQL 语句中。

第 20 行代码调用 ExecuteNonQuery( )方法执行 SQL 语句。

第 22 ~ 24 行代码判断 ExecuteNonQuery( )方法的返回值 returnvalue 是否为–1，如果不为–1，则表示 SQL 语句执行成功，注册成功，否则注册失败。

5. 运行结果

运行程序，运行成功后，输入用户名为"江小白"，密码为"123456"，单击窗体中的【注册】按钮，程序会弹出一个注册成功的窗体界面，表示注册成功，运行结果如图 10-19 所示。

图10-19　例10-2运行结果

注册成功后，查看数据库 School 中的表 Userinfo 中的数据，在【Microsoft SQL Server Management Studio（管理员）】窗口中，单击【新建查询（N）】按钮，在窗口中的右下角弹出的空白页面中编写 SQL 语句查询表 Userinfo 中的数据，查询的 SQL 语句如下所示。

```
Select * from Userinfo
```

编写完 SQL 语句之后，首先单击窗口中的 ✓（分析）按钮，对 SQL 语句进行语法分析，确保 SQL 语句语法正确，然后单击窗口中的 ! 执行(X) 按钮，执行编写的 SQL 语句，查询表 Userinfo 中的数据信息，查询结果会在查询语句下方的结果表格中显示，如图 10–20 所示。

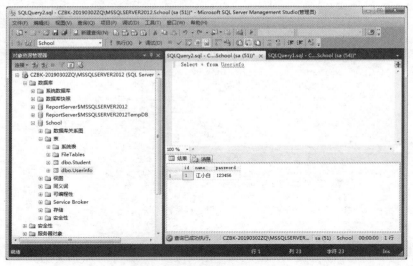

图10–20　查询数据库表中的数据

图 10–20 中可以看到，查询结果中有一条数据，这条数据中 id 字段对应的值为"1"，name 字段对应的值为"江小白"，password 字段对应的值为"123456"。

10.6.3　使用 DataReader 对象查询数据库

在 C#程序中，如果想要查询数据库表中的数据，则需要使用 DataReader 类来实现，该类一般与 Command 类中的 ExecuteReader()方法一起使用。DataReader 类主要用于读取表中的查询结果，并且以只读的方式读取，即不能修改 DataReader 类中存放的数据。由于 DataReader 类的特殊读取方式，该类访问数据的速度比较快，并且占用的服务器资源比较少。

在 System.Data.SqlClient 命名空间中，DataReader 类对应的类名是 SqlDataReader，使用 SqlDataReader 类读取查询结果时需要通过 3 个步骤来完成，具体步骤如下。

```
1  //第1步：执行 SqlCommand 对象中的 ExecuteReader()方法
2  SqlDataReader dr=SqlCommand 类的实例.ExecuteReader();
3  //第2步：遍历 SqlDataReader 对象中的数据
4  dr.read();
5  //第3步：关闭 SqlDataReader 对象
6  dr.Close();
```

上述语法格式中，第 4 行代码调用的 read()方法用于判断该类的对象中是否有数据，并且指向 SqlDataReader 对象中数据的下一条记录。如果 read()方法的返回值为 true，则可以读取该条记录，否则无法读取。

下面以图 10–21 所示的【查询数据】窗体界面为例，讲解如何使用 SqlDataReader 类根据用户名查询用户的编号和密码，并将编号和密码显示在标签控件上，具体步骤如下。

图10–21　【查询数据】界面

1. 创建程序

创建一个名为 QueryUserinfoForm 的 Windows 窗体应用程序。

2. 添加窗体控件

在程序中将窗体 Form1 的名称修改为 QueryForm，该窗体的 Text 属性的值设置为"查询数据"。

（1）添加 2 个 Label 控件

在窗体中添加 2 个 Label 控件分别用于显示用户名与查询结果文本信息，这 2 个控件的 Text 属性的值分别设置为"用户名"和"没有符合条件的结果"，显示查询结果的 Label 控件的属性 Name 属性的值设置为"lbResult"。

（2）添加 1 个 TextBox 控件

在窗体中添加 1 个 TextBox 控件用于显示用户名的输入框，该控件的 Name 属性的值设置为"tbName"。

（3）添加 1 个 Button 控件

在窗体中添加 1 个 Button 控件用于显示【查询】按钮，该控件的 Name 属性的值设置为"btnQuery"，Text 属性的值设置为"查询"。

3．实现查询功能

在 QueryForm 窗体的设计界面，通过设置【查询】按钮的单击事件，程序会进入到 QueryForm.cs 文件的 btnQuery_Click( )方法中，在该方法中使用 SqlDataReader 类查询输入的用户名对应的用户编号和密码信息，具体代码如例 10-3 所示。

例 10-3　QueryForm.cs

```
1  ......//省略导入包
2  namespace QueryUserinfoForm{
3    public partial class QueryForm : Form{
4      public QueryForm(){
5        InitializeComponent();
6      }
7      private void btnQuery_Click(object sender, EventArgs e){
8        //编写连接数据库的字符串
9        string connStr = "Data Source= CZBK-20190302ZQ\\MSSQLSERVER2012;
10            Initial Catalog=School;User ID=sa;Password=123456";
11       SqlDataReader dr = null; //定义 SqlDataReader 类的对象
12       try{
13         using (SqlConnection conn = new SqlConnection(connStr)){
14           conn.Open(); //打开数据库连接
15           string sql = "select id,password from Userinfo
16                                      where name='{0}'";
17           sql = string.Format(sql, tbName.Text); //填充 SQL 语句
18           SqlCommand cmd = new SqlCommand(sql, conn);
19           dr = cmd.ExecuteReader();//执行 SQL 语句
20           //判断是否读取到信息
21           if (dr.Read()){
22             //读取指定用户名对应的用户编号和密码
23             string msg = "用户编号: " + dr[0] + " 密码: " + dr[1];
24             lbResult.Text = msg; //将 msg 的值显示在界面上
25             }else{
26             lbResult.Text = "没有符合条件的结果";
27             }
28         }
29       }catch (Exception ex){
30         MessageBox.Show("查询失败! " + ex.Message);
31       }finally{
32         if (dr != null){ //判断 dr 不为空
33           dr.Close(); //关闭 SqlDataReader 类的对象
34         }
35       }
36     }
37   }
38 }
```

上述代码中，第 15～16 行代码定义了一个 SQL 语句，该 SQL 语句主要是根据用户名查询 Userinfo 表中对应的用户编号 id 和密码 password。

第 17 行代码通过调用 Format( )方法将窗体界面上输入的用户名信息填充到 SQL 语句中。

第 18～19 行代码首先创建了 SqlCommand 类的对象 cmd，然后调用 ExecuteReader( )方法执行 SQL 语句。

第 21～27 行代码调用 Read()方法读取指定的用户名对应的用户编号和密码信息，如果读取到信息，则将获取的用户编号和密码信息显示到窗体上，否则，提示用户"没有符合条件的结果"。

第 33 行代码调用 Close()方法关闭 SqlDataReader 类的对象。

4. 运行结果

运行程序，运行成功后，首先输入用户名为"江小白"，然后单击【查询】按钮，"没有符合条件的结果"文本信息会替换为查询结果信息，运行结果如图 10-22 所示。

图10-22　例10-3运行结果

由图 10-22 可知，输入用户名"江小白"，查询的结果为"用户编号：1，密码：123456"。

10.6.4　使用 DataAdapter 与 DataSet 对象操作数据库

当对数据库表中的数据进行查询时，可以将查询结果保存到 DataSet 类的对象中，此时还需要借助 DataAdapter 类来实现。在实际应用中，DataAdapter 类和 DataSet 类是数据库查询操作中使用最频繁的类。DataSet 类还可以实现对表中的数据进行增加、修改和删除操作。

在 System.Data.SqlClient 命名空间中，DataAdapter 类对应的类名是 SqlDataReader，使用 SqlDataReader 类的对象与 DataSet 类的对象操作数据库时需要通过 3 个步骤来完成，具体步骤如下。

```
1  //第1步：创建 SqlDataAdapter 类的对象
2  SqlDataAdapter sda = new SqlDataAdapter(SQL 语句, 数据库连接类的实例);
3  //第2步：创建 DataSet 类的对象
4  DataSet ds = new DataSet();
5  //第3步：使用 SqlDataAdapter 类的对象 sda 将查询结果填充到 Dataset 类的对象 ds 中
6  sda.Fill(ds);
```

上述语法格式中的 DataSet 类也可以替换为 DataTable 类，DataSet 类中数据的存储实际是通过 DataTable 类来实现的，一个 DataSet 类的对象中可以包含多个 DataTable 类（数据表）的对象，并且可以包含数据表之间的关系、限制等信息。DataTable 类作为 DataSet 类中的重要对象，其与数据表的定义是类似的，都是由行和列构成的，并且有唯一的表名。

DataSet 类与 DataTable 类都可以存放查询结果，在实际应用中将查询结果存储到 DataSet 类或 DataTable 类中均可，这两个类在操作查询结果时也非常类似。

下面以图 10-23 所示的【查询用户名】界面为例，讲解如何使用 DataSet 类与 DataAdapter 类查询全部用户名信息，具体步骤如下。

1. 创建程序

创建一个名为 QueryAllNameForm 的 Windows 窗体应用程序。

2. 添加窗体控件

在程序中将窗体 Form1 的名称修改为 QueryAllNameForm，该窗体的 Text 属性的值设置为"查询用户名"。

图10-23　【查询用户名】界面

（1）添加 1 个 Button 控件

在窗体中添加 1 个 Button 控件用于显示【查询全部用户名】按钮，该控件的 Name 属性的值设置为 "btnQuery"，Text 属性的值设置为 "查询全部用户名"。

（2）添加 1 个 ListBox 控件

在窗体中添加 1 个 ListBox 控件用于显示查询出的所有用户名信息，该控件的 Name 属性的值设置为 "lbList"。

3. 实现查询全部用户名功能

在 QueryAllNameForm 窗体的设计界面，通过设置【查询全部用户名】按钮的单击事件，程序会进入到 QueryAllNameForm.cs 文件的 btnQuery_Click()方法中，在该方法中使用 DataSet 类与 DataAdapter 类查询全部用户名信息，具体代码如例 10-4 所示。

例 10-4 QueryAllNameForm.cs

```
1  ......//省略导入包
2  namespace QueryAllNameForm{
3      public partial class QueryAllNameForm : Form{
4          public QueryAllNameForm(){
5              InitializeComponent();
6          }
7          private void btnQuery_Click(object sender, EventArgs e){
8              //编写连接数据库的字符串
9              string connStr = "Data Source= CZBK-20190302ZQ\\MSSQLSERVER2012;
10                 Initial Catalog=School;User ID=sa;Password=123456";
11             try{
12                using (SqlConnection conn = new SqlConnection(connStr)){
13                    conn.Open(); //打开数据库连接
14                    string sql = "select name from Userinfo";
15                    //创建 SqlDataAdapter 类的对象
16                    SqlDataAdapter sda = new SqlDataAdapter(sql, conn);
17                    DataSet ds = new DataSet();//创建 DataSet 类的对象
18                    //使用 SqlDataAdapter 对象 sda 将查询结果填充到 Dataset 对象 ds 中
19                    sda.Fill(ds);
20                    //设置 ListBox 控件的数据源（DataSource）属性
21                    lbList.DataSource = ds.Tables[0];
22                    //在 listBox 控件中显示 name 列的值
23                    lbList.DisplayMember = ds.Tables[0].Columns[0].
24                                                        ToString();
25                }
26             }catch (Exception ex){
27                 MessageBox.Show("查询失败！" + ex.Message);
28             }
29          }
30      }
31 }
```

上述代码中，第 16 行代码通过关键字 new 创建了 SqlDataAdapter 类的对象 sda。

第 17～19 行代码首先创建了 DataSet 类的对象 ds，然后调用 Fill()方法将 SqlDataAdapter 类的对象 sda 查询到的结果填充到 DataSet 类的对象 ds 中。

第 21 行代码设置 ListBox 控件的数据源 DataSource 为 ds.Tables[0]，即 DataSet 对象中的第一个表。

第 23～24 行代码设置 ListBox 控件中显示 name 列的值为 ds.Tables[0].Columns[0].ToString( )，也就是表中第一列的值。

4. 将实例中的 DataSet 对象换为 DataTable 对象

将查询全部用户名实例中的 DataSet 对象换为 DataTable 对象，也可以实现同样的查询效果，即将例 10-4 中的第 15～24 行代码替换为如下代码：

```
1  //创建 SqlDataAdapter 类的对象
2  SqlDataAdapter sda = new SqlDataAdapter(sql, conn);
3  //创建 DataTable 类的对象
4  DataTable dt = new DataTable();
5  //使用 SqlDataAdapter 对象 sda 将查询结果填充到 DataTable 对象 dt 中
```

```
 6 sda.Fill(dt);
 7 //设置 ListBox 控件的数据源(DataSource)属性
 8 lbList.DataSource = dt;
 9 //在 ListBox 控件中显示 name 列的值
10 lbList.DisplayMember = dt.Columns[0].ToString();
```

5. 运行结果

运行程序，运行成功后，双击【查询全部用户名】按钮，查询的全部用户名信息会显示到窗体界面上，运行结果如图 10-24 所示。

图10-24　例10-4运行结果

10.7　本章小结

本章主要讲解了 ADO.NET 与数据库的操作，首先介绍了什么是数据库和 ADO.NET，其次详细讲解了如何安装并创建 SQL Server 数据库，再次通过 Connection 对象连接数据库，最后通过 Command 对象、DataReader 对象、DataAdapter 对象与 DataSet 对象分别操作数据库中的数据。在 C#程序中经常涉及到与数据库的操作，因此初学者必须熟练掌握本章知识。

10.8　习题

一、填空题

1. 在 C#语言中，ADO.NET 的名称起源于 ADO（ActiveX Data Objects），ADO 是一个 COM 组件库，也就是一个通用_____。

2. ADO.NET 是数据库应用程序和数据源之间沟通的_____。

3. 创建 SQL Server 数据库有两种方式，分别是_____与_____。

4. _____类的对象连接的是 SQL Server 数据库，该类的命名空间为 System.Data.SqlClient。

5. 使用_____类操作 SQL Server 数据库中的数据。

6. 在 C#程序中，如果想要查询数据库表中的数据，则需要使用_____类来实现。

7. DataReader 类一般与 Command 类中的_____方法一起使用。

8. DataAdapter 类在 System.Data.SqlClient 命名空间下对应的类名是_____。

9. _____类是一种与数据库结构类似的数据集。

10. _____类作为 DataSet 类中的重要对象，其与数据表的定义是类似的，都是由行和列构成的，并且有唯一的表名。

二、判断题

1. SqlConnection 类的对象连接的是 Oracle 数据库，该类的命名空间为 System.Data.OracleClient。（　　）

2. 当 ExecuteNonQuery( )方法的返回值为-1 时，表示 SQL 语句执行失败。（　　）

3. 当查询表中指定信息的行数时，可以调用 SqlConnection 类提供的 ExecuteScalar( )方法。（　　）

4. 每个 DataSet 对象都是由若干个数据表构成的。（　　）

5. 每个 DataTable 对象都是由行和列构成的，行使用 DataColumn 类来表示，列使用 DataRow 类来表示。（　　）

三、选择题

1.（　　）能与数据库保持连接，并且可以执行 SQL 命令，还可以操作数据集。

A. SqlConnection
B. 数据集（DataSet）
C. 数据提供程序（Provider）
D. OracleConnection

2. （　　）类主要用于建立与断开数据库的连接，通过该类可以获取当前数据连接的状态。
A. Connection　　　　B. Command　　　　C. DataReader　　　　D. DataSet

3. 编写完 SQL 语句之后，单击窗口中的 ✓（分析）按钮，对 SQL 语句进行（　　）。
A. 创建数据库
B. 执行编写的 SQL 语句，创建数据库
C. 刷新数据库
D. 语法分析，确保 SQL 语句语法正确

4. Connection 类有 4 个，分别是（　　）。（多选）
A. SqlConnection 类　　B. OleDbConnection 类　　C. OdbcConnection 类　　D. OracleConnection 类

5. 单击窗口中的 ! 执行(X) 按钮，（　　），创建数据库。
A. 执行编写的 SQL 语句
B. 分析 SQL 语句
C. 刷新数据库
D. 执行数据库

6. 使用数据库可以高效且条理分明地存储数据，还可以快速方便地管理数据，主要体现在哪几个方面。（多选）（　　）
A. 存储大量的数据信息
B. 降低数据冗余
C. 满足共享与安全需求
D. 方便智能化，产生新的信息

7. DataSource 属性的作用（　　）。
A. 获取当前数据库的状态
B. 获取连接的超时时间
C. 获取要连接的 SQL Server 的实例名
D. 获取或设置数据库的连接对象

8. SqlCommand(string commandText,SqlConnection conn)方法中第 1 个参数表示（　　）。
A. 数据库的连接对象
B. 要执行的 SQL 语句
C. 文本信息
D. 获取执行查询语句的结果

9. SqlConnection 类的对象连接的是 SQL Server 数据库，该类的命名空间为（　　）。
A. System.Data.SqlClient
B. System.Data.OracleClient
C. System.Data.OleDb
D. System.Data.Odbc

10. 创建完 SqlConnection 类的实例后，需要调用该类的（　　）方法打开数据库的连接。
A. Close()　　　　B. Open()　　　　C. OpenSql()　　　　D. OpenConnection()

四、问答题
1. 简述使用数据库的优点。
2. 简述使用 ADO.NET 对 SQL Server 数据库进行操作时常会用到的 5 个类。
3. 简述 Connection 类中的 4 个连接数据库的类。

五、编程题
1. 请编写一个连接 SQL Server 数据库的案例。
（1）编写数据库的连接字符串。
（2）使用关键字 using 处理连接数据库的语句。
（3）调用 Open()方法打开数据库连接。
2. 请编写一个对 SQL Server 数据库中的数据进行增加、删除、修改、查找的案例。
（1）设计一个显示学生信息的窗体，窗体上放置添加、删除、修改、查找按钮。
（2）双击 4 个按钮，实现各按钮的单击事件。
（3）在单击事件中首先调用 SqlConnection 对象的 Open()方法打开数据库连接，其次编写要执行的 SQL 语句，然后调用 ExecuteNonQuery()方法执行 SQL 语句，最后实现对应按钮的功能。

第11章

综合项目——图书管理系统

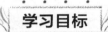

学习目标

★ 了解图书管理系统项目的功能与模块结构

★ 掌握数据库的创建方法，能够独立操作数据库

★ 掌握登录、注册窗体的开发，实现登录、注册功能

★ 掌握主菜单窗体的开发，实现主菜单的功能

★ 掌握读者类别窗体的开发，实现管理读者类别的功能

★ 掌握读者与图书管理窗体的开发，实现管理读者与图书的功能

★ 掌握图书存储过程的创建，实现借书还书功能

拓展阅读

为了巩固第 1~10 章的 C#基础知识，本章开发了一款图书管理系统软件，该软件主要用于管理图书馆中的借书和还书功能，并且还能管理图书、管理读者与读者的类别以及查询学生的具体借阅情况。为了让大家能够熟练掌握C#的知识点，并实现图书管理系统项目中的各个功能，下面将从项目分析开始，一步一步带领大家开发此项目。

11.1 项目分析

实现项目之前的首要任务就是对项目进行一些分析，如需求分析、可行性分析等。需求分析是根据用户的需求进行的分析，可行性分析是对开发该项目在技术可行性、经济可行性和操作可行性进行分析。下面将对项目的需求分析和可行性分析进行详细讲解。

11.1.1 需求分析

随着计算机技术的不断发展、计算机的不断普及，人们的生活已越来越离不开计算机，各类计算机软件逐渐渗透到人们的生活中，迅速改善了人们的生活质量，提高了人们的工作效率。在学校中，有很多同学会去图书馆看书、借阅图书，图书借阅是学生获取知识的很重要的途径。为了方便学生借书，同时减轻图书管理员的工作负担，高效地完成图书借阅的管理工作，因此设计了一个图书管理系统软件，并通过 C#语言开发了这款软件，供学校与校外的图书馆使用。

11.1.2　可行性分析

对图书管理系统项目进行可行性分析，可以从 3 个方面进行，分别是技术可行性分析、经济可行性分析和操作可行性分析，具体介绍如下。

1. 技术可行性分析

所开发的图书管理系统采用的是 Visual Studio Community 2019+SQL Server 2012 开发环境，这种微软官网推荐的开发环境在技术上已经十分成熟，并且可以免费下载。

所开发的图书管理系统选择 C#作为开发语言。C#作为目前比较流行的一种开发语言，其成熟的体系和开发模式受到很多开发者的青睐，简单易学的特性使开发者可在短时间内掌握 C#应用开发的基本技能。除此之外，目前 C#应用市场上已经有一些成熟的项目和软件，证明本系统在技术上是可行的。

2. 经济可行性分析

本书开发的图书管理系统，其开发硬件只需要一台电脑，开发环境只需要从微软官网上免费下载开发工具 Visual Studio Community 2019 和 SQL Server 2012。由于系统所需研发软件是个人自学开发的软件，节省了开发人员工资等费用，而且我们会提供专门的开发素材，无须研发经费。

3. 操作可行性分析

图书管理系统采用 C#软件研发的风格，使用.NET 框架中的原生组件与自定义组件进行研发，使界面效果更炫酷，用户体验更友好，因此在操作上也是可行的。

11.2　项目简介

根据项目分析，对该图书管理系统项目进行介绍。首先概述项目中需要显示哪些信息，需要对哪些信息进行一些增加、删除、修改、查询的操作；然后介绍本项目的开发环境；最后根据项目中需要显示的信息设计项目中的功能，从而绘制项目功能结构图。下面针对项目概述、开发环境和项目功能结构进行详细讲解。

11.2.1　项目概述

图书管理系统是一个适用于图书馆的项目，该项目中包含用户注册、用户登录、图书管理系统主菜单、读者类别、读者管理、图书管理和借书还书的管理。其中，读者类别包括读者的类别号、类别名称、可借书数量、可借书天数；读者管理包括读者编号、类别号、姓名、单位、QQ、已借书数量；图书管理包括书号、书名、作者、出版社、单价以及图书是否在馆的状态；借书还书管理包括读者的编号、书号。

该项目除了显示读者类别、读者管理、图书管理和借书还书管理中包含的信息之外，还可以对这些信息进行添加、查询、修改、删除的操作。

11.2.2　开发环境

（1）操作系统：Windows 7 系统。
（2）开发工具：

- Visual Studio Community 2019。
- SQL Server 2012。

（3）框架版本：.NET Framework 4.7.2。

11.2.3　项目功能结构

图书管理系统项目主要分为 6 个功能模块，分别是登录模块、主菜单模块、读者类别模块、读者管理模块、图书管理模块和借书还书模块，如图 11-1 所示。

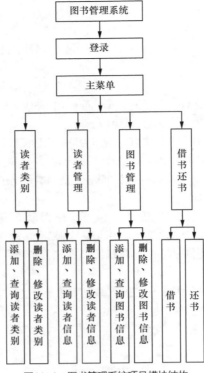

图11-1　图书管理系统项目模块结构

由图 11-1 可知，主菜单模块中包括读者类别模块、读者管理模块、图书管理模块和借书还书模块。这些功能模块的具体介绍如下。

- 读者类别：包括添加、查询、删除、修改读者类别信息。
- 读者管理：包括添加、查询、删除、修改读者信息。
- 图书管理：包括添加、查询、删除、修改图书信息。
- 借书还书：包括借书、还书信息。

11.3　效果展示

根据项目的需求分析、项目简介，结合项目的模块结构中各模块需要显示的信息及实现的功能，对各窗体的效果展示进行详细讲解。

11.3.1　登录窗体

程序启动后，首先会进入登录窗体，该窗体中主要用于展示用户名和密码的输入框，同时还展示了【登录】按钮和【注册】按钮，单击【登录】按钮，程序会根据用户输入的用户名和密码来实现图书管理系统的登录功能，单击【注册】按钮，程序会隐藏当前窗体，显示注册窗体，登录窗体效果如图 11-2 所示。

图11-2　登录窗体

11.3.2　注册窗体

单击图 11-2 中的【注册】按钮，程序会隐藏登录窗体，显示注册窗体，该窗体中主要用于展示用户名

和密码的输入框，同时还展示了【注册】按钮和【取消】按钮。单击【注册】按钮，程序会根据用户输入的
用户名和密码实现注册功能，单击【取消】按钮，程序会关闭当前窗体，显示登录窗体，注册窗体效果如图
11-3 所示。

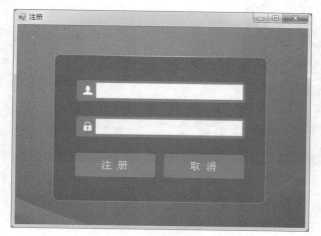

图11-3　注册窗体

11.3.3　主菜单窗体

当用户登录成功后，程序会进入到图书管理系统主菜单窗体，在该窗体中展示【读者类别】、【图书管理】、
【读者管理】、【借书还书】、【退出系统】等按钮信息，单击【退出系统】按钮，程序会退出整个系统，单击
窗体中的其他按钮，程序会隐藏当前窗体，显示每个按钮对应的窗体。主菜单窗体效果如图 11-4 所示。

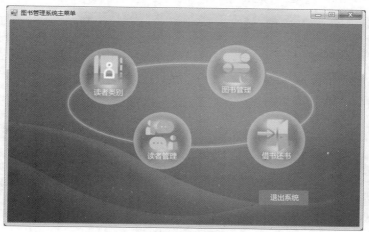

图11-4　主菜单窗体

11.3.4　读者类别窗体

单击图 11-4 中的【读者类别】按钮，进入读者类别窗体。在【读者类别】窗体中通过一个表格展示读
者类别号、类别名称、可借书数量、可借书天数信息，选中表格中的任意一行，在窗体的左侧输入框中会显
示该行中的读者类别信息。在该窗体中还显示了 5 个按钮，分别是【返回主菜单】按钮、【添加】按钮、【查
询】按钮、【删除】按钮和【修改】按钮，读者类别窗体效果如图 11-5 所示。

图11-5　读者类别窗体

　　单击窗体中的【返回主菜单】按钮，程序会关闭当前窗体，显示主菜单窗体，单击其他4个按钮，程序会分别对数据库的读者类别表中的数据进行添加、查询、删除、修改等操作。

11.3.5　读者管理窗体

　　单击图11-4中的【读者管理】按钮，程序会隐藏主菜单窗体，显示读者管理窗体。在读者管理窗体中通过一个表格展示读者编号、类别号、姓名、单位、QQ、已借书数量信息，选中表格中的任意一行，在窗体的左侧输入框中会显示该行中的读者信息。在该窗体中还显示了5个按钮，分别是【返回主菜单】按钮、【添加】按钮、【查询】按钮、【删除】按钮和【修改】按钮，读者管理窗体效果如图11-6所示。

图11-6　读者管理窗体

　　单击图11-6中的【返回主菜单】按钮，程序会关闭当前窗体，显示主菜单窗体，单击其他4个按钮，程序会分别对数据库的读者表中的数据进行添加、查询、删除、修改等操作。

11.3.6　图书管理窗体

　　单击图11-4中的【图书管理】按钮，程序会隐藏主菜单窗体，显示图书管理窗体。在图书管理窗体中通过一个表格展示书号、书名、作者、出版社、单价、状态信息，选中表格中的任意一行，在窗体的左侧输入框中会显示该行中的图书信息。在该窗体中还显示了5个按钮，分别是【返回主菜单】按钮、【添加】按钮、【查询】按钮、【删除】按钮和【修改】按钮，图书管理窗体效果如图11-7所示。

图11-7　图书管理窗体

单击窗体中的【返回主菜单】按钮，程序会关闭当前窗体，显示主菜单窗体，单击其他 4 个按钮，程序会分别对数据库的图书表中的数据进行添加、查询、删除、修改等操作。

11.3.7　借书还书窗体

单击图 11-4 中的【借书还书】按钮，程序会隐藏主菜单窗体，显示借书还书窗体。在借书还书窗体中通过一个表格展示读者编号、书号、借书日期、应还日期信息，选中表格中的任意一行，在窗体的左侧输入框中会显示该行中的读者编号和书号信息。在该窗体中还显示了 3 个按钮，分别是【借书】按钮、【还书】按钮、【返回主菜单】按钮，借书还书窗体效果如图 11-8 所示。

图11-8　借书还书窗体

单击图 11-8 中的【返回主菜单】按钮，程序会关闭当前窗体，显示主菜单窗体，单击【借书】按钮，程序会向数据库的借书表中添加一条借书信息，单击【还书】按钮，程序会向数据库的借书表中删除对应的借书信息。

11.4　图书管理系统数据库

11.4.1　数据库设计

在开发图书管理系统时，需要存储一些数据信息，如登录信息、图书信息、读者信息、读者类别信息等，同时也需要对这些数据进行一些增加、删除、修改、查询的操作，此时需要使用数据库来存储这些数据，本章使用的是 SQL Server 数据库，在数据库中需设计以下数据表。

1. 登录表

登录信息表中需要设计的字段有用户编号（Id）、用户名称（UserName）、用户密码（Password），该数据库表的具体信息如表11-1所示。

表 11-1　登录表（Login）

字段名	类型	长度	是否为空	描述
Id	int		否	用户编号（主键）
UserName	nvarchar	25	否	用户名称
Password	nvarchar	25	否	用户密码

2. 图书表

图书表中需要设计的字段有图书编号（bkID）、图书名称（bkName）、作者（bkAuthor）、出版社（bkPress）、单价（bkPrice）、是否在馆（bkStatus），该数据库表的具体信息如表11-2所示。

表 11-2　图书表（Book）

字段名	类型	长度	是否为空	描述
bkID	char	9	否	图书编号（主键）
bkName	varchar	50	是	图书名称
bkAuthor	varchar	50	是	作者
bkPress	varchar	50	是	出版社
bkPrice	decimal		是	单价
bkStatus	int		是	是否在馆，1：在馆，0：不在馆

3. 读者类别表

读者类别表中需要设计的字段有读者类别编号（rdType）、读者类别名称（rdTypeName）、可借书数量（canLendQty）、可借书天数（canLendDay），该数据库表的具体信息如表11-3所示。

表 11-3　读者类别表（ReaderType）

字段名	类型	长度	是否为空	描述
rdType	int		否	读者类别编号（主键）
rdTypeName	varchar	20	是	读者类别名称
canLendQty	int		是	可借书数量
canLendDay	int		是	可借书天数

4. 读者表

读者表中需要设计的字段有读者编号（rdID）、读者类别编号（rdType）、读者姓名（rdName）、读者单位（rdDept）、读者QQ（rdQQ）、已借书数量（rdBorrowQty），该数据库表的具体信息如表11-4所示。

表 11-4　读者表（Reader）

字段名	类型	长度	是否为空	描述
rdID	char	9	否	读者编号（主键）
rdType	int		是	读者类别编号
rdName	varchar	25	是	读者姓名

续表

字段名	类型	长度	是否为空	描述
rdDept	varchar	40	是	读者单位
rdQQ	varchar	25	是	读者 QQ
rdBorrowQty	int		是	已借书数量

5. 借书表

借书表中需要设计的字段有读者编号（rdID）、图书编号（bkID）、借书日期（DateBorrow）、还书日期（DateLendPlan），该数据库表的具体信息如表 11-5 所示。

表 11-5 借书表（Borrow）

字段名	类型	长度	是否为空	描述
rdID	char	9	否	读者编号
bkID	char	9	否	图书编号
DateBorrow	datetime		是	借书日期
DateLendPlan	datetime		是	应还日期

11.4.2 创建数据库

由于本项目中需要创建 1 个图书数据库 BookDB 与 5 个数据库表 Login、ReaderType、Reader、Book、Borrow，通过 SQL 语句创建图书数据库和数据库表的具体内容如下所示。

1. 创建图书数据库 BookDB

创建图书数据库 BookDB 的 SQL 语句如下所示。

```
1 CREATE DATABASE BooksDB
2 ON PRIMARY
3 (NAME = 'BooksDB_DATA',
4 FILENAME = 'D:\books\BooksDB.MDF',
5 SIZE = 5MB,
6 MAXSIZE = 30MB,
7 FILEGROWTH = 20%)
8 LOG ON
9 (NAME = 'BooksDB_LOG',
10 FILENAME = 'D:\books\BooksDB.LDF',
11 SIZE = 5MB,
12 MAXSIZE = 30MB,
13 FILEGROWTH =3MB)
```

2. 创建数据库表

在数据库 BookDB 中需要创建 5 个数据库表，分别是 Login、ReaderType、Reader、Book、Borrow，具体 SQL 语句如下所示。

```
1 USE BooksDB
2 GO
3 CREATE TABLE Login (    --创建登录表
4 --设置为主键和自增长列，起始值为1，每次自增1
5 Id  int not null  identity(1,1)  primary key,
6 UserName nvarchar(25) not null,    --登录名
7 Password nvarchar(25) not null, --密码
8 )
9 CREATE TABLE ReaderType( --创建读者类别表
10 rdType       INT PRIMARY KEY,    --读者类别编号
11 rdTypeName   VARCHAR(20),        --读者类别名称
12 canLendQty   INT,                --可借书数量
13 canLendDay   INT)                --可借书天数
14 CREATE TABLE Reader( --创建读者表
```

```
15 rdID          char(9)primary key,                    --读者编号
16 rdType        INT REFERENCES ReaderType(rdType),     --读者类别编号
17 rdName        VARCHAR(25),                            --读者姓名
18 rdDept        VARCHAR(40),                            --读者单位
19 rdQQ          VARCHAR(25),                            --读者QQ
20 rdBorrowQty   INT  DEFAULT 0 CHECK(rdBorrowQty BETWEEN 0 AND 10))--已借书数量
21 CREATE TABLE Book( --创建图书表
22 bkID          CHAR(9)  PRIMARY KEY,    --图书编号
23 bkName             VARCHAR(50),             --图书名称
24 bkAuthor      VARCHAR(50),             --作者
25 bkPress       VARCHAR(50),              --出版社
26 bkPrice       DECIMAL(5,2),            --单价
27 bkStatus      INT DEFAULT 1)            --是否在馆，1：在馆，0：不在馆
28 CREATE TABLE Borrow( --创建借书表
29 rdID             CHAR(9)  REFERENCES Reader(rdID),    --读者编号
30 bkID             CHAR(9)  REFERENCES Book(bkID),      --图书编号
31 DateBorrow       DateTime,                             --借书日期
32 DateLendPlan     DateTime,                             --应还日期
33 PRIMARY KEY(rdID, bkID) )
```

3. 向数据库表中添加数据

创建完数据库和数据库表后，还需要向 ReaderType、Reader 和 Book 这 3 个数据库表中添加一些数据，添加数据的 SQL 语句如下所示。

```
1  USE BooksDB
2  GO
3  INSERT INTO ReaderType   --向读者类别表中添加数据
4  VALUES
5  ('1','教师','10','60'),
6  ('2','本科生','2','30'),
7  ('3','硕士研究生','3','40'),
8  ('4','博士研究生','8','50')
9  USE BooksDB
10 GO
11 INSERT INTO Reader  --向读者表中添加数据
12 VALUES
13 ('rd2019001','1','江小白','计算机科学学院','5735751','0'),
14 ('rd2019002','2','连小美','软件学院','14253344','0'),
15 ('rd2019003','3','王梦','管理学院','7589063','0'),
16 ('rd2019004','4','张思','工程学院','78892256','0')
17 USE BooksDB
18 GO
19 INSERT INTO Book  --向图书表中添加数据
20 VALUES
21 ('bk2019001','Kotlin 从基础到实战','黑马程序员','人民邮电出版社','59.80','1'),
22 ('bk2019002','Android 移动开发案例教程','传智播客','人民邮电出版社',
23                                            '39.80','1'),
24 ('bk2019003','Android 企业级项目实战','黑马程序员','清华大学出版社',
25                                            '49.00','1'),
26 ('bk2019004','Java 基础入门','传智播客','清华大学出版社','44.50','1')
```

11.5　登录功能业务实现

当图书管理系统运行成功时，首先进入的就是登录窗体，该窗体主要用于输入登录的用户名和密码并实现登录功能。当用户还未进行注册时，需要单击该窗体中的【注册】按钮进入到注册窗体进行注册。下面将对登录功能的相关业务进行开发。

11.5.1　登录窗体设计

登录窗体主要用于展示用户名和密码的输入框，同时还需要显示【登录】按钮和【注册】按钮，登录窗体设计的效果如图 11-9 所示。

图11-9　登录窗体设计

实现登录窗体设计效果的具体步骤如下。

1. 创建窗体应用程序

在解决方案 Chapter11 中创建一个项目名为 BookManagementSystem 的 Windows 窗体应用程序。

2. 创建登录窗体

在程序中将窗体 Form1 的名称修改为 LoginForm，该窗体就为登录窗体。

3. 添加窗体控件

登录窗体的 Text 属性的值设置为 "管理员登录"，BackgroundImage 属性的值设置为登录窗体的背景图片 "login.png"。

（1）添加 2 个 TextBox 控件

在 LoginForm 窗体中添加 2 个 TextBox 控件，分别用于输入用户名和密码信息，这 2 个控件的 Name 属性的值分别设置为 "tbUserName" 和 "tbPassword"；Font 属性的值分别设置为 "宋体""10.5pt（五号）"，密码对应的 TextBox 控件的 PasswordChar 属性的值设置为 "*"。

（2）添加 2 个 Button 控件

在 LoginForm 窗体中添加 2 个 Button 控件，分别用于显示【登录】按钮和【注册】按钮。这 2 个控件的 Name 属性的值分别设置为 "btnLogin""btnRegister"，Text 属性的值分别设置为 "登录" 与 "注册"，BackColor 属性的值设置为 "Transparent（透明）"，FlatStyle 属性的值设置为 "Flat（按钮外观平滑）"，BorderSize 属性的值设置为 "0"，MouseDownBackColor 属性与 MouseOverBackColor 属性的值设置为 "Transparent（透明）"，ForeColor 属性的值设置为 "White（白色）"，Font 属性的值设置为 "宋体""12pt（小四）"。

11.5.2　实现登录功能

如果用户注册过账号，在登录窗体中输入用户名与密码后，单击【登录】按钮，程序会与数据库连接来判断输入的用户名和密码是否正确，如果正确，则登录成功进入到主菜单窗体，否则，程序会根据不同的情况提示 "密码错误!" 或 "用户不存在!" 或 "操作数据库出错!"。如果用户还未注册账号，此时可以单击登录窗体中的【注册】按钮，进入到注册窗体中注册一个账号。实现登录功能的具体步骤如下。

1. 实现登录功能

在登录窗体设计中，双击【登录】按钮，程序会自动生成【登录】按钮的单击事件，也就是自动生成 btnLogin_Click()方法，在该方法中通过判断窗体中输入的用户名和密码实现登录功能。

2. 实现显示注册窗体的功能

在登录窗体设计中，通过设置【注册】按钮的单击事件，会进入 LoginForm.cs 文件的 btnRegister_Click( )
方法，在该方法中实现跳转到注册窗体（该窗体在后续创建）的功能，具体代码如例 11-1 所示。

例 11-1   LoginForm.cs

```
1  ......//省略导入包
2  namespace BookManagementSystem{
3     public partial class LoginForm : Form{
4         public LoginForm(){
5             InitializeComponent();
6         }
7         private static LoginForm loginForm = null;
8         public static LoginForm getInstance(){ //单例模式
9             if (loginForm == null){
10                loginForm = new LoginForm(); //创建 LoginForm 窗体对象
11            }
12            return loginForm;
13        }
14        private void btnLogin_Click(object sender, EventArgs e){
15            //编写连接数据库的字符串
16            string connStr = "Data Source= CZBK-20190302ZQ\\MSSQLSERVER2012;
17                    Initial Catalog=BooksDB;User ID=sa;Password=123456";
18            try{
19                string User = tbUserName.Text;
20                string Pwd = tbPassword.Text;
21                using (SqlConnection conn = new SqlConnection(connStr)){
22                    conn.Open(); //打开数据库连接
23                    SqlCommand comm = conn.CreateCommand();
24                    comm.CommandText = "select * from Login where
25                                        UserName='" + User + "'";
26                    SqlDataReader reader = comm.ExecuteReader();
27                    if (reader.Read()){
28                        string password = reader.GetString(reader.
29                                            GetOrdinal("Password"));
30                        if (Pwd == password){
31                            MessageBox.Show("登录成功! ");
32                            this.Hide(); //隐藏当前窗体
33                            new MainMenuForm().Show();//开启主菜单窗体（后续创建）
34                        }else{
35                            MessageBox.Show("密码错误! ");
36                            tbUserName.Text = " ";
37                            tbPassword.Text = " ";
38                        }
39                    }else{
40                        MessageBox.Show("用户不存在! ");
41                        tbUserName.Text = " ";
42                        tbPassword.Text = " ";
43                    }
44                }
45            }catch (Exception ex){
46                MessageBox.Show("操作数据库出错! " + ex.Message);
47            }
48        }
49        private void btnRegister_Click(object sender, EventArgs e){
50            this.Hide(); //隐藏当前窗体
51            new RegisterForm().Show();//显示注册窗体（该窗体在后续创建）
52        }
53        private void LoginForm_FormClosing(object sender,
54                                        FormClosingEventArgs e){
55            loginForm = null;//将 loginForm 对象设置为 null
56            Application.Exit();
57        }
58    }
59 }
```

　　上述代码中，第 8~13 行代码创建了一个 getInstance( )方法，在该方法中创建当前窗体 LoginForm 的实例对象，使该实例对象在整个程序中只有一个，防止在程序中创建多个实例对象导致程序内存溢出。当使用该实例对象时，调用 getInstance( )方法来获取即可，这段代码是一个单例模式（整个程序中有且只有一个实例对象）。

　　第 14~48 行代码创建了 btnLogin_Click( )方法，在该方法中实现了【登录】按钮的单击事件。

　　第 16~17 行代码定义了连接数据库的字符串 connStr。

　　第 19~20 行代码获取了登录窗体界面中输入的用户名和密码。

　　第 21~44 行代码通过关键字 using 实现了连接数据库和登录功能。其中，第 23 行代码创建了 SqlCommand 类的对象 comm。第 24~25 行代码设置了对数据库执行的 SQL 语句，该 SQL 语句主要是根据窗体中输入的用户名从数据库表 Login 中查询对应的密码。第 26 行代码调用 ExecuteReader( )方法执行 SQL 语句并返回 SqlDataReader 类的对象 reader。

　　第 27~39 行代码首先调用 reader 对象的 Read( )方法读取数据库中对应的密码并判断读取的密码与窗体中输入的密码是否一致。其中，第 27 行代码判断 Read( )方法的返回值是否为 true，如果为 true，则表示从数据库中读取到了数据，此时在第 28~29 行代码中调用 GetOrdinal( )方法读取数据库中 Password 字段对应的密码数据。

　　第 30~34 行代码用于判断窗体中输入的密码 Pwd 与从数据库中获取的密码 password 是否一致，如果一致，表示窗体中输入的用户名和密码是正确的，登录成功。此时调用 Show( )方法弹出一个对话框提示用户登录成功，调用 Hide( )方法隐藏当前窗体，并创建 MainMenuForm 窗体的对象，调用 Show( )方法显示主菜单窗体。

　　第 34~38 行代码是判断输入的密码与从数据库中获取的密码不一致的情况，如果不一致，则调用 Show( )方法弹出一个对话框提示用户密码错误。此时，将窗体中用户输入框与密码输入框的 Text 属性的值设置为空字符串。

　　第 39~43 行代码是通过 Read( )方法读取不到数据的情况，也就是没有在数据库中找到输入的用户名对应的密码，此时调用 Show( )方法提示"用户不存在!"，并将窗体中用户输入框和密码输入框的 Text 属性的值设置为空字符串。

　　第 49~52 行代码创建了 btnRegister_Click( )方法，在该方法中实现了【注册】按钮的单击事件。其中第 50 行代码调用 Hide( )方法隐藏当前窗体，第 51 行代码调用 Show( )方法显示注册窗体。

　　第 53~57 行代码定义了一个 LoginForm_FormClosing( )方法，当窗体关闭时，程序会调用这个方法，在该方法中设置创建的实例对象 loginForm 为 null，从而释放资源，然后调用 Exit( )方法退出当前系统。

　　需要注意的是，当在属性列表中的事件中找到 FormClosing 事件时，双击该事件，程序才会自动生成 LoginForm_FormClosing( )方法。

11.6　注册功能业务实现

　　在登录窗体中，单击【注册】按钮，程序会隐藏登录窗体，显示注册窗体，在注册窗体中展示用户名和密码的输入框、【注册】按钮以及【取消】按钮，单击【注册】按钮，程序会将输入的用户名和密码数据信息插入到数据库表 Login 中。单击【取消】按钮，程序会关闭当前窗体，显示登录窗体。下面将对注册功能的相关业务进行开发。

11.6.1　注册窗体设计

　　注册窗体设计主要用于展示用户名和密码的输入框，同时还需要显示【注册】按钮和【取消】按钮，注册窗体设计的效果如图 11-10 所示。

图11-10　注册窗体设计

实现注册窗体设计效果的具体步骤如下。

1．创建注册窗体

首先在程序中选中 BookManagementSystem 项目，右键单击选择【添加(D)】→【Windows 窗体(F)…】选项，会弹出一个添加新项界面，在该界面选择【窗体（Windows 窗体）】选项，然后在界面底部的名称输入框中输入注册窗体的名称 RegisterForm.cs，最后单击添加新项界面中的【添加】按钮，创建注册窗体。

2．添加窗体控件

将注册窗体的 Text 属性的值设置为"注册"，BackgroundImage 属性的值设置为注册窗体的背景图片"register_bg.png"（找到该图片，并将其导入到项目中的 Resources 文件夹中）。

（1）添加 2 个 TextBox 控件

在窗体中添加 2 个 TextBox 控件，分别用于输入用户名和密码信息，这 2 个控件的 Name 属性的值分别设置为"tbUserName"和"tbPassword"，Font 属性的值分别设置为"宋体""15pt（小三号）"，密码对应的 TextBox 控件的 PasswordChar 属性的值设置为"*"。

（2）添加 2 个 Button 控件

在窗体中添加 2 个 Button 控件，分别用于显示【注册】按钮和【取消】按钮，这 2 个控件的 Name 属性的值分别设置为"btnRegister"和"btnCancel"，Text 属性的值分别设置为"注册"和"取消"，BackColor 属性的值设置为"Transparent（透明）"，FlatStyle 属性的值设置为"Flat（按钮外观平滑）"，BorderSize 属性的值设置为"0"，MouseDownBackColor 属性和 MouseOverBackColor 属性的值设置为"Transparent（透明）"，ForeColor 属性的值设置为"White（白色）"，Font 属性的值设置为"宋体""15pt（小三号）"。

11.6.2　实现注册功能

在注册窗体中输入用户名与密码，单击【注册】按钮，程序会首先判断用户名和密码是否为空，如果为空，则提示用户"请输入用户名！"或"请输入密码！"，否则，将输入的用户名和密码数据添加到数据库表Login 中，并提示用户"注册成功！"。单击窗体中的【取消】按钮，程序会调用 Close( )方法关闭当前窗体，显示登录窗体。

实现注册功能的具体步骤如下。

1．实现注册功能

在注册窗体设计中，双击【注册】按钮，程序会自动生成【注册】按钮的单击事件，即自动生成btnRegister_Click( )方法，在该方法中通过判断窗体中输入的用户名和密码实现注册功能。

2. 实现显示登录窗体功能

在注册窗体设计中，通过设置【取消】按钮的单击事件，程序会进入 RegisterForm.cs 文件的 btnCancel_Click()方法中，在该方法中实现显示登录窗体的功能，具体代码如例 11-2 所示。

例 11-2　RegisterForm.cs

```
1  ......//省略导入包
2  namespace BookManagementSystem{
3      public partial class RegisterForm : Form{
4          public RegisterForm(){
5              InitializeComponent();
6          }
7          private void btnCancel_Click(object sender, EventArgs e){
8              this.Close(); //关闭当前窗体
9          }
10         private void RegisterForm_FormClosed(object sender,
11                                             FormClosedEventArgs e){
12             LoginForm.getInstance().Show(); //显示登录窗体
13         }
14         private void btnRegister_Click(object sender, EventArgs e){
15             //编写连接数据库的字符串
16             string connStr = "Data Source= CZBK-20190302ZQ\\MSSQLSERVER2012;
17                     Initial Catalog=BooksDB;User ID=sa;Password=123456";
18             try{
19                 using (SqlConnection conn = new SqlConnection(connStr)){
20                     conn.Open(); //打开数据库连接
21                     if (tbUserName.Text == null || tbUserName.Text.Length
22                         == 0 || tbUserName.Text == " "){//判断输入的数据不能为空
23                         MessageBox.Show("请输入用户名！");
24                         return;
25                     }
26                     if (tbPassword.Text == null || tbPassword.Text.Length
27                         == 0 || tbPassword.Text == " "){//判断输入的数据是否为空
28                         MessageBox.Show("请输入密码！");
29                         return;
30                     }
31                     string sql = "insert into Login(UserName,Password)
32                                             values('{0}', '{1}')";
33                     //填充 SQL 语句
34                     sql = string.Format(sql, tbUserName.Text,
35                                             tbPassword.Text);
36                     //创建 SqlCommand 对象
37                     SqlCommand cmd = new SqlCommand(sql, conn);
38                     int returnvalue = cmd.ExecuteNonQuery();//执行 SQL 语句
39                     if (returnvalue != -1){ //判断 SQL 语句是否执行成功
40                         MessageBox.Show("注册成功！");
41                         this.Close();
42                     }else{
43                         MessageBox.Show("注册失败！");
44                     }
45                 }
46             }catch (Exception ex){
47                 MessageBox.Show("注册失败！" + ex.Message);
48             }
49         }
50     }
51 }
```

上述代码中，第 7～9 行代码创建了一个 btnCancel_Click()方法，用于实现【取消】按钮的单击事件。在该方法中调用 Close()方法关闭当前窗体。

第 10～13 行代码创建了一个 RegisterForm_FormClosed()方法，当窗体关闭时，程序会调用这个方法，在该方法中调用 Show()方法显示登录窗体。

第 14～49 行代码创建了一个 btnRegister_Click()方法，在该方法中实现【注册】按钮的单击事件。

第21～25行代码判断输入的用户名是否为空，如果为空，则调用Show( )方法弹出一个对话框提示用户"请输入用户名!"，否则继续执行后续代码。

第26～30行代码判断输入的密码是否为空，如果为空，则调用Show( )方法弹出一个对话框提示用户"请输入密码!"，否则继续执行后续代码。

第31～32行代码定义了一个将用户名与密码数据插入到数据库表Login中的SQL语句。

第34～35行代码调用Format( )方法填充SQL语句，该方法中传递了3个参数，第1个参数sql表示需要执行的SQL语句，第2个参数tbUserName.Text表示窗体中输入的用户名信息，第3个参数tbPassword.Text表示窗体中输入的密码信息。

第37行代码根据定义的变量sql和数据库连接对象conn创建了SqlCommand类的对象cmd。

第38行代码调用ExecuteNonQuery( )方法执行填充后的SQL语句。

第39～44行代码判断执行SQL语句后返回的值是否为–1，也就是变量returnvalue的值是否为–1，如果为–1，则说明未注册成功，调用Show( )方法提示用户"注册失败!"，否则，说明注册成功，首先调用Show( )方法提示用户"注册成功!"，其次调用Close( )方法关闭当前窗体，然后调用Show( )方法显示登录窗体。

需要注意的是RegisterForm_FormClosed( )方法的生成方式，需要选中注册窗体，然后在属性列表中的事件 中找到FormClosed事件，也就是窗体的关闭事件，双击该事件，程序会自动生成RegisterForm_FormClosed( )方法，在该方法中实现关闭窗体时需要处理的信息。

11.7 主菜单功能业务实现

当用户登录成功后，程序会隐藏登录窗体，显示图书管理系统的主菜单窗体，在该窗体中展示了4个用于显示读者类别窗体、图书管理窗体、读者管理窗体和借书还书窗体的按钮，分别单击这4个按钮，程序会隐藏当前窗体，显示对应的窗体。在主菜单窗体中还显示了一个【退出系统】按钮，单击此按钮程序会退出整个图书管理系统。下面将对主菜单功能的相关业务进行开发。

11.7.1 主菜单窗体设计

主菜单窗体主要用于展示5个按钮，分别是【读者类别】按钮、【图书管理】按钮、【读者管理】按钮、【借书还书】按钮和【退出系统】按钮，主菜单窗体设计效果如图11-11所示。

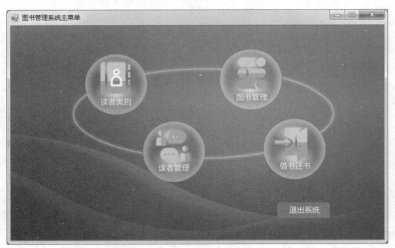

图11-11 主菜单窗体设计

实现主菜单窗体设计效果的具体步骤如下。

1. 创建主菜单窗体

在项目中创建一个名为 MainMenuForm 的主菜单窗体。

2. 添加窗体控件

主菜单窗体的 Text 属性的值设置为"主菜单"，BackgroundImage 属性的值设置为主菜单窗体的背景图片"menu.png"。

在该窗体中添加 5 个 Button 控件，分别用于显示【读者类别】按钮、【图书管理】按钮、【读者管理】按钮、【借书还书】按钮、【退出系统】按钮，这 5 个控件的 Name 属性的值分别设置为"btnCategory""btnBook""btnReader""btnBorrRet""btnExit"，Text 属性的值分别设置为"读者类别""图书管理""读者管理""借书还书""退出系统"，BackColor 属性的值设置为"Transparent（透明）"，FlatStyle 属性的值设置为"Flat（按钮外观平滑）"，BorderSize 属性的值设置为"0"MouseDownBackColor 和 MouseOverBackColor 属性的值设置为 Transparent（透明）。

11.7.2　实现主菜单功能

主菜单窗体中有 5 个按钮，其中单击【退出系统】按钮，程序会退出图书管理系统，单击其他 4 个按钮，程序会隐藏当前主菜单窗体，显示每个按钮对应的窗体。实现主菜单功能的具体步骤如下。

1. 显示 4 个按钮对应的窗体

在主菜单窗体设计中，分别双击【读者类别】按钮、【图书管理】按钮、【读者管理】按钮、【借书还书】按钮，程序会自动生成这些按钮对应的单击事件，即自动生成 btnCategory_Click()方法、btnBook_Click()方法、btnReader_Click()方法和 btnBorrRet_Click()方法，在这些方法中实现隐藏当前窗体，显示对应窗体的功能。

2. 实现退出系统功能

在主菜单窗体设计中，通过设置【退出系统】按钮的单击事件，程序进入 MainMenuForm.cs 文件的 btnExit_Click()方法中，在该方法中实现【退出系统】按钮的单击事件，也就是调用 Exit()方法退出当前图书管理系统，具体代码如例 11-3 所示。

例 11-3　MainMenuForm.cs

```
1  ......//省略导入包
2  namespace BookManagementSystem{
3      public partial class MainMenuForm : Form{
4          public MainMenuForm(){
5              InitializeComponent();
6          }
7          private static MainMenuForm menuForm = null;
8          public static MainMenuForm getInstance(){  //单例模式
9              if (menuForm == null){
10                 menuForm = new MainMenuForm();        //创建当前窗体实例对象
11             }
12             return menuForm;
13         }
14         private void btnCategory_Click(object sender, EventArgs e){
15             this.Hide();                    //隐藏当前窗体
16             new ReaderCategoryForm().Show(); //显示读者类别窗体（后续创建）
17         }
18         private void btnBook_Click(object sender, EventArgs e){
19             this.Hide();                    //隐藏当前窗体
20             new BookManagementForm().Show(); //显示图书管理窗体（后续创建）
21         }
22         private void btnReader_Click(object sender, EventArgs e){
23             this.Hide();                      //隐藏当前窗体
24             new ReaderManagementForm().Show(); //显示图书管理窗体（后续创建）
25         }
26         private void btnBorrRet_Click(object sender, EventArgs e){
27             this.Hide();                //隐藏当前窗体
28             new BorrAndRetForm().Show(); //显示图书管理窗体（后续创建）
```

```
29          }
30          private void btnExit_Click(object sender, EventArgs e){
31              Application.Exit(); //退出当前系统
32          }
33          private void MainMenuForm_FormClosing (object sender,
34                                                 FormClosedEventArgs e){
35              menuForm = null;    //窗体的实例对象设置为null
36              Application.Exit();//退出当前系统
37          }
38      }
39 }
```

11.8   读者类别功能业务实现

在主菜单窗体中，单击【读者类别】按钮，程序会隐藏当前窗体，显示读者类别窗体，该窗体中会展示读者类别的信息，同时还显示了【添加】按钮、【查询】按钮、【删除】按钮、【修改】按钮和【返回主菜单】按钮。前4个按钮主要用于对读者类别信息进行操作，最后1个按钮用于将窗体返回到主菜单窗体。除此之外，还将所有的读者类别信息显示在右侧的表格中。下面将对读者类别功能的相关业务进行开发。

11.8.1   读者类别窗体设计

读者类别窗体主要用于展示读者的类别号、类别名称、可借书数量、可借书天数信息，在读者类别窗体中显示了4个输入框、5个按钮、1个表格。其中，4个输入框用于输入指定的读者类别信息，5个按钮分别是【返回主菜单】按钮、【添加】按钮、【查询】按钮，【删除】按钮、【修改】按钮，1个表格用于显示读者类别信息。读者类别窗体设计效果如图11-12所示。

图11-12   读者类别窗体设计

实现读者类别窗体设计效果的具体步骤如下。

1. 创建读者类别窗体

在项目中创建一个名为 ReaderCategoryForm 的读者类别窗体。

2. 添加窗体控件

读者类别窗体的 Text 属性的值设置为"读者类别"，BackgroundImage 属性的值设置为读者类别窗体的背景图片"bg.png"。

（1）添加4个 Label 控件

在窗体中添加4个 Label 控件，分别用于显示"类别号""类别名称""可借书数量""可借书天数"等文本信息，这4个控件的 BackColor 属性的值设置为"Transparent"，ForeColor 属性的值设置为"White"，Text

属性的值分别设置为"类别号""类别名称""可借书数量""可借书天数"。

（2）添加 4 个 TextBox 控件

在窗体中添加 4 个 TextBox 控件，分别用于显示"类别号""类别名称""可借书数量""可借书天数"的输入框，这 4 个控件的 Name 属性的值分别设置为"tbRdType""tbRdTypeName""tbCanLendQty""tbCanLendDay"。

（3）添加 5 个 Button 控件

在窗体中添加 5 个 Button 控件，分别用于显示【返回主菜单】按钮、【添加】按钮、【查询】按钮、【删除】按钮、【修改】按钮。这 5 个控件的 Name 属性的值分别设置为"btnBackMenu""btnAdd""btnQuery""btnDelete""btnAlter"，BackColor 属性的值都设置为"Transparent（透明）"，FlatStyle 属性的值都设置为"Flat（按钮外观平滑）"，BorderSize 属性的值都设置为 0，MouseDownBackColor 属性和 MouseOverBackColor 属性的值都设置为"Transparent（透明）"，ForeColor 属性的值都设置为"White"，Text 属性的值分别设置为"返回主菜单""添加""查询""删除""修改"，Font 属性的值设置都为"18pt（小二）"，BackgroundImage 属性的值设置为按钮的背景图片"btn_bg1.png"。

（4）添加 1 个 DataGridView 控件

在窗体中添加 1 个 DataGridView 控件，以一个表格的形式显示所有的读者类别信息，该控件的 Name 属性的值设置为"dgvRdCategory"，BackgroundColor 属性的值设置为"White"。

11.8.2　实现读者类别管理功能

读者类别窗体中主要实现的是 5 个按钮的单击事件，当单击【返回主菜单】按钮时，程序会隐藏当前窗体，显示读者类别窗体；在该窗体中单击【添加】按钮，程序会向数据库中添加一条读者类别信息；单击【查询】按钮，程序会根据读者类别名称查询对应的读者类别信息显示到窗体表格中；选中表格中的某一行，单击【删除】按钮，程序会根据读者类别编号从数据库中删除对应的数据信息并更新表格中的数据；单击【修改】按钮，程序会修改数据库中指定的读者类别对应的任意数据信息。实现读者类别管理功能的具体步骤如下。

1. 实现【返回主菜单】按钮的单击事件

在读者类别窗体设计中，通过设置【返回主菜单】按钮的单击事件，程序会进入 ReaderCategoryForm.cs 文件的 btnBackMenu_Click() 方法中，在该方法中调用 Close() 方法关闭当前窗体，具体代码如例 11-4 所示。

例 11-4　ReaderCategoryForm.cs

```
1  ......//省略导入包
2  namespace BookManagementSystem{
3     public partial class ReaderCategoryForm : Form{
4        string connStr = "Data Source= CZBK-20190302ZQ\\MSSQLSERVER2012;
5                 Initial Catalog=BooksDB;User ID=sa;Password=123456";
6        public ReaderCategoryForm(){
7           InitializeComponent();
8        }
9        private void btnBackMenu_Click(object sender, EventArgs e){
10          this.Close();      //关闭当前窗体
11       }
12       private void ReaderCategoryForm_FormClosed(object sender,
13                                    FormClosedEventArgs e){
14          MainMenuForm.getInstance().Show();
15       }
16    }
17 }
```

上述代码中，第 9~11 行代码创建了一个 btnBackMenu_Click() 方法，该方法用于实现【返回菜单】按钮的单击事件，在该方法中调用 Close() 方法关闭当前窗体。

第 12~15 行代码创建了一个 ReaderCategoryForm_FormClosed() 方法，该方法是通过双击窗体属性中的 FormClosed（关闭窗体）属性生成的，也就是当关闭当前窗体时，程序会触发该方法，在该方法中调用 Show()

方法显示主菜单窗体。

2. 实现加载读者类别信息功能

在 ReaderCategoryForm 中创建一个 DataBind( )方法用于获取读者类别表中的所有数据并显示到读者类别窗体表格中，同时将表格中对应的数据绑定到窗体左侧的输入框中，具体代码如下所示。

```
1  ......//省略导入包
2  namespace BookManagementSystem{
3      public partial class ReaderCategoryForm : Form{
4          public ReaderCategoryForm(){
5              InitializeComponent();
6          }
7          ......
8          private void ReaderCategoryForm_Load(object sender, EventArgs e){
9              DataBind();
10         }
11         private void DataBind(){
12             try{
13                 using (SqlConnection conn = new SqlConnection(connStr)){
14                     conn.Open(); //打开数据库连接
15                     SqlCommand comm = conn.CreateCommand();
16                     comm.CommandText = "select rdType 类别号,rdTypeName
17                               类别名称,canLendQty 可借数量,canLendDay 可借天数
18                                                   from ReaderType";
19                     SqlDataAdapter sda = new SqlDataAdapter(comm);
20                     DataSet ds = new DataSet();
21                     sda.Fill(ds);
22                     dgvRdCategory.DataSource = ds.Tables[0];
23                     tbRdType.DataBindings.Clear();
24                     tbRdTypeName.DataBindings.Clear();
25                     tbCanLendQty.DataBindings.Clear();
26                     tbCanLendDay.DataBindings.Clear();
27                     tbRdType.DataBindings.Add("Text", ds.Tables[0], "类别号");
28                     tbRdTypeName.DataBindings.Add("Text", ds.Tables[0],
29                                                         "类别名称");
30                     tbCanLendQty.DataBindings.Add("Text", ds.Tables[0],
31                                                         "可借数量");
32                     tbCanLendDay.DataBindings.Add("Text", ds.Tables[0],
33                                                         "可借天数");
34                 }
35             }catch (Exception ex){
36                 MessageBox.Show("操作数据库出错! " + ex.Message);
37             }
38         }
39         ......
40     }
41 }
```

上述代码中，第 8~10 行代码创建了一个 ReaderCategoryForm_Load( )方法，当程序加载窗体时，会执行该方法，此时需要在窗体的表格中显示读者类别表中的所有数据，因此在该方法中调用了 DataBind( )方法来加载数据库中的读者类别信息并显示到表格中。

第 11~38 行代码创建了一个 DataBind( )方法，该方法用于将获取的读者类别数据绑定到窗体的表格中。

第 16~18 行代码定义了一个查询读者类别表中所有数据的 SQL 语句。

第 19~21 行代码首先创建了 SqlDataAdapter 类的对象 sda，然后创建了 DataSet 类的对象 ds，最后调用 Fill( )方法将查询到的结果填充到对象 ds 中。

第 22 行代码设置 DataGridView 控件的数据源 DataSource 为 ds.Tables[0]，也就是 DataSet 类的对象中的第一个表 ReaderType 中的数据。

第 23~26 行代码调用 Clear( )方法清空窗体中类别号、类别名称、可借书数量、可借书天数的输入框中的数据。

第 27~33 行代码调用 Add( )方法将表 ReaderType 中的类别号、类别名称、可借书数量、可借书天数对

应的数据绑定到窗体中对应的 TextBox 控件的 Text 属性上。Add( )方法中传递了 3 个参数，第 1 个参数 "Text" 表示需要绑定数据的控件的 Text 属性，第 2 个参数 ds.Tables[0]表示数据源，第 3 个参数表示绑定的数据源中的数据成员名称。

需要注意 ReaderCategoryForm_Load( )方法的生成方式，需要选中读者类别窗体，然后在属性列表中的事件 ⚡ 中找到 Load 事件，也就是窗体的加载事件，双击该事件，程序会自动生成 ReaderCategoryForm_Load( )方法，在该方法中实现加载窗体时需要处理的信息。

3. 实现【添加】按钮的单击事件

在窗体设计中，通过设置【添加】按钮的单击事件，程序会进入 ReaderCategoryForm.cs 文件的 btnAdd_Click( )方法中，在该方法中实现将读者类别数据添加到数据库中的功能，具体代码如下所示。

```
1  ......//省略导入包
2  namespace BookManagementSystem{
3     public partial class ReaderCategoryForm : Form{
4        public ReaderCategoryForm(){
5           InitializeComponent();
6        }
7        ......
8        private void btnAdd_Click(object sender, EventArgs e){
9           try{
10             using (SqlConnection conn = new SqlConnection(connStr)){
11                conn.Open(); //打开数据库连接
12                SqlCommand comm = conn.CreateCommand();
13                comm.CommandText = "insert into ReaderType values
14                      (@rdType,@rdTypeName,@canLendQty, @canLendDay)";
15                comm.Parameters.AddWithValue("@rdType", tbRdType.Text);
16                comm.Parameters.AddWithValue("@rdTypeName",
17                                             tbRdTypeName.Text);
18                comm.Parameters.AddWithValue("@canLendQty",
19                                             tbCanLendQty.Text);
20                comm.Parameters.AddWithValue("@canLendDay",
21                                             tbCanLendDay.Text);
22                try{
23                   comm.ExecuteNonQuery();//执行 SQL 语句
24                   MessageBox.Show("添加成功! ");
25                   DataBind(); //重新加载数据库中的数据（刷新窗体表格中的数据）
26                }catch (Exception ex){
27                   MessageBox.Show("添加失败! " + ex.Message);
28                }
29             }
30          }catch (Exception ex){
31             MessageBox.Show("操作数据库出错! " + ex.Message);
32          }
33       }
34       ......
35    }
36 }
```

上述代码中，第 13 ~ 14 行代码设置了将读者类别信息插入到数据库中的 SQL 语句。

第 15 ~ 21 行代码通过调用 AddWithValue( )方法设置 SQL 语句中需要传递的参数值，该方法中的第 1 个参数表示 SQL 语句中传递的参数名称，第 2 个参数表示传递的参数值。

第 23 行代码调用 ExecuteNonQuery( )方法执行 SQL 语句。

第 24 ~ 25 行代码首先调用 Show( )方法弹出一个对话框提示用户 "添加成功!"，然后调用 DataBind( )方法重新加载数据库中的数据并显示到窗体的表格中。

4. 实现【查询】按钮的单击事件

在窗体设计中，通过设置【查询】按钮的单击事件，程序会进入 ReaderCategoryForm.cs 文件的 btnQuery_Click( )方法中，在该方法中实现根据读者类别名称查询读者类别信息的功能，具体代码如下所示。

```
1  ......//省略导入包
2  namespace BookManagementSystem{
```

```
3     public partial class ReaderCategoryForm : Form{
4         public ReaderCategoryForm(){
5             InitializeComponent();
6         }
7         ......
8         private void btnQuery_Click(object sender, EventArgs e){
9             try{
10                using (SqlConnection conn = new SqlConnection(connStr)){
11                    conn.Open(); //打开数据库连接
12                    SqlCommand comm = conn.CreateCommand();
13                    comm.CommandText = "select rdType 类别号,
14                    rdTypeName 类别名称, canLendQty 可借数量,canLendDay 可借天数
15                            from ReaderType where rdTypeName like
16                                    @rdTypeName + '%' ";
17                    comm.Parameters.AddWithValue("@rdTypeName",
18                                            tbRdTypeName.Text);
19                    SqlDataAdapter sda = new SqlDataAdapter(comm);
20                    DataSet ds = new DataSet();
21                    sda.Fill(ds);
22                    dgvRdCategory.DataSource = ds.Tables[0];//设置表格的数据源
23                }
24            }catch (Exception ex){
25                MessageBox.Show("操作数据库出错！" + ex.Message);
26            }
27        }
28        ......
29    }
30 }
```

上述代码中，第 13～16 行代码定义了一个根据读者类别名称查询对应的读者类别信息的 SQL 语句。

第 17～18 行代码调用 AddWithValue( )方法设置 SQL 语句中需要传递的参数值，该方法中的第 1 个参数 @rdTypeName 表示 SQL 语句中传递的参数名称，第 2 个参数 tbRdTypeName.Text 表示传递的参数值。

第 19～21 行代码首先创建了 SqlDataAdapter 类的对象 sda，然后创建了 DataSet 类的对象 ds，最后调用 Fill( )方法将查询到的结果填充到对象 ds 中。

第 22 行代码设置 DataGridView 控件的数据源 DataSource 为 ds.Tables[0]，也就是 DataSet 类的对象中的第一个表 ReaderType 中的数据。

5. 实现【删除】按钮的单击事件

在窗体设计中，通过设置【删除】按钮的单击事件，程序会进入 ReaderCategoryForm.cs 文件的 btnDelete_Click( )方法中，在该方法中根据选中的读者类别编号删除对应的读者类别信息，具体代码如下所示。

```
1  ......//省略导入包
2  namespace BookManagementSystem{
3     public partial class ReaderCategoryForm : Form{
4        public ReaderCategoryForm(){
5            InitializeComponent();
6        }
7        ......
8        private void btnDelete_Click(object sender, EventArgs e){
9            MessageBoxButtons messButton = MessageBoxButtons.OKCancel;
10           DialogResult dr = MessageBox.Show("确定要删除吗?", "确定",
11                                                   messButton);
12           if (dr == DialogResult.OK){
13               try{
14                   using (SqlConnection conn = new SqlConnection(connStr)){
15                       conn.Open(); //打开数据库连接
16                       SqlCommand comm = conn.CreateCommand();
17                       comm.CommandText = "delete from ReaderType where
18                                                   rdType = @rdType";
19                       comm.Parameters.AddWithValue("@rdType",
20                                                   tbRdType.Text);
21                       comm.ExecuteNonQuery(); //执行 SQL 语句
22                       MessageBox.Show("删除成功! ");
```

```
23                    DataBind(); //重新加载数据
24                }
25            }catch (Exception ex){
26                MessageBox.Show("删除失败！" + ex.Message);
27            }
28        }
29    }
30    ......
31  }
32 }
```

上述代码中，第 17 ~ 18 行代码定义了根据读者类别编号 rdType 删除对应的读者类别信息的 SQL 语句。

第 19 ~ 20 行代码调用 AddWithValue( )方法给 SQL 语句中需要传递的参数@rdType 赋值，该方法中的第 1 个参数@rdType 表示需要传递的参数名称，第 2 个参数 tbRdType.Text 表示传递的参数值，该值是窗体中 tbRdType 控件的 Text 属性的内容，即读者类别编号。

6. 实现【修改】按钮的单击事件

在窗体设计中，通过设置【修改】按钮的单击事件，程序会进入 ReaderCategoryForm.cs 文件的 btnAlter_Click( )方法中，在该方法中根据指定的读者类别编号更新对应的读者类别信息，进而实现【修改】按钮的单击事件，具体代码如下所示。

```
1  ......//省略导入包
2  namespace BookManagementSystem{
3     public partial class ReaderCategoryForm : Form{
4        public ReaderCategoryForm(){
5            InitializeComponent();
6        }
7        ......
8        private void btnAlter_Click(object sender, EventArgs e){
9            try{
10               using (SqlConnection conn = new SqlConnection(connStr)){
11                   conn.Open(); //打开数据库连接
12                   SqlCommand comm = conn.CreateCommand();
13                   comm.CommandText = "update ReaderType set rdType=@rdType,
14                           rdTypeName=@rdTypeName,canLendQty=@canLendQty,
15                           canLendDay=@canLendDay where rdType=@rdType";
16                   comm.Parameters.AddWithValue("@rdType", tbRdType.Text);
17                   comm.Parameters.AddWithValue("@rdTypeName",
18                                                tbRdTypeName.Text);
19                   comm.Parameters.AddWithValue("@canLendQty",
20                                                tbCanLendQty.Text);
21                   comm.Parameters.AddWithValue("@canLendDay",
22                                                tbCanLendDay.Text);
23                   comm.ExecuteNonQuery();
24                   MessageBox.Show("修改成功！");
25                   DataBind(); //重新加载数据库中的数据
26               }
27           }catch (Exception ex){
28               MessageBox.Show("修改失败！" + ex.Message);
29           }
30       }
31       ......
32    }
33 }
```

上述代码中，第 13 ~ 15 行代码定义了根据读者类别编号更新读者类别信息的 SQL 语句。

第 16 ~ 22 行代码调用 AddWithValue( )方法给 SQL 语句中传递的参数@rdType、@rdTypeName、@canLendQty、@canLendDay 赋值，该方法中的第 1 个参数表示传递的参数名称，第 2 个参数表示传递的参数值，分别是窗体中 tbRdType 控件、tbRdTypeName 控件、tbCanLendQty 控件、tbCanLendDay 控件中输入的读者类别号、类别名称、可借书数量和可借书天数的数据信息。

第 23 行代码调用 ExecuteNonQuery( )方法执行 SQL 语句。

第 24~25 行代码首先调用 Show( )方法弹出一个对话框提示用户"修改成功!"，然后调用 DataBind( )方法重新加载数据库中的数据显示到窗体的表格中。

11.9　读者管理功能业务实现

在主菜单窗体中，单击【读者管理】按钮，程序会隐藏当前窗体，显示读者管理窗体，该窗体中会展示读者信息，同时还显示了【添加】按钮、【查询】按钮、【删除】按钮、【修改】按钮和【返回主菜单】按钮，前 4 个按钮主要用于对读者信息进行操作，最后 1 个按钮用于返回到主菜单窗体。除此之外，还将操作后的读者信息显示在右侧的表格中。下面将对读者管理功能的相关业务进行开发。

11.9.1　读者管理窗体设计

读者管理窗体主要用于展示读者编号、类别号、姓名、单位、QQ、已借书数量信息，在读者管理窗体中显示了 6 个输入框、5 个按钮、1 个表格。其中，6 个输入框用于输入指定的读者信息，5 个按钮分别是【返回主菜单】按钮、【添加】按钮、【查询】按钮、【删除】按钮、【修改】按钮，1 个表格用于显示读者信息。读者管理窗体设计效果如图 11-13 所示。

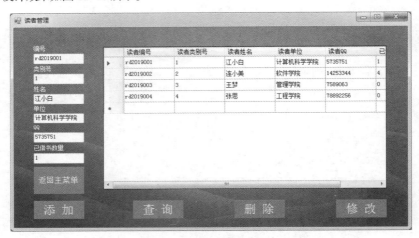

图11-13　读者管理窗体设计

实现读者管理窗体设计效果的具体步骤如下。

1. 创建读者管理窗体

在项目中创建一个名为 ReaderManagementForm 的读者管理窗体。

2. 添加窗体控件

读者管理窗体的 Text 属性的值设置为"读者管理"，BackgroundImage 属性的值设置为读者管理窗体的背景图片"bg.png"。

（1）添加 6 个 Label 控件

在窗体中添加 6 个 Label 控件，分别用于显示"编号""类别号""姓名""单位""QQ""已借书数量"等文本信息，这 6 个控件的 BackColor 属性的值设置为"Transparent"，属性 ForeColor 属性的值设置为"White"，Text 属性的值分别设置为"编号""类别号""姓名""单位""QQ""已借书数量"。

（2）添加 6 个 TextBox 控件

在窗体中添加 6 个 TextBox 控件，分别用于显示"编号""类别号""姓名""单位"、"QQ""已借书数量"的输入框，这 6 个控件的 Name 属性的值分别设置为"tbRdID""tbRdType""tbRdName""tbRdDept""tbRdQQ""tbRdBorrowQty"。

（3）添加 5 个 Button 控件

在窗体中添加 5 个 Button 控件，分别用于显示【返回主菜单】按钮、【添加】按钮、【查询】按钮、【删除】按钮、【修改】按钮。这 5 个控件的 Name 属性的值分别设置为"btnBackMenu""btnAdd""btnQuery""btnDelete""btnAlter"，BackColor 属性的值都设置为"Transparent（透明）"，FlatStyle 属性的值都设置为"Flat（按钮外观平滑）"，BorderSize 属性的值都设置为"0"，MouseDownBackColor 属性和 MouseOverBackColor 属性的值都设置为"Transparent（透明）"，ForeColor 属性的值都设置为"White"，Text 属性的值分别设置为"返回主菜单""添加""查询""删除""修改"，Font 属性的值都设置为"18pt（小二号）"，BackgroundImage 属性的值都设置为按钮的背景图片"btn_bg1.png"。

（4）添加 1 个 DataGridView 控件

在窗体中添加 1 个 DataGridView 控件，以一个表格的形式显示所有的读者信息，该控件的 Name 属性的值设置为"dgvReader"，BackgroundColor 属性的值设置为"White"。

11.9.2　实现读者管理功能

读者管理窗体中主要实现的也是 5 个按钮的单击事件，当单击【返回主菜单】按钮时，程序会隐藏当前窗体，显示读者管理窗体；单击【添加】按钮，程序会向数据库中添加一条读者信息；单击【查询】按钮，程序会根据读者单位查询对应的读者信息显示到窗体表格中；选中表格中的某一行，单击【删除】按钮，程序会根据读者编号从数据库中删除对应的数据信息；单击【修改】按钮，程序会修改数据库中指定的读者编号对应的任意数据信息（不可修改已借书数量）。实现读者管理功能的具体步骤如下。

1．实现【返回主菜单】按钮的单击事件

在读者管理窗体设计中，通过设置【返回主菜单】按钮的单击事件，程序会进入 ReaderManagementForm.cs 文件的 btnBackMenu_Click()方法中，在该方法中调用 Close()方法关闭当前窗体，具体代码如例 11-5 所示。

例 11-5　ReaderManagementForm.cs

```
1  ......//省略导入包
2  namespace BookManagementSystem{
3      public partial class ReaderManagementForm : Form{
4          string connStr = "Data Source= CZBK-20190302ZQ\\MSSQLSERVER2012;
5                  Initial Catalog=BooksDB;User ID=sa;Password=123456";
6          public ReaderManagementForm(){
7              InitializeComponent();
8          }
9          private void btnBackMenu_Click(object sender, EventArgs e){
10             this.Close(); //关闭当前窗体
11         }
12         private void ReaderManagementForm_FormClosed(object sender,
13                                             FormClosedEventArgs e){
14             MainMenuForm.getInstance().Show();//显示主菜单窗体
15         }
16     }
17 }
18 }
```

上述代码与 11.8.2 节中实现【返回主菜单】按钮的单击事件中的内容是类似的，此处不再赘述。

2．实现加载读者信息功能

在 ReaderManagementForm 中创建一个 DataBind()方法用于获取读者表中的所有数据并显示到读者管理窗体表格中，同时将表格中对应的数据绑定到窗体左侧的输入框中，具体代码如下所示。

```
1  ......//省略导入包
2  namespace BookManagementSystem{
3      public partial class ReaderManagementForm : Form{
4          public ReaderManagementForm(){
5              InitializeComponent();
6          }
7          ......
```

```
8          private void DataBind(){
9             try{
10               using (SqlConnection conn = new SqlConnection(connStr)){
11                  conn.Open(); //打开数据库连接
12                  SqlCommand comm = conn.CreateCommand();
13                  comm.CommandText = "select rdID 读者编号,rdType 读者类别号,
14                            rdName 读者姓名,rdDept 读者单位,rdQQ 读者QQ,
15                                rdBorrowQty 已借书数量 from Reader";
16                  SqlDataAdapter sda = new SqlDataAdapter(comm);
17                  DataSet ds = new DataSet();
18                  sda.Fill(ds);
19                  dgvReader.DataSource = ds.Tables[0];
20                  tbRdID.DataBindings.Clear();
21                  tbRdType.DataBindings.Clear();
22                  tbRdName.DataBindings.Clear();
23                  tbRdDept.DataBindings.Clear();
24                  tbRdQQ.DataBindings.Clear();
25                  tbRdBorrowQty.DataBindings.Clear();
26                  tbRdID.DataBindings.Add("Text", ds.Tables[0], "读者编号");
27                  tbRdType.DataBindings.Add("Text", ds.Tables[0],
28                                                    "读者类别号");
29                  tbRdName.DataBindings.Add("Text", ds.Tables[0],
30                                                      "读者姓名");
31                  tbRdDept.DataBindings.Add("Text", ds.Tables[0],
32                                                      "读者单位");
33                  tbRdQQ.DataBindings.Add("Text", ds.Tables[0], "读者QQ");
34                  tbRdBorrowQty.DataBindings.Add("Text", ds.Tables[0],
35                                                      "已借书数量");
36               }
37            }catch (Exception ex){
38               MessageBox.Show("操作数据库出错！" + ex.Message);
39            }
40         }
41         private void ReaderManagementForm_Load(object sender, EventArgs e){
42            DataBind();
43         }
44         ......
45    }
46 }
```

上述代码中，第8~40行代码创建了一个DataBind()方法，该方法用于将获取的读者数据绑定到窗体的表格中。

第13~15行代码定义了一个查询读者表中所有数据的SQL语句。

第16~18行代码首先创建了SqlDataAdapter类的对象sda，然后创建了DataSet类的对象ds，最后调用Fill()方法将查询到的结果填充到对象ds中。

第19行代码设置DataGridView控件的数据源DataSource为ds.Tables[0]，也就是DataSet类的对象中的第一个表Reader中的数据。

第20~25行代码调用Clear()方法清空窗体中读者编号、类别号、姓名、单位、QQ、已借书数量的输入框中的数据。

第26~35行代码调用Add()方法将表Reader中的读者编号、类别号、姓名、单位、QQ、已借书数量对应的数据绑定到窗体中对应的TextBox控件的Text属性上。Add()方法中传递了3个参数，第1个参数Text表示需要绑定数据的控件的Text属性，第2个参数ds.Tables[0]表示数据源，第3个参数表示绑定的数据源中的数据成员名称。

第41~43行代码创建了一个ReaderManagementForm_Load()方法，当程序加载窗体时，会执行该方法，此时需要在窗体的表格中显示读者表中的所有数据，因此在该方法中调用DataBind()方法加载数据库中的读者信息显示到表格中。

3. 实现【添加】按钮的单击事件

在窗体设计中，通过设置【添加】按钮的单击事件，程序会进入 ReaderManagementForm.cs 文件的 btnAdd_Click( )方法中，在该方法中实现将读者数据添加到数据库中的功能，具体代码如下所示。

```
1  ......//省略导入包
2  namespace BookManagementSystem{
3    public partial class ReaderManagementForm : Form{
4      public ReaderManagementForm(){
5        InitializeComponent();
6      }
7      ......
8      private void btnAdd_Click(object sender, EventArgs e){
9        try{
10         using (SqlConnection conn = new SqlConnection(connStr)){
11           conn.Open(); //打开数据库连接
12           SqlCommand comm = conn.CreateCommand();
13           comm.CommandText = "insert into Reader values(
14             @rdID,@rdType,@rdName,@rdDept,@rdQQ,@rdBorrowQty)";
15           comm.Parameters.AddWithValue("@rdID", tbRdID.Text);
16           comm.Parameters.AddWithValue("@rdType", tbRdType.Text);
17           comm.Parameters.AddWithValue("@rdName", tbRdName.Text);
18           comm.Parameters.AddWithValue("@rdDept", tbRdDept.Text);
19           comm.Parameters.AddWithValue("@rdQQ", tbRdQQ.Text);
20           comm.Parameters.AddWithValue("@rdBorrowQty",
21                                       tbRdBorrowQty.Text);
22           comm.ExecuteNonQuery();
23           MessageBox.Show("添加成功! ");
24           DataBind();
25         }
26       }catch (Exception ex){
27         MessageBox.Show("添加失败! " + ex.Message);
28       }
29     }
30     ......
31   }
32 }
```

上述代码中，第 13 ~ 14 行代码设置了将读者信息插入到数据库中的 SQL 语句。

第 15 ~ 21 行代码通过调用 AddWithValue( )方法设置 SQL 语句中需要传递的参数值，该方法中的第 1 个参数表示 SQL 语句中传递的参数名称，第 2 个参数表示传递的参数值。

第 22 行代码调用 ExecuteNonQuery( )方法执行 SQL 语句。

第 23 ~ 24 行代码首先调用 Show( )方法弹出一个对话框提示用户 "添加成功!"，然后调用 DataBind( )方法重新加载数据库中的数据显示到窗体的表格中。

4. 实现【查询】按钮的单击事件

在窗体设计中，通过设置【查询】按钮的单击事件，程序会进入 ReaderManagementForm.cs 文件的 btnQuery_Click( )方法中，在该方法中实现根据读者单位查询对应读者信息的功能，具体代码如下所示。

```
1  ......//省略导入包
2  namespace BookManagementSystem{
3    public partial class ReaderManagementForm : Form{
4      public ReaderManagementForm(){
5        InitializeComponent();
6      }
7      ......
8      private void btnQuery_Click(object sender, EventArgs e){
9        try{
10         using (SqlConnection conn = new SqlConnection(connStr)){
11           conn.Open(); //打开数据库连接
12           SqlCommand comm = conn.CreateCommand();
13           comm.CommandText = "select rdID 读者编号,rdType 读者类别号,
14                       rdName 读者姓名,rdDept 读者单位,rdQQ 读者 QQ,
15                       rdBorrowQty 已借书数量 from Reader
```

```
16                                    where rdDept like @rdDept + '%'  ";
17                        comm.Parameters.AddWithValue("@rdDept", tbRdDept.Text);
18                        SqlDataAdapter sda = new SqlDataAdapter(comm);
19                        DataSet ds = new DataSet();
20                        sda.Fill(ds);
21                        dgvReader.DataSource = ds.Tables[0];
22                   }
23              }catch (Exception ex){
24                   MessageBox.Show("操作数据库出错！" + ex.Message);
25              }
26         }
27         ......
28    }
29 }
```

上述代码中，第13～16行代码定义了一个根据读者单位查询对应的读者信息的SQL语句。

第17行代码调用AddWithValue( )方法设置SQL语句中需要传递的参数值，该方法中的第1个参数@rdDept表示SQL语句中传递的参数名称，第2个参数tbRdDept.Text表示传递的参数值。

第18～20行代码首先创建了SqlDataAdapter类的对象sda，然后创建了DataSet类的对象ds，最后调用Fill( )方法将查询到的结果填充到对象ds中。

第21行代码设置DataGridView控件的数据源DataSource为ds.Tables[0]，也就是DataSet类的对象中的第一个表Reader中的数据。

5. 实现【删除】按钮的单击事件

在窗体设计中，通过设置【删除】按钮的单击事件，程序会进入ReaderManagementForm.cs文件的btnDelete_Click( )方法中，在该方法中实现根据读者编号删除对应的读者信息，具体代码如下所示。

```
1 ......//省略导入包
2 namespace BookManagementSystem{
3    public partial class ReaderManagementForm : Form{
4        public ReaderManagementForm(){
5            InitializeComponent();
6        }
7        ......
8        private void btnDelete_Click(object sender, EventArgs e){
9            MessageBoxButtons messButton = MessageBoxButtons.OKCancel;
10           DialogResult dr = MessageBox.Show("确定要删除吗?",
11                                               "确定", messButton);
12           if (dr == DialogResult.OK){
13               try{
14                   using (SqlConnection conn = new SqlConnection(connStr)){
15                       conn.Open(); //打开数据库连接
16                       SqlCommand comm = conn.CreateCommand();
17                       comm.CommandText = "delete from Reader where
18                                               rdID = @rdID";
19                       comm.Parameters.AddWithValue("@rdID", tbRdID.Text);
20                       comm.ExecuteNonQuery(); //执行SQL语句
21                       MessageBox.Show("删除成功！");
22                       DataBind();
23                   }
24               }catch (Exception ex){
25                   MessageBox.Show("删除失败！" + ex.Message);
26               }
27           }
28       }
29       ......
30   }
31 }
```

上述代码中，第17～18行代码定义了根据读者编号rdID删除对应的读者信息的SQL语句。

第19行代码调用AddWithValue( )方法给SQL语句中需要传递的参数@rdID赋值，该方法中的第1个参数@rdID表示需要传递的参数名称，第2个参数tbRdID.Text表示传递的参数值，该值是窗体中tbRdID控件的 Text 属性的内容，也就是读者编号。

第 20 行代码调用 ExecuteNonQuery( ) 方法执行 SQL 语句。

第 21~22 行代码首先调用 Show( ) 方法弹出一个对话框提示用户"删除成功！"，然后调用 DataBind( ) 方法重新加载数据库中的数据显示到窗体的表格中。

6. 实现【修改】按钮的单击事件

在窗体设计中，通过设置【修改】按钮的单击事件，程序会进入 ReaderManagementForm.cs 文件的 btnAlter_Click( ) 方法中，在该方法中根据指定的读者编号修改对应的读者信息，进而实现【修改】按钮的单击事件，具体代码如下所示。

```
1  ......//省略导入包
2  namespace BookManagementSystem{
3    public partial class ReaderManagementForm : Form{
4      public ReaderManagementForm(){
5        InitializeComponent();
6      }
7      ......
8      private void btnAlter_Click(object sender, EventArgs e){
9        try{
10         using (SqlConnection conn = new SqlConnection(connStr)){
11           conn.Open(); //打开数据库连接
12           SqlCommand comm = conn.CreateCommand();
13           comm.CommandText = "update Reader set rdID=@rdID,
14                     rdType=@rdType,rdName=@rdName,rdDept=@rdDept,
15             rdQQ=@rdQQ,rdBorrowQty=@rdBorrowQty where rdID=@rdID";
16           comm.Parameters.AddWithValue("@rdID", tbRdID.Text);
17           comm.Parameters.AddWithValue("@rdType", tbRdType.Text);
18           comm.Parameters.AddWithValue("@rdName", tbRdName.Text);
19           comm.Parameters.AddWithValue("@rdDept", tbRdDept.Text);
20           comm.Parameters.AddWithValue("@rdQQ", tbRdQQ.Text);
21           comm.Parameters.AddWithValue("@rdBorrowQty",
22                                    tbRdBorrowQty.Text);
23           comm.ExecuteNonQuery();
24           MessageBox.Show("修改成功! ");
25           DataBind();
26         }
27       }catch (Exception ex){
28         MessageBox.Show("修改失败! " + ex.Message);
29       }
30     }
31     ......
32   }
33 }
```

上述代码中，第 13~15 行代码定义了根据读者编号更新读者信息的 SQL 语句。

第 16~22 行代码调用 AddWithValue( ) 方法给 SQL 语句中传递的参数@rdID、@rdType、@rdName、@rdDept、@rdQQ、@rdBorrowQty 赋值，该方法中的第 1 个参数表示传递的参数名称，第 2 个参数表示传递的参数值，分别是窗体中 tbRdID 控件、tbRdType 控件、tbRdName 控件、tbRdDept 控件、tbRdQQ 控件、tbRdBorrowQty 控件中输入的读者编号、类别号、姓名、单位、QQ、已借书数量的数据信息。

第 23 行代码调用 ExecuteNonQuery( ) 方法执行 SQL 语句。

第 24~25 行代码首先调用 Show( ) 方法弹出一个对话框提示用户"修改成功！"，然后调用 DataBind( ) 方法重新加载数据库中的数据显示到窗体的表格中。

11.10　图书管理功能业务实现

在主菜单窗体中，单击【图书管理】按钮，程序会隐藏当前窗体，显示图书管理窗体，该窗体中会展示图书信息，同时还显示了【添加】按钮、【查询】按钮、【删除】按钮、【修改】按钮和【返回主菜单】按钮，前4个按钮主要用于对图书信息进行操作，最后1个按钮用于将窗体返回到主菜单窗体。除此之外，还将操作后的图书信息显示在右侧的表格中。下面将对图书管理功能的相关业务进行开发。

11.10.1　图书管理窗体设计

图书管理窗体主要用于展示书号、书名、作者、出版社、单价、状态（1：在馆，0：不在馆）信息。在图书管理窗体中显示了6个输入框、5按钮、1个表格，其中，6个输入框用于输入指定的图书信息，5个按钮分别是【返回主菜单】按钮、【添加】按钮、【查询】按钮、【删除】按钮、【修改】按钮，1个表格用于显示图书信息，图书管理窗体设计效果如图11-14所示。

图11-14　图书管理窗体设计

实现图书管理窗体设计效果的具体步骤如下。

1. 创建图书管理窗体

在项目中创建一个名为 BookManagementForm 的图书管理窗体。

2. 添加窗体控件

图书管理窗体的 Text 属性的值设置为"图书管理"，BackgroundImage 属性的值设置为图书管理窗体的背景图片"bg.png"。

（1）添加6个 Label 控件

在窗体中添加6个 Label 控件，分别用于显示"书号""书名""作者""出版社""单价""状态（1：在馆，0：不在馆）"等文本信息，这6个控件的 BackColor 属性的值设置为"Transparent"，ForeColor 属性的值设置为"White"，Text 属性的值分别设置为"书号""书名""作者""出版社""单价""状态（1：在馆，0：不在馆）"。

（2）添加6个 TextBox 控件

在窗体中添加6个 TextBox 控件，分别用于显示"书号""书名""作者""出版社""单价""状态（1：在馆，0：不在馆）"的输入框，这6个控件的 Name 属性的值分别设置为"tbBkID""tbBkName""tbBkAuthor""tbBkPress""tbBkPrice""tbBkStatus"。

（3）添加5个 Button 控件

在窗体中添加5个 Button 控件，分别用于显示【返回主菜单】按钮、【添加】按钮、【查询】按钮、【删除】按钮、【修改】按钮。这5个控件的 Name 属性的值分别设置为"btnBackMenu""btnAdd""btnQuery""btnDelete""btnAlter"，BackColor 属性的值都设置为"Transparent（透明）"，FlatStyle 属性的值设置为"Flat（按钮外观平滑）"，BorderSize 属性的值都设置为"0"，MouseDownBackColor 属性和 MouseOverBackColor 属性的值都设置为"Transparent（透明）"，ForeColor 属性的值都设置为"White"，Text 属性的值都设置为"返回主菜单""添加""查询""删除""修改"，Font 属性的值设置为"18pt（小二号）"，BackgroundImage 属性的值设置为按钮的背景图片 "btn_bg1.png"。

（4）添加 1 个 DataGridView 控件

在窗体中添加 1 个 DataGridView 控件，以一个表格的形式显示所有的图书信息，该控件的 Name 属性的值设置为 "dgvBook"，BackgroundColor 属性的值设置为 "White"。

11.10.2　实现图书管理功能

图书管理窗体中主要实现的也是 5 个按钮的单击事件，当单击【返回主菜单】按钮时，程序会隐藏当前窗体，显示图书管理窗体；单击【添加】按钮，程序会向数据库中添加一条图书信息；单击【查询】按钮，程序会根据书名查询对应的图书信息显示到窗体表格中；选中表格中的某一行，单击【删除】按钮，程序会根据图书编号从数据库中删除对应的数据信息；单击【修改】按钮，程序会修改数据库中指定的图书编号对应的任意数据信息（不可修改图书在馆状态）。实现图书管理功能的具体步骤如下。

1. 实现【返回主菜单】按钮的单击事件

在图书管理窗体设计中，通过设置【返回主菜单】按钮的单击事件，程序会进入 BookManagementForm.cs 文件的 btnBackMenu_Click( ) 方法中，在该方法中调用 Close( ) 方法关闭当前窗体，调用 Show( ) 方法显示主菜单窗体，具体代码如例 11-6 所示。

例 11-6　BookManagementForm.cs

```
1  ......//省略导入包
2  namespace BookManagementSystem{
3    public partial class BookManagementForm : Form{
4      string connStr = "Data Source= CZBK-20190302ZQ\\MSSQLSERVER2012;
5              Initial Catalog=BooksDB;User ID=sa;Password=123456";
6      public BookManagementForm(){
7        InitializeComponent();
8      }
9      private void btnBackMenu_Click(object sender, EventArgs e){
10       this.Close();
11     }
12     private void BookManagementForm_FormClosed(object sender,
13                                         FormClosedEventArgs e){
14       MainMenuForm.getInstance().Show();
15     }
16   }
17 }
```

上述代码与 11.8.2 节中实现【返回主菜单】按钮的单击事件中的内容是类似的，此处不再赘述。

2. 实现加载图书信息功能

在 BookManagementForm 中创建一个 DataBind( ) 方法用于获取图书表中的所有数据并显示到图书管理窗体表格中，同时将表格中对应的数据绑定到窗体左侧的输入框中，具体代码如下所示。

```
1  ......//省略导入包
2  namespace BookManagementSystem{
3    public partial class BookManagementForm : Form{
4      public BookManagementForm(){
5        InitializeComponent();
6      }
7      ......
8      private void DataBind(){
9        try{
10         using (SqlConnection conn = new SqlConnection(connStr)){
11           conn.Open(); //打开数据库连接
12           SqlCommand comm = conn.CreateCommand();
13           comm.CommandText = "select bkID 书号,bkName 书名,
14                       bkAuthor 作者, bkPress 出版社,bkPrice 单价,
15                       bkStatus 状态 from Book";
16           SqlDataAdapter sda = new SqlDataAdapter(comm);
17           DataSet ds = new DataSet();
```

```
18                    sda.Fill(ds);
19                    dgvBook.DataSource = ds.Tables[0];
20                    tbBkID.DataBindings.Clear();
21                    tbBkName.DataBindings.Clear();
22                    tbBkAuthor.DataBindings.Clear();
23                    tbBkPress.DataBindings.Clear();
24                    tbBkPrice.DataBindings.Clear();
25                    tbBkStatus.DataBindings.Clear();
26                    tbBkID.DataBindings.Add("Text", ds.Tables[0], "书号");
27                    tbBkName.DataBindings.Add("Text", ds.Tables[0], "书名");
28                    tbBkAuthor.DataBindings.Add("Text", ds.Tables[0], "作者");
29                    tbBkPress.DataBindings.Add("Text", ds.Tables[0],
30                                                         "出版社");
31                    tbBkPrice.DataBindings.Add("Text", ds.Tables[0], "单价");
32                    tbBkStatus.DataBindings.Add("Text", ds.Tables[0], "状态");
33                }
34            }catch (Exception ex){
35                MessageBox.Show("操作数据库出错! " + ex.Message);
36            }
37        }
38        private void BookManagerForm_Load(object sender, EventArgs e){
39            DataBind();
40        }
41        ......
42    }
43 }
```

上述代码中，第8～37行代码创建了一个DataBind()方法，该方法用于将获取的图书数据绑定到窗体的表格中。

第13～15行代码定义了一个查询图书表中所有数据的SQL语句。

第16～18行代码首先创建了SqlDataAdapter类的对象sda，然后创建了DataSet类的对象ds，最后调用Fill()方法将查询到的结果填充到对象ds中。

第19行代码设置DataGridView控件的数据源DataSource为ds.Tables[0]，即DataSet类的对象中的第一个表Book中的数据。

第20～25行代码调用Clear()方法清空窗体中书号、书名、作者、出版社、单价、状态的输入框中的数据。

第26～32行代码调用Add()方法将表Book中的书号、书名、作者、出版社、单价、状态对应的数据绑定到窗体中对应的TextBox控件的Text属性上。Add()方法中传递了3个参数，第1个参数Text表示需要绑定数据的控件的Text属性，第2个参数ds.Tables[0]表示数据源，第3个参数表示绑定的数据源中的数据成员名称。

第38～40行代码创建了一个BookManagerForm_Load()方法，当程序加载窗体时，会执行该方法，此时需要在窗体的表格中显示读者表中的所有数据，因此在该方法中调用了DataBind()方法加载数据库中的图书信息显示到表格中。

3. 实现【添加】按钮的单击事件

在窗体设计中，通过设置【添加】按钮的单击事件，程序进入BookManagementForm .cs文件的btnAdd_Click()方法中，在该方法中实现将图书数据添加到数据库中的功能，具体代码如下所示。

```
1  ......//省略导入包
2  namespace BookManagementSystem{
3      public partial class BookManagementForm : Form{
4          public BookManagementForm(){
5              InitializeComponent();
6          }
7          ......
8          private void btnAdd_Click(object sender, EventArgs e){
9              try{
10                 using (SqlConnection conn = new SqlConnection(connStr)){
11                     conn.Open(); //打开数据库连接
12                     SqlCommand comm = conn.CreateCommand();
13                     comm.CommandText = "insert into Book values(@bkID,
```

```
14                    @bkName,@bkAuthor,@bkPress,@bkPrice,@bkStatus)";
15               comm.Parameters.AddWithValue("@bkID", tbBkID.Text);
16               comm.Parameters.AddWithValue("@bkName", tbBkName.Text);
17               comm.Parameters.AddWithValue("@bkAuthor",
18                                           tbBkAuthor.Text);
19               comm.Parameters.AddWithValue("@bkPress",
20                                           tbBkPress.Text);
21               comm.Parameters.AddWithValue("@bkPrice",
22                                           tbBkPrice.Text);
23               comm.Parameters.AddWithValue("@bkStatus",
24                                           tbBkStatus.Text);
25               comm.ExecuteNonQuery();
26               MessageBox.Show("添加成功！");
27               DataBind();
28            }
29        }catch (Exception ex){
30            MessageBox.Show("添加失败！" + ex.Message);
31        }
32    }
33    ......
34   }
35 }
```

上述代码中，第 13～14 行代码设置了将图书信息插入到数据库中的 SQL 语句。

第 15～24 行代码通过调用 AddWithValue( )方法设置 SQL 语句中需要传递的参数值，该方法中的第 1 个参数表示 SQL 语句中传递的参数名称，第 2 个参数表示传递的参数值。

第 25 行代码调用 ExecuteNonQuery( )方法执行 SQL 语句。

第 26～27 行代码首先调用 Show( )方法弹出一个对话框提示用户"添加成功！"，然后调用 DataBind( )方法重新加载数据库中的数据显示到窗体的表格中。

4. 实现【查询】按钮的单击事件

在窗体设计中，通过设置【查询】按钮的单击事件，程序会进入 BookManagementForm.cs 文件的 btnQuery_Click( )方法中，在该方法中实现根据图书名称查询对应图书信息的功能，具体代码如下所示。

```
1  ......//省略导入包
2  namespace BookManagementSystem{
3     public partial class BookManagementForm : Form{
4        public BookManagementForm(){
5           InitializeComponent();
6        }
7        ......
8        private void btnQuery_Click(object sender, EventArgs e){
9           try{
10              using (SqlConnection conn = new SqlConnection(connStr)){
11                 conn.Open(); //打开数据库连接
12                 SqlCommand comm = conn.CreateCommand();
13                 comm.CommandText = "select bkID 书号,bkName 书名,
14                    bkAuthor 作者, bkPress 出版社,bkPrice 单价,bkStatus 状态
15                       from Book where bkName like @bkName + '%' ";
16                 comm.Parameters.AddWithValue("@bkName", tbBkName.Text);
17                 SqlDataAdapter sda = new SqlDataAdapter(comm);
18                 DataSet ds = new DataSet();
19                 sda.Fill(ds);
20                 dgvBook.DataSource = ds.Tables[0];
21              }
22           }catch (Exception ex){
23              MessageBox.Show("操作数据库出错！" + ex.Message);
24           }
25        }
26        ......
27    }
28 }
```

上述代码中，第 13～15 行代码定义了一个根据图书名称查询对应的图书信息的 SQL 语句。

第 16 行代码调用 AddWithValue( )方法设置 SQL 语句中需要传递的参数值，该方法中的第 1 个参数 @bkName 表示 SQL 语句中传递的参数名称，第 2 个参数 tbBkName.Text 表示传递的参数值。

第 17～19 行代码首先创建了 SqlDataAdapter 类的对象 sda，然后创建了 DataSet 类的对象 ds，最后调用 Fill( )方法将查询到的结果填充到对象 ds 中。

第 20 行代码设置 DataGridView 控件的数据源 DataSource 为 ds.Tables[0]，也就是 DataSet 类的对象中的第一个表 Book 中的数据。

5. 实现【删除】按钮的单击事件

在窗体设计中，通过设置【删除】按钮的单击事件，程序会进入 BookManagementForm.cs 文件的 btnDelete_Click( )方法中，在该方法中实现根据图书编号删除对应的图书信息，具体代码如下所示。

```
1  ......//省略导入包
2  namespace BookManagementSystem{
3    public partial class BookManagementForm : Form{
4      public BookManagementForm(){
5        InitializeComponent();
6      }
7      ......
8      private void btnDelete_Click(object sender, EventArgs e){
9        MessageBoxButtons messButton = MessageBoxButtons.OKCancel;
10       DialogResult dr = MessageBox.Show("确定要删除吗?", "确定",
11                                                     messButton);
12       if (dr == DialogResult.OK){
13         try{
14           using (SqlConnection conn = new SqlConnection(connStr)){
15             conn.Open(); //打开数据库连接
16             SqlCommand comm = conn.CreateCommand();
17             comm.CommandText = "delete from Book where bkID = @bkID";
18             comm.Parameters.AddWithValue("@bkID", tbBkID.Text);
19             comm.ExecuteNonQuery();
20             MessageBox.Show("删除成功! ");
21             DataBind();
22           }
23         }catch (Exception ex){
24           MessageBox.Show("删除失败! " + ex.Message);
25         }
26       }
27     }
28     ......
29   }
30 }
```

上述代码中，第 17 行代码定义了根据图书编号 bkID 删除对应的图书信息的 SQL 语句。

第 18 行代码调用 AddWithValue( )方法给 SQL 语句中需要传递的参数@bkID 赋值，该方法中的第 1 个参数@bkID 表示需要传递的参数名称，第 2 个参数 tbBkID.Text 表示传递的参数值，该值是窗体中 tbBkID 控件的 Text 属性的内容，即图书编号。

第 19 行代码调用 ExecuteNonQuery( )方法执行 SQL 语句。

第 20～21 行代码首先调用 Show( )方法弹出一个对话框提示用户"删除成功！"，然后调用 DataBind( )方法重新加载数据库中的数据显示到窗体的表格中。

6. 实现【修改】按钮的单击事件

在窗体设计中，通过设置【修改】按钮的单击事件，程序会进入 BookManagementForm.cs 文件的 btnAlter_Click( )方法中，在该方法中根据指定的图书编号修改对应的图书信息，进而实现【修改】按钮的单击事件，具体代码如下所示。

```
1  ......//省略导入包
2  namespace BookManagementSystem{
3    public partial class BookManagementForm : Form{
4      public BookManagementForm(){
5        InitializeComponent();
```

```
 6            }
 7        ......
 8        private void btnAlter_Click(object sender, EventArgs e){
 9            try{
10                using (SqlConnection conn = new SqlConnection(connStr)){
11                    conn.Open(); //打开数据库连接
12                    SqlCommand comm = conn.CreateCommand();
13                    comm.CommandText = "update Book set bkID=@bkID,
14                        bkName=@bkName,bkAuthor=@bkAuthor,bkPress=@bkPress,
15                      bkPrice=@bkPrice,bkStatus=@bkStatus where bkID=@bkID";
16                    comm.Parameters.AddWithValue("@bkID", tbBkID.Text);
17                    comm.Parameters.AddWithValue("@bkName", tbBkName.Text);
18                    comm.Parameters.AddWithValue("@bkAuthor",
19                                                    tbBkAuthor.Text);
20                    comm.Parameters.AddWithValue("@bkPress",
21                                                      tbBkPress.Text);
22                    comm.Parameters.AddWithValue("@bkPrice",
23                                                      tbBkPrice.Text);
24                    comm.Parameters.AddWithValue("@bkStatus",
25                                                      tbBkStatus.Text);
26                    comm.ExecuteNonQuery();
27                    MessageBox.Show("修改成功！");
28                    DataBind();
29                }
30            }catch (Exception ex){
31                MessageBox.Show("修改失败！" + ex.Message);
32            }
33        }
34        ......
35    }
36 }
```

上述代码中，第 13 ~ 15 行代码定义了根据图书编号更新图书信息的 SQL 语句。

第 16 ~ 25 行代码调用 AddWithValue( )方法给 SQL 语句中传递的参数@bkID、@bkName、@bkAuthor、@bkPress、@bkPrice、@bkStatus 赋值，该方法中的第 1 个参数表示传递的参数名称，第 2 个参数表示传递的参数值，分别是窗体中 tbBkID 控件、tbBkName 控件、tbBkAuthor 控件、tbBkPress 控件、tbBkPrice 控件、tbBkStatus 控件中输入的书号、书名、作者、出版社、单价、状态的数据信息。

第 26 行代码调用 ExecuteNonQuery( )方法执行 SQL 语句。

第 27 ~ 28 行代码首先调用 Show( )方法弹出一个对话框提示用户"修改成功！"，然后调用 DataBind( )方法重新加载数据库中的数据显示到窗体的表格中。

11.11　借书还书功能业务实现

在主菜单窗体中，单击【借书还书】按钮，程序会隐藏当前窗体，显示借书还书窗体，该窗体中会展示读者编号、书号、借书日期、应还日期信息，同时还显示了【借书】按钮、【还书】按钮、【返回主菜单】按钮，前 2 个按钮主要用于对借书信息进行操作，最后 1 个按钮用于将窗体返回到主菜单窗体。除此之外，还将操作后的借书信息显示在右侧的表格中。下面将对借书还书功能的相关业务进行开发。

11.11.1　借书还书窗体设计

借书还书窗体主要用于展示读者编号、书号、借书日期、应还日期信息。在借书还书窗体中显示了 2 个输入框、3 个按钮、1 个表格，其中，2 个输入框分别用于输入读者编号和书号，3 个按钮分别是【借书】按钮、【还书】按钮、【返回主菜单】按钮，1 个表格用于显示借书还书信息，借书还书窗体设计效果如图 11-15 所示。

图11-15　借书还书窗体设计

实现借书还书窗体设计效果的具体步骤如下。

1．创建借书还书窗体

在项目中创建一个名为 BorrAndRetForm 的借书还书窗体。

2．添加窗体控件

借书还书窗体的 Text 属性的值设置为"借书还书"，属性 BackgroundImage 的值设置为借书还书窗体的背景图片"bg.png"。

（1）添加 2 个 Label 控件

在借书还书窗体中添加 2 个 Label 控件，分别用于显示"读者编号"和"书号"等文本信息，这 2 个控件的 BackColor 属性的值设置为"Transparent"，ForeColor 属性的值设置为"White"，Text 属性的值分别设置为"读者编号"和"书号"。

（2）添加 2 个 TextBox 控件

在窗体中添加 2 个 TextBox 控件，分别用于显示"读者编号"和"书号"的输入框，这 2 个控件的属性 Name 的值分别设置为"tbRdID""tbBkID"。

（3）添加 4 个 Button 控件

在窗体中添加 3 个 Button 控件，分别用于显示【借书】按钮、【还书】按钮、【返回主菜单】按钮。这 3 个控件的 Name 属性的值分别设置为"btnBorrBook""btnRetBook""btnBackMenu"，BackColor 属性的值都设置为"Transparent（透明）"，FlatStyle 属性的值都设置为"Flat（按钮外观平滑）"，BorderSize 属性的值都设置为"0"，MouseDownBackColor 属性和 MouseOverBackColor 属性的值都设置为"Transparent（透明）"，ForeColor 属性的值都设置为"White"，Text 属性的值分别设置为"借书""还书""返回主菜单"，Font 属性的值设置为"18pt（小二号）"，BackgroundImage 属性的值设置为按钮的背景图片"btn_bg1.png"。

（4）添加 1 个 DataGridView 控件

在窗体中添加 1 个 DataGridView 控件，以一个表格的形式显示所有的借阅情况信息，该控件的 Name 属性的值设置为"dgvBorrow"，BackgroundColor 属性的值设置为"White"。

11.11.2　实现借书还书功能

借书还书窗体中主要实现的是窗体中 3 个按钮的单击事件，当单击【返回主菜单】按钮时，程序会隐藏当前窗体，显示借书还书窗体；单击【借书】按钮时，程序会向借书表中添加一条数据；单击【还书】按钮时，程序会从借书表中删除一条数据。实现借书还书功能的具体步骤如下。

1. 创建借书的存储过程 usp_BorrowBook

借书时，首先需要根据窗体中输入的书号和读者编号判断图书馆中是否有该书和该读者，然后判断该书是否在馆（有可能被借走），最后判断该读者的借书数量是否超过最大借书数量。如果前面 3 个判断都不成立，则说明该读者可以借该书，此时修改图书表 Book 中图书的在馆状态、读者表 Reader 中读者的借书数量，并向借书表 Borrow 中插入一条借书信息。由于这些逻辑比较复杂，需要创建一个借书的存储过程 usp_BorrowBook 来实现，该存储过程的具体 SQL 语句如例 11-7 所示。

例 11-7　usp_BorrowBook.sql

```
1  use BooksDB
2  GO
3  create procedure usp_BorrowBook
4      @rdID char(9),
5      @bkID char(9)
6  as
7      --判断有没有这本书
8      if not exists(select * from Book where @bkID in (select bkID from Book))
9      begin
10          raiserror('图书馆没有该书，借阅失败',16,1)WITH NOWAIT
11          return
12      end
13      --判断有没有这个读者 ID
14      if not exists(select * from Reader where @rdID in (select rdID from Reader))
15      begin
16          raiserror('图书馆没有该读者，借阅失败',16,1)WITH NOWAIT
17          return
18      end
19      --判断书是否在馆
20      declare @bkStatus int
21      select @bkStatus = bkStatus from Book where bkID = @bkID
22      if @bkStatus = 0
23      begin
24          raiserror('该书不在馆，无法借阅',16,1)WITH NOWAIT
25          return
26      end
27      --判断该读者的借书数量是否达到最大借书数量
28      declare @rdBorrowQty int , @canLendQty int
29      select @rdBorrowQty = rdBorrowQty from Reader where rdID = @rdID
30      select @canLendQty = canLendQty from ReaderType where rdType =
31                      (select rdType from Reader where rdID = @rdID)
32      if @rdBorrowQty = @canLendQty
33      begin
34          raiserror('抱歉！你所借书的数量已经达到最大借书数量！借阅失败！',16,1)
35                                                  WITH NOWAIT
36          return
37      end
38      --借书开始(1.修改书的在馆状态，2.修改读者的借书数量，3.向借书表 Borrow 中插入数据)
39      update Book set bkStatus = 0 where bkID = @bkID
40      update Reader set rdBorrowQty = rdBorrowQty + 1 where rdID = @rdID
41      declare @canLendDay int
42      select @canLendDay = canLendDay from ReaderType where rdType =
43                      (select rdType from Reader where rdID = @rdID)
44      insert into Borrow values(@rdID,@bkID,GETDATE(),DATEADD(dd,
45                                          @canLendDay,GETDATE()))
46  --调用:
47  exec usp_BorrowBook 'rd2019002','bk2019002'
```

上述代码中，第 47 行代码是执行借书的存储过程 usp_BorrowBook，usp_BorrowBook 后边的两个字符串分别传递的是读者编号和书号的信息。

需要注意的是，第 10、16、24、34 行代码中的 raiserror()方法，该方法是 SQL Server 抛出自定义异常的常用方法。raiserror()方法中的第 1 个参数传递的是异常的描述信息；第 2 个参数传递的是该异常信息的错误级别，在 C#中的 catch 代码块中，可以捕获的错误级别在 11~19 之间；第 3 个参数用于标识错误发生的位置，该参数的值可以是 1~127 之间的任意整数。如果一段代码中有多个位置发生同样的错误，则可以将第 3 个参数的值设置为不同的值来标识出错的位置，一般情况下，该参数传递为 1。

2. 创建还书的存储过程 usp_ReturnBook

还书时，首先需要根据读者编号和书号判断读者表 Borrow 中该读者是否借过该书，如果没有借过该书，则提示用户"抱歉！您暂时没有借过这本书！"，否则说明该读者可以还该书，此时修改图书表 Book 中的图书在馆状态、读者表 Reader 中的借书数量，然后根据读者编号和书号从借书表 Borrow 中删除对应的借书信息。由于这些逻辑比较复杂，需要创建一个还书的存储过程 usp_ReturnBook 来实现，该存储过程的具体 SQL 语句如例 11-8 所示。

例 11-8　usp_ReturnBook.sql

```
1  use BooksDB
2  GO
3  create procedure usp_ReturnBook
4      @rdID char(9),
5      @bkID char(9)
6  as
7          --判断还的书是否借过
8      if not exists(select * from Borrow where rdID = @rdID and bkID = @bkID)
9      begin
10         raiserror('抱歉！您暂时没有借过这本书！',16,1)WITH NOWAIT
11         return
12     end
13      else
14      begin
15  --还书（1.修改书的状态，2.修改读者的借书数量，3.在 Borrow 表中删除这条借书记录）
16     update Book set bkStatus = 1 where bkID = @bkID
17     update Reader set rdBorrowQty = rdBorrowQty - 1 where  rdID = @rdID
18     delete from Borrow where rdID = @rdID and bkID = @bkID
19      end
20 --调用
21 exec usp_ReturnBook 'rd2019001','bk2019001'
```

3. 实现【返回主菜单】按钮的单击事件

在借书还书窗体设计中，通过设置【返回主菜单】按钮的单击事件，程序会进入 BorrAndRetForm.cs 文件的 btnBackMenu_Click()方法中，在该方法中调用 Close()方法关闭当前窗体，具体代码如例 11-9 所示。

例 11-9　BorrAndRetForm.cs

```
1  ......//省略导入包
2  namespace BookManagementSystem{
3     public partial class BorrAndRetForm : Form{
4        string connStr = "Data Source= CZBK-20190302ZQ\\MSSQLSERVER2012;
5                    Initial Catalog=BooksDB;User ID=sa;Password=123456";
6        public BorrAndRetForm(){
7           InitializeComponent();
8        }
9        private void btnBackMenu_Click(object sender, EventArgs e){
10          this.Close();
11       }
12       private void BorrAndRetForm_FormClosed(object sender,
13                                       FormClosedEventArgs e){
14          MainMenuForm.getInstance().Show();
15       }
16    }
17 }
```

上述代码与 11.8.2 节中实现【返回主菜单】按钮的单击事件中的内容是类似的，此处不再赘述。

4. 实现加载借阅信息功能

在BorrAndRetForm中创建一个DataBind()方法用于获取借书表中的所有数据并显示到借书还书窗体表格中，同时将表格中对应的数据绑定到窗体左侧的输入框中，具体代码如下所示。

```
1  ......//省略导入包
2  namespace BookManagementSystem{
3      public partial class BorrAndRetForm : Form{
4          public BorrAndRetForm(){
5              InitializeComponent();
6          }
7          ......
8          private void DataBind(){
9              try{
10                 using (SqlConnection conn = new SqlConnection(connStr)){
11                     conn.Open(); //打开数据库连接
12                     SqlCommand comm = conn.CreateCommand();
13                     comm.CommandText = "select rdID 读者编号,bkID 书号,
14                         DateBorrow 借书日期,DateLendPlan 应还日期 from Borrow";
15                     SqlDataAdapter sda = new SqlDataAdapter(comm);
16                     DataSet ds = new DataSet();
17                     sda.Fill(ds);
18                     dgvBorrow.DataSource = ds.Tables[0];
19                     tbRdID.DataBindings.Clear();
20                     tbBkID.DataBindings.Clear();
21                     tbRdID.DataBindings.Add("Text", ds.Tables[0], "读者编号");
22                     tbBkID.DataBindings.Add("Text", ds.Tables[0], "书号");
23                 }
24             }catch (Exception ex){
25                 MessageBox.Show("操作数据库出错! " + ex.Message);
26             }
27         }
28         private void BorrAndRetForm_Load(object sender, EventArgs e){
29             DataBind();
30         }
31         ......
32     }
33 }
```

上述代码中，第 8 ~ 27 行代码创建了一个 DataBind()方法，该方法用于将获取的借书数据绑定到窗体的表格中。

第 13 ~ 14 行代码定义了一个查询借书表中所有数据的 SQL 语句。

第 15 ~ 17 行代码首先创建了 SqlDataAdapter 类的对象 sda，然后创建了 DataSet 类的对象 ds，最后调用 Fill()方法将查询到的结果填充到对象 ds 中。

第 18 行代码设置 DataGridView 控件的数据源 DataSource 为 ds.Tables[0]，也就是 DataSet 类的对象中的第一个表 Borrow 中的数据。

第 19 ~ 20 行代码调用 Clear()方法清空窗体中读者编号和书号的输入框中的数据。

第 21 ~ 22 行代码调用 Add()方法将表 Borrow 中的读者编号和书名对应的数据绑定到窗体中的 TextBox 控件的 Text 属性上。Add()方法中传递了 3 个参数，第 1 个参数 Text 表示需要绑定数据的控件的 Text 属性，第 2 个参数 ds.Tables[0]表示数据源，第 3 个参数表示绑定的数据源中的数据成员名称。

第 28 ~ 30 行代码创建了一个 BorrAndRetForm_Load()方法，当程序加载窗体时，会执行该方法，此时需要在窗体的表格中显示借书表中的所有数据，因此在该方法中调用了 DataBind()方法加载数据库中的借书信息显示到表格中。

5. 实现【借书】按钮的单击事件

在窗体设计中，双击【借书】按钮，程序会自动生成 btnBorrBook_Click ()方法，在该方法中实现将借书数据添加到数据库中的功能，具体代码如下所示。

```
1  ......//省略导入包
2  namespace BookManagementSystem{
```

```
3       public partial class BorrAndRetForm : Form{
4           public BorrAndRetForm(){
5               InitializeComponent();
6           }
7           ......
8           private void btnBorrBook_Click(object sender, EventArgs e){ //借书
9               try{
10                  using (SqlConnection conn = new SqlConnection(connStr)){
11                      conn.Open(); //打开数据库连接
12                      SqlCommand comm = conn.CreateCommand();
13                      comm.CommandText = "exec usp_BorrowBook @rdID,@bkID";
14                      comm.Parameters.AddWithValue("@rdID", tbRdID.Text);
15                      comm.Parameters.AddWithValue("@bkID", tbBkID.Text);
16                      comm.ExecuteNonQuery();
17                      MessageBox.Show("借书成功! ");
18                      DataBind();
19                  }
20              }catch (SqlException ex){
21                  MessageBox.Show(ex.Message+"借书失败! ");
22              }
23          }
24          ......
25      }
26 }
```

上述代码中，第 13 行代码定义了执行借书的存储过程 usp_BorrowBook 的 SQL 语句。

第 14～15 行代码通过调用 AddWithValue( )方法设置 SQL 语句中需要传递的参数值，该方法中的第 1 个参数表示 SQL 语句中传递的参数名称，第 2 个参数表示传递的参数值。

第 16 行代码调用 ExecuteNonQuery( )方法执行 SQL 语句。

第 17～18 行代码首先调用 Show( )方法弹出一个对话框提示用户"借书成功!"，然后调用 DataBind( )方法重新加载数据库中的数据显示到窗体的表格中。

6. 实现【还书】按钮的单击事件

在窗体设计中，通过设置【还书】按钮的单击按钮，程序会进入 BorrAndRetForm.cs 文件的 btnRetBook_Click( )方法中，在该方法中实现将借书数据从数据库中删除的功能，具体代码如下所示。

```
1  ......//省略导入包
2  namespace BookManagementSystem{
3      public partial class BorrAndRetForm : Form{
4          public BorrAndRetForm(){
5              InitializeComponent();
6          }
7          ......
8          private void btnRetBook_Click(object sender, EventArgs e){
9              try{
10                 using (SqlConnection conn = new SqlConnection(connStr)){
11                     conn.Open(); //打开数据库连接
12                     SqlCommand comm = conn.CreateCommand();
13                     comm.CommandText = "exec usp_ReturnBook @rdID,@bkID";
14                     comm.Parameters.AddWithValue("@rdID", tbRdID.Text);
15                     comm.Parameters.AddWithValue("@bkID", tbBkID.Text);
16                     comm.ExecuteNonQuery();
17                     MessageBox.Show("还书成功! ");
18                     DataBind();
19                 }
20             }catch (SqlException ex){
21                 MessageBox.Show(ex.Message+"还书失败! ");
22             }
23         }
24         ......
25     }
26 }
```

上述代码中，第 13 行代码定义了执行还书的存储过程 usp_ReturnBook 的 SQL 语句。

第 14～15 行代码通过调用 AddWithValue( )方法设置 SQL 语句中需要传递的参数值，该方法中的第 1 个参数表示 SQL 语句中传递的参数名称，第 2 个参数表示传递的参数值。

第 16 行代码调用 ExecuteNonQuery( )方法执行 SQL 语句。

第 17～18 行代码首先调用 Show( )方法弹出一个对话框提示用户"还书成功!"，然后调用 DataBind( )方法重新加载数据库中的数据显示到窗体的表格中。

11.12　本章小结

本章主要开发了一个图书管理系统项目，该项目主要包含注册、登录、主菜单、读者类别、读者管理、图书管理和借书还书等窗体，除主菜单窗体外，其余窗体都需要与数据库进行一些操作。在与数据库的操作过程中，分别调用 Open( )方法、AddWithValue( )方法、ExecuteNonQuery( )方法来打开数据库连接、设置 SQL 语句中的参数和执行 SQL 语句。本项目中涉及的知识可以很好地巩固前面章节中的内容，希望读者能够按照项目的开发步骤完成本项目。